GRUNDLAGEN, ZIELE UND GRENZEN

DER

LEUCHTTECHNIK

⟨AUGE UND LICHTERZEUGUNG⟩

VON

OTTO LUMMER

o. ö. PROFESSOR AN DER UNIVERSITÄT BRESLAU
UND DIREKTOR DES PHYSIKALISCHEN INSTITUTS

NEUE UND BEDEUTEND ERWEITERTE AUFLAGE
DER „ZIELE DER LEUCHTTECHNIK" 1903

MIT 87 ABBILDUNGEN IM TEXT UND 1 TAFEL

MÜNCHEN UND BERLIN 1918
DRUCK UND VERLAG VON R. OLDENBOURG

By

Vorwort zur ersten Auflage.

Dem Ersuchen der Verlagsbuchhandlung, den vorliegenden, im Elektrotechnischen Verein zu Berlin gehaltenen Vortrag in Buchform erscheinen zu lassen, habe ich um so lieber entsprochen, als ein dahingehender Wunsch mir von den verschiedensten Seiten geäußert worden ist und die starke Nachfrage nach einem Abdruck diesen Wunsch unterstützte. Wohl bin ich mir bewußt, daß vor dem Hinaustreten an die größere Öffentlichkeit eine gründliche Bearbeitung am Platze gewesen wäre, um auch den erweiterten Ansprüchen zu genügen. Wenn trotzdem der Abdruck ganz ungeändert in die Welt geht, so ist außer der Kürze der Zeit und der Billigkeit auch der Wunsch maßgebend gewesen, vom lebendigen Stil und der Frische des Vortrags nicht noch mehr abzuweichen, als es schon durch die Erweiterung bei der Drucklegung und beim erneuten Abdruck im Journal für Gasbeleuchtung und Wasserversorgung geschehen ist.

Die im ursprünglichen Text befindlichen Bemerkungen »Experiment« und »Projektion« sind beibehalten worden, damit man auch beim Lesen erfährt, welche Experimente in dem zweistündigen Vortrag tatsächlich demonstriert und welche Tabellen bzw. Kurven projiziert werden konnten.

Möchte das Büchelchen mit dazu beitragen, das im Schwinden begriffene Interesse an den Arbeiten der idealen und uneigennützigen Forschung zu erhöhen, zumal in jenen Kreisen der Technik, welche die Beantwortung rein akademischer Fragen fast als Sport veralteter Idealisten betrachten und nur die technischen Künste als die Förderer menschlicher Kultur anerkannt wissen wollen.

Daß die in vorliegender Broschüre niedergelegten Untersuchungen und Resultate eine gewisse Bedeutung für die Bestrebungen auf dem Gebiete der Beleuchtungstechnik, für die gesamte pyrometrische Technik und wichtige Fragen der Heiztechnik besitzen, dieser anerkannten Tatsache verdankt der Vortrag allein seine Drucklegung.

Ebenso sicher aber ist es, daß die Untersuchungen über die »schwarze« Strahlung und die experimentelle Auffindung ihrer Gesetzmäßigkeiten aus rein wissenschaftlichem Interesse unternommen worden sind, um vor allem die Konstante des Kirchhoffschen Gesetzes von der Absorption und Emission des Lichtes quantitativ kennen zu lernen, die Erscheinungen der Lumineszenz von der reinen Temperaturstrahlung zu trennen und um die Grundlage der Maxwellschen elektromagnetischen Lichttheorie (Hypothese vom Ätherdruck) zu prüfen.

Manchen rein akademischen Fragen konnte durch die erzielten Resultate eine unverhoffte Antwort erteilt werden. So ist nicht nur die exakte Temperaturbestimmung der Sonne und selbst der Fixsterne auf Grund dieser Untersuchungen ermöglicht worden, sondern der Beweis für die Existenz des Strahlungsdruckes hat in die Betrachtungen der Naturvorgänge ein ganz neues Moment gebracht, welches geeignet erscheint, Anomalien zu erklären, die wie die Bildung der Kometenschweife und der Sternschnuppenschwärme bisher noch zu den rätselhaften Fragezeichen des Himmels gehören.

Möchte aber vor allem der Leser die Überzeugung gewinnen, daß mit der exakten und idealen Forschung, welche unbekümmert um den direkten praktischen Nutzen auch den unscheinbarsten Problemen die Antwort sucht, zugleich die Quelle versiegt, deren auch heute noch die so mächtig erblühte Technik bedarf. »Die naturwissenschaftliche Forschung bildet immer den sicheren Boden des technischen Fortschritts, und die Industrie eines Landes wird niemals eine internationale leitende Stellung erwerben und sich erhalten können, wenn dasselbe nicht gleichzeitig an der Spitze des naturwissenschaftlichen Fortschritts steht«, sagt Werner v. Siemens in seinem Votum, betreffend die Gründung der Physikalisch-Technischen Reichsanstalt.

Möchten in diesem Sinne die hier entwickelten Ziele ein neuer Ansporn sein zur rationelleren Lichtentwicklung.

Berlin, den 17. Juli 1903.

Vorwort zur neuen Auflage.

Die 1903 erschienenen »Ziele der Leuchttechnik« sind seit langer Zeit vergriffen. Trotz mancher Nachfrage lohnte es sich jedoch nicht, eine Neuauflage erscheinen zu lassen, da der Hauptinhalt des Büchelchens schon vorher in der Elektrotechnischen Zeitschrift und im Bunteschen Journal für Gas- und Wasserversorgung publiziert und demnach jedem Interessenten zugänglich war (vgl. das Vorwort zur ersten Auflage). Eine Neuauflage wäre nur dann berechtigt gewesen, wenn inzwischen auf dem behandelten Gebiete bedeutsame Fortschritte erzielt worden wären, welche die »Ziele der Leuchttechnik« als veraltet hätten erscheinen lassen. Trotz verschiedener wertvoller Arbeiten auf beleuchtungstechnischem und strahlungstheoretischem Gebiete, welche inzwischen geleistet waren, blieben alle in der ersten Auflage niedergelegten Theorien und Schlußfolgerungen unberührt.

Erst die letzten Jahre weisen Fortschritte auf, welche manche der dort angegebenen Daten als falsch erwiesen und die Grundlagen zur Aufstellung neuer Ziele schafften. Vor allem gipfeln diese neueren Forschungsergebnisse in der Bestimmung der wahren Temperatur der in den Lichtquellen strahlenden Substanzen und in der Ermittelung ihrer Strahlungseigenschaften.

Durch die exakte Bestimmung der Empfindlichkeit des Auges für die verschiedenen Spektralfarben wurde andrerseits die Basis geschaffen für die Erörterung von Fragen, welche allgemeines Interesse beanspruchen und die Ziele der Leuchttechnik enger mit den Eigenschaften des Auges verbinden als bisher.

Auch die Bestimmung der Sonnentemperatur konnte auf festere Grundlagen gestellt werden, so daß uns Aufschluß über die Frage wurde, ob und inwieweit sich das Auge an die Sonnenstrahlung angepaßt hat.

Den Schlußstein aller dieser bedeutsamen Errungenschaften bildet aber unstreitig die Verwirklichung bisher unerreicht hoher Temperaturen unter Verwendung der Druckbogenlampe. Diese dürfte berufen sein, eine neue Epoche in der Entwicklung der Leuchttechnik herbeizuführen, wenn es gelingt, sie der Technik und Industrie dienstbar zu machen. Schon jetzt ist durch den unter genügend hohem Druck brennenden positiven Krater der Druckbogenlampe im Laboratorium eine Temperatur verwirklicht worden, welche die effektive Sonnentemperatur um rund 2000° überschreitet.

Diese in den letzten Jahren erzielten Fortschritte springen am drastischsten in die Augen, wenn wir sie vergleichen mit dem, was ich am Schluß der »Ziele der Leuchttechnik« schrieb: »Darum müssen wir uns bescheiden und es als höchstes Ziel der Leuchttechnik hinstellen, die Temperatur der Sonne von 6000 Grad zu verwirklichen. Mindestens möchte ich glauben, daß ein Streben nach höheren Temperaturgraden künstlicher Leuchtquellen als Sport anzusehen wäre, während die Erreichung der Sonnentemperatur recht wohl eins der Ziele der Leuchttechnik bilden muß. Erst wenn wir dies hohe Ziel erreicht haben, werden wir imstande sein, selbst mit der Sonne zu konkurrieren und die dunklen Nächte oder die trüben Wintertage auf künstliche Weise durch eigene Kraft tageshell in des Wortes wahrster Bedeutung zu erhellen!« Dieses Ziel ist wenigstens im Laboratorium erreicht und auch die Frage, ob es Zweck habe, höhere Temperaturen als die der Sonne herzustellen, ist gelöst.

Infolge der zahlreichen neuen Erkenntnisse mußte der Umfang der ersten Auflage von 112 Seiten auf 252 Seiten größeren Formats erhöht werden. In diesem Falle kann man also kaum noch von einer Neuauflage reden. Dementsprechend wurde auch der Titel des vorliegenden Buches geändert, zumal der Stoff über die eigentlichen Ziele der Leuchttechnik hinausgewachsen ist. Diese bilden jetzt nur noch das letzte der 12 Kapitel, in denen die verschiedenen Gebiete getrennt behandelt werden.

Zum Verständnis der neuen Methoden zur Bestimmung der wahren Temperaturen, der Beziehung zwischen der Flächenhelligkeit eines Temperaturstrahlers und der Temperatur, der Empfindlichkeit des Auges usw. mußte die Beschreibung der hierzu benutzten Apparatur gegeben und auch näher auf die verschiedenfarbige Photometrie eingegangen werden. Um dem Ganzen aber den Charakter einer Monographie zu bewahren und kein Lehrbuch entstehen zu lassen, habe ich mich auf die Einfügung und Darlegung nur derjenigen Apparatur, Methoden und bekannten Resultate früherer Forscher beschränkt, welche in den späteren Kapiteln Verwendung finden. Dabei war es möglich, fast den gesamten ursprünglichen Text der ersten Auflage beizubehalten.

Wenn ich mir auch bewußt bin, nichts Erschöpfendes zu geben, so glaube ich doch, daß mit dem vorliegenden Buch die in Frage kommenden Probleme einem gewissen Abschluß entgegengeführt sind, und daß in bezug auf die Ziele der Leuchttechnik kaum noch etwas Neues vorzubringen sein wird. Jetzt hat wieder für längere Zeiten die Technik das Wort. Möchte es ihr gelingen, der vorausgeeilten wissenschaftlichen Forschung recht bald nachzukommen. Möchte auch dieses Buch dazu beitragen, das Interesse der inzwischen gewaltig erblühten deutschen Technik und Industrie an den Arbeiten der idealen und uneigennützigen Forschung zu erhöhen. Nur dem innigen Zusammenarbeiten unserer Technik mit der Wissenschaft

verdankt m. E. die deutsche Industrie ihren Weltruf. Wie die Land-
wirtschaft der Ernährer der Menschheit ist, so ist die Forschung
der Quell, aus dem allein die Technik und Industrie neue Säfte und
Kräfte ziehen. Möchten die hier mitgeteilten Forschungsergebnisse
auf fruchtbaren deutschen Boden fallen, damit der herrliche Klang
des unseren Industrieerzeugnissen aufgedrückten Stempels »Made
in Germany« noch mehr als bisher den Weltmarkt erobern möge.

Breslau, den 21. Dezember 1915.

Otto Lummer.

Zusatz zum Vorwort.

Während der Korrektur sind auch inhaltlich mancherlei
Änderungen und Zusätze angebracht worden, worauf hier besonders hingewiesen sei.

Zunächst wurde die inzwischen erschienene Literatur berücksichtigt. Ferner sind in den Kapiteln VI, VII, IX und XII auch
solche Zahlenwerte, Tabellen und Resultate mitgeteilt, die seit
1915 erst auf Grund eigens hierzu angestellter Untersuchungen gewonnen worden sind. Um den Zusammenhang nicht zu stören,
sind diese Änderungen und Zusätze meist in den Text eingefügt
worden, ohne daß an den betreffenden Stellen auf das zeitlich
spätere Entstehen des neuen Materials hingewiesen ist.

Zum Schluß sei es mir gestattet, auch an dieser Stelle allen denen
bestens zu danken, die mich bei meinen Versuchen und bei der Bearbeitung dieses Werkes mit Tat und Rat unterstützt haben. Dabei
darf ich die verschiedenen Firmen nicht vergessen, welche eine
tatkräftige Unterstützung und auch materielle Opfer meinen Be-
strebungen auf optisch-technischem Gebiete dargebracht haben.
Es ist mir eine angenehme Pflicht, unter diesen zweier Firmen in
Berlin zu gedenken, der Firma »Planiawerke« jetzt »Rütgers-
werke A.-G. Abteilung Planiawerke«, besonders des Herrn Direktors
Hennig und der Firma »C. P. Goerz A.-G.«, besonders des
Herrn Kommerzienrats Dr.-Ing. h. c. Paul Goerz. Mein innigster
Dank gebührt meinen Kollegen Prof. Dr. Ernst Pringsheim und
Prof. Dr. Clemens Schaefer für ihre kritische und fördernde
Durchsicht des Manuskripts und der ersten Korrektur, nach deren
Erledigung mein Freund und langjähriger Mitarbeiter Ernst
Pringsheim für immer die Augen schloß (28. Juni 1917). Speziell

bin ich meinem Kollegen Schaefer für die vielen von ihm an-
gebrachten Verbesserungen dankbar. Mein ganz besonderer Dank
gebührt Frl. Dr. Hedwig Kohn, Assistent am Physikalischen Institut der Universität Breslau, für die große Hilfe bei der Aus-
arbeitung des Manuskriptes und Fertigstellung der Korrekturen.
Alle hier zum ersten Male publizierten Berechnungen, die Anfertigung
der Tabellen und neuen Zeichnungen und die Zusammenstellung
des Namen- und Sachregisters rühren von ihr her.   Für das Lesen
der zweiten Korrektur bin ich meinem Kollegen Prof. Dr. Erich
Waetzmann zu dauerndem Dank verpflichtet.   Ebenso gebührt
mein Dank der Verlagsbuchhandlung, welche die Drucklegung
während des Krieges bewirkt und keine Mühe gescheut hat, die
Figuren in so vorzüglicher Weise herzustellen und dem Ganzen ein
schönes Gewand zu verleihen.

Breslau, den 24. November 1917.

Otto Lummer.

Inhaltsangabe.

V. Kapitel. **Das Auge.**

(Sehen im Hellen und Dunklen.)

V I. Kapitel. **Strahlungsgesetze des schwarzen Körpers und des blanken Platins.**

Grundlagen, Ziele und Grenzen der Leuchttechnik.

Lichtmessung.

§ 1. Historische Einleitung. Sinkt der rotleuchtende Ball der scheidenden Sonne unter den Horizont, dann treten die Sonnen der übrigen Planetensysteme in ihr Recht: Die »Sterne« senden ihr fahles Licht zur dunklen Erde nieder, und ihre Strahlen erzählen uns, müde und schwach von dem schier endlosen Marsche, was sich dort draußen vor vielen Jahren zugetragen hat. Das Sternenlicht ist daher für uns von wenig Bedeutung, und finster sind unsere Nächte, wenn nicht der Mond einige Strahlen der untergegangenen Sonne gnädig zur Erde herniedersendet.

Begreiflich daher ist des Menschen Verlangen, auf künstliche Weise, durch eigene Kraft, den Tag zu verlängern und die Nacht zu erhellen. In welchem Maße ihm das gelungen, davon können wir Großstädter uns allabendlich überzeugen.

Freilich bedurfte es vieler Jahrtausende, ehe der Mensch sich mit so blendender, künstlicher Lichtflut umgeben konnte! Aber schon im grauen Altertum wurde, wie man berichtet, bei den in Asien und Afrika lebenden Völkern, den Persern, Medern, Assyrern und Ägyptern ein übertriebener Luxus bei Beleuchtung der Tempel, Paläste, Straßen und Plätze getrieben. In Memphis, Theben, Babylon, Susa und Ninive sollen die Einwohner kaum einen Unterschied zwischen Tag und Nacht gemacht haben. Längs der Straßen standen in kurzer Entfernung voneinander Vasen aus Bronze oder Stein, gefüllt mit flüssigem Fett im Gewicht von mehr als 100 Pfund, welches mittels eines 3 Zoll dicken Dochtes verbrannte.

Wenn jene längst begrabene Zivilisation des fernen Ostens schon einen solchen Lichterglanz entfaltete, wie weit mag da erst jene Zeit zurückliegen, wo zum ersten Male der Mensch den »göttlichen« Funken zu zünden verstand! So kostbar die Zeit uns modernen Kulturmenschen auch erscheinen mag, beim physikalischen Deuten der Entstehung irdischer Dinge verfügen wir frei über die Zeit. Aus diesem Grunde soll es uns auch gleichgültig sein, wann zum ersten Male auf Erden ein leuchtender Funke von Menschenhand erzeugt wurde. Viel eher schon könnte es uns interessieren, die Art und Weise kennen zu lernen, auf welche der Mensch sich in den dauernden Besitz des Feuers setzte. Ist das Feuer in Gestalt eines Meteors vom Himmel gefallen, hat man es an der glühenden Lava zuerst kennen gelernt oder verdanken wir es der harten Arbeit des Menschen im Kampfe ums Dasein mit der Natur? Die natürlichste und wahrscheinlichste Lesart ist die, daß der Mensch die willkürliche Erzeugung des Funkens bei der Herstellung und Bearbeitung der ersten Steinwaffen gewonnen hat und daß das Feuer jedenfalls an den verschiedensten Stellen der Erde unabhängig voneinander in den Gesichtskreis des Menschen trat.

Die Bedeutung jener ersten Bekanntschaft des Menschen mit dem Feuer für die Entwickelung zu höherer Kultur können wir nicht hoch genug anschlagen. Sie spiegelt sich wieder in den Sagen und Liedern aller Völker. Erhebt die griechische Sage den Feuerbringer zum Lichtspender im geistigen Sinne, so war bei den Römern Vesta die Göttin des Herd- und Opferfeuers, und zu Ehren der Geburt des Lichtes wurde das ewige Feuer von den zur Keuschheit verpflichteten vestalischen Jungfrauen gehütet.

Vom Herd- und Opferfeuer bis zum elektrischen und Gasglühlicht ist ein großer Sprung. Eine lange Zeit hindurch mußte das Herdfeuer zugleich auch als Lichtquelle dienen, wie es ja noch heutigen Tages in mancher deutschen Spinnstube sich erhalten hat und bei den Eskimos kein anderes Licht bekannt ist. Erst der flackernde Kienholzspan, die Harz- und Pechfackel, die mit Wachs überzogenen Binsen deuten auf die nahende wichtige Trennung des Lichtes vom Feuer, welche mit der Antiklampe der Alten und der Kerze des Mittelalters als nahe vollzogen zu betrachten ist. Immer mehr strebt von da an die Beleuchtungstechnik dahin, Licht und Heizung zu trennen, wenn man auch heute noch weit davon entfernt ist, wenigstens für den häuslichen Gebrauch, Licht ohne Wärmewirkung zu erzeugen.

Verdankt die Kerze ihre Salonfähigkeit dem Aufblühen der chemischen Technik des vorigen Jahrhunderts, die es verstand, aus geringwertigen Rohstoffen vorzüglich brennende feste Fettstoffe herzustellen, sowie neue Substanzen, Walrat, Stearinsäure, Paraffin usw. zu gewinnen, so blieb auch die Öllampe der Alten auf ihrem niedrigen Niveau nicht stehen. Hier war die Einführung des Hohldochtes durch den Grafen Argand 1786 und des Zylinders durch den Apotheker Quinquet in Paris 1765 von weittragender Bedeutung, wenn auch erst der Ersatz des Rüböls, Baumöls usw. durch das Petroleum die Lampe zu der heutigen Leistung emporheben konnte.

Obwohl das Petroleum (Erdöl) schon den Alten bekannt war, datiert sein Gebrauch zu Beleuchtungszwecken erst aus den fünfziger Jahren des vorigen Jahrhunderts, zu welcher Zeit die gewaltigen Petroleummassen Nordamerikas entdeckt und systematisch ausgebeutet wurden. Aus Amerika stammen auch die ersten Lampenkonstruktionen für Petroleum.

Den Übergang zum Leuchtgase bilden die Gaslampen, bei denen leichtflüchtige Produkte der trockenen Destillation des Teers, wie z. B. Ligroin, Benzin, Petroleumäther usw., erst in Dampf verwandelt und sodann entzündet werden. Wasserstoff, durch Petroleum geleitet, gibt ein vortrefflich leuchtendes Gasgemenge.

Unser gewöhnliches Leuchtgas wurde in England zum ersten Male 1792 von Men Doltz auf seiner Besitzung gebrannt. 1812 wurden die Straßen Londons, 1824 in Hannover und 1826 in Berlin (Englische Gesellschaft) mit Gasbeleuchtung versehen. Das Leuchtgas bildet sich, wenn man Steinkohle in Retorten unter Luftabschluß einer hohen Glut aussetzt. Das Leuchtgas oder das »philosophische Licht«, wie es einer seiner ersten Darsteller namens Becher (schon zu Ende des 17. Jahrhunderts soll man es verstanden haben, aus Steinkohlen Gas herzustellen) in seiner überschwenglichen Freude nannte, ist also Steinkohlengas. Was von der Steinkohle zurückbleibt, ist Koks.

Das anfangs als Wunderding angestaunte Gaslicht erschien berufen, den Talg- und Öllichtern gründlich das Lebenslicht auszublasen. Dem war aber nicht so, vielmehr bildete das Gaslicht einen Ansporn, die vorhandenen Lichtquellen zu verbessern und konkurrenzfähig zu gestalten. Und so war auch das Auftauchen des elektrischen Lichtes nicht der Tod des Gaslichtes, sondern die Ursache zu neuem, schöneren Leben desselben in Gestalt des Auerschen Gasglühlichtes und des Azetylengaslichtes.

Um konkurrenzfähig zu bleiben, brachte die Gaslampen-Industrie schließlich die Invertlampen und die Gasdrucklampen heraus, denen die neueren Metallfadenlampen feindlich entgegentraten.

Lange ehe es gelang, Kohlefaden-Glühlampen herzustellen, erblickte die Bogenlampe das Licht der Welt. Ihre Entdeckung wird Davy, dem Erfinder der Sicherheitslampe, zugeschrieben, welcher jedenfalls als erster (1813) ausführliche Versuche an ihr anstellte. Ein wesentlicher Fortschritt wurde durch Foucault (1843) erzielt, indem er die von Davy benutzte, schnell abbrennende Holzkohle durch Retortenkohle ersetzte. Gleichwohl datiert die Benutzung der Bogenlampe als technische Lichtquelle erst von dem Augenblicke an, in dem man zur Erzeugung der elektrischen Heizenergie statt galvanischer Elemente Dynamomaschinen zur Verfügung hatte. Vor dieser Zeit diente die Bogenlampe weit mehr als Heizquelle, um schwer schmelzbare Substanzen zum Schmelzen zu bringen. Hierher gehören die Versuche von Despretz, Moissan u. a., welche sich zumal mit der Frage beschäftigten, reinen Kohlenstoff zu schmelzen[1].

Die Versuche, Glühlampen herzustellen, reichen ebenfalls weit zurück. Jobard schlug schon 1838 vor, Kohlestäbe im Vakuum durch den elektrischen Strom zu erhitzen. Das Fundament zur Entwickelung der Glühlampenindustrie wurde aber erst gelegt durch die Vorschläge von Sawyer und Man bzw. Swan (1878), Glühfäden aus Papier und Faserstoff bzw. aus Baumwolle zu verwenden, und durch die Erfindung Maxims, die Fäden zu »präparieren«, d. h. sie in einer Kohlenstoffverbindung mit Kohlenstoff zu überziehen. Die ersten brauchbaren Glühlampen verdanken wir Edison, welcher Fäden aus Bambusrohr benutzte und diese künstlich in Kohlefäden umwandelte (1879).

Die Kohlefadenlampen beherrschten lange allein das Feld. Später gesellte sich zu ihnen die »Nernstlampe« (1897) und die Auersche »Osmiumlampe«. Nernst benutzte als Glühfaden einen festen »Leiter zweiter Klasse«, welcher erst bei beginnender Weißglut den elektrischen Strom zu leiten vermag. Zu diesen Leitern gehören alle sog. »Isolatoren«, wie Porzellan, Glas, Schiefer usw. Infolge dieses Umstandes mußte der Glühkörper der Nernstlampe mit dem Streichholz »angezündet«, d. h. vorgewärmt werden, damit er vom Strom durchflossen und dadurch zur hohen

---

[1] O. Lummer. »Verflüssigung der Kohle und Herstellung der Sonnentemperatur.« Verlag von Fr. Vieweg & Sohn, Braunschweig 1913.

Weißglut erhitzt werden kann. Bei den im Handel befindlichen Nernstlampen wird der Glühkörper durch eine sinnreiche Vorrichtung vom Strom selbst vorgewärmt, welche automatisch ausgeschaltet wird, sobald der Glühkörper den Strom leitet. Sie werden heute meist nur noch für physikalische Zwecke gebraucht, da sie in bezug auf Billigkeit mit den neueren Metallfadenlampen nicht mehr konkurrieren können.

Der ersten Metallfadenlampe, der Osmiumlampe, folgten die Siemens & Halskesche »Tantallampe« und die den heutigen Markt beherrschenden »Wolframlampen« und »Nitralampen«. Bei allen diesen Metallfadenlampen leuchtet hocherhitztes Metall, dessen Verarbeitung zu dünnen, haltbaren Fäden große technische Schwierigkeiten bereitete. Bei der Osmium-, Tantal- und Wolframlampe glüht der Metallfaden im hohen Vakuum, bei der Nitralampe wird der spiralig gewickelte Wolframfaden in Stickstoff bei gewöhnlichem Atmosphärendruck geglüht.

Inzwischen waren auch die Bogenlampen auf eine höhere Leistungsfähigkeit gebracht worden durch die Einführung der »Effektbogenlampen«. Bei ihnen sind die Kohlen mit geeigneten Salzen (Baryumoxyd, Strontiumoxyd, Fluorcalcium usw.) getränkt, welche im Bogen verdampfen und deren Dämpfe zum Leuchten kommen.

Merkwürdigerweise liegen auch hier die ersten Versuche über den Einfluß von Beimischungen der Kohle auf die Art und Ökonomie des Lichtbogens weit zurück. Schon im Jahre 1844, als man sich noch der Bunsenschen Elemente zur Erzeugung des Kohlelichtbogens bedienen mußte, hat P. Casselmann[1]) im Bunsenschen Laboratorium »farbige« Lichtbogen durch Tränken der Kohlenstäbe mit allen möglichen Substanzen hergestellt und auch gezeigt, daß die photometrische Ökonomie bei Anwendung getränkter Kohlen unter Umständen größer ist als bei Verwendung von »nackten« Kohlen.

Trotzdem sind diese farbigen Bogenlampen der Beleuchtungstechnik erst seit 1879 zugänglich gemacht und seitdem allmählich zu erhöhter Leistungsfähigkeit gebracht worden[2]).

Die kürzlich vom Verfasser konstruierte, unter erhöhtem Druck brennende Bogenlampe (§ 94) hat noch keine beleuchtungstechnische Bedeutung erlangt. Durch sie wurde die Kratertemperatur von

---

[1]) P. Casselmann. Pogg. Ann. Bd. 63, S. 578, 1844.
[2]) Gebr. Siemens & Co. D. R.-P. 8253, 1879. — E. Rasch. D. R.-P. 113594, 1892. ETZ. 1901. — Bremer. D. R.-P. 118464, 1899.

4200⁰ abs. bis auf etwa 8000⁰ abs. gesteigert und damit die Sonnentemperatur um rund 2000⁰ übertroffen.

Aber wieviel Arten von Lichtquellen auch noch kommen mögen, sie werden alle friedlich nebeneinander bestehen, sich gegenseitig zu immer höherer Leistungsfähigkeit anspornen und zur Verbreitung von »Mehr Licht« beitragen. Es hat eben jede Beleuchtungsart ihre individuellen Eigenschaften und besonderen Vorzüge, die ihre Existenz und Wertschätzung rechtfertigen. Aus diesem Grunde ist es auch nicht leicht, den Wert der einzelnen Lichtquellen gegeneinander abzuwägen, es sei denn, daß man den auch jetzt noch üblichen einseitigen Weg einschlägt und den Wert einer Lichtquelle nach dem Preis pro Kerze Leuchtkraft taxiert, d. h. die Photometrie als obersten Richter setzt.

§ 2. Lamberts Grundgesetz der Photometrie. Lichtstärke. Da wir es im gewöhnlichen Leben nur mit leuchtenden Flächen zu tun haben, so handelt es sich für die Beleuchtungstheorie zunächst darum, zu wissen, wie die gegenseitige Bestrahlung zweier Flächen vor sich geht. Dazu zerlegt man sich die ausgedehnten Flächen in einzelne Flächenelemente und sucht für diese die Gesetze.

Der Ausdruck für die Größe dieser Erleuchtung bzw. Beleuchtung eines beliebig gelegenen Fächenelementes durch ein

Fig. 1.

leuchtendes Flächenelement, d. h. für die »Lichtmenge«, welche ein Flächenelement dem anderen zusendet, setzt sich aus zwei Faktoren zusammen. Davon hängt einer von der Natur der Lichtquelle, der andere dagegen von den räumlichen Dimensionen bzw. der Lage der sich bestrahlenden Körper ab.

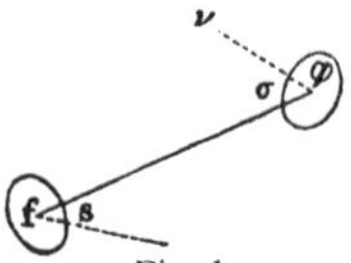

a) Lamberts Grundgesetz[1]). Ist r in Fig. 1 die Verbindungslinie zwischen den Elementen f und φ, mit deren Loten sie die Winkel s bzw. σ bildet, so ist zunächst die von f auf φ oder umgekehrt gestrahlte Lichtmenge proportional dem Quotienten

$$\frac{f \cdot \varphi \cdot \cos s \cdot \cos \sigma}{r^2}.$$

Dies ist aber noch nicht der vollständige Ausdruck für die ganze auf das bestrahlte Flächenelement gesandte Lichtmenge. Denn es ist

---

[1]) Lambert ist der eigentliche Begründer der Photometrie (s. Lambert: Photometria sive de mensura et gradibus luminis etc. 1760, übersetzt von E. Anding, Leipzig 1892). Vor ihm sind nur Bouguer (1729) u. Smith zu nennen.

die Erleuchtung von φ z. B. ganz verschieden, je nachdem f der Sonne oder dem Monde oder einer anderen Lichtquelle angehört. Man multipliziert darum obigen Quotienten noch mit einem Faktor (i) und erhält für die z. B. auf φ auffallende Lichtmenge

$$m = i \cdot \frac{f \cdot \varphi \cdot \cos s \cdot \cos \sigma}{r^2} \quad \ldots \ldots \ldots \text{1)}$$

Man nennt i die »Intensität« des leuchtenden Flächenelementes f. Analog erhält man für die von φ auf f gestrahlte Gesamtlichtmenge:

$$m' = i' \cdot \frac{f \cdot \varphi \cdot \cos s \cdot \cos \sigma}{r^2} \quad \ldots \ldots \ldots \text{2)}$$

wenn i' die Intensität von φ ist.

Die Intensität einer Lichtquelle hängt demnach nur von der Natur derselben ab, nicht von den Dimensionen. Und zwar ist sie bei glühenden, festen oder flüssigen Körpern eine Funktion der Temperatur und des Emissions- oder Ausstrahlungsvermögens der Lichtquelle. Das Ausstrahlungsvermögen hinwiederum ändert sich mit der Oberflächenbeschaffenheit der glühenden Partikelchen. Ein schwarz gebeiztes glühendes Platinblech sendet bei gleicher Temperatur viel mehr Licht aus als ein blankes.

Die Intensität ist laut der Gleichung 1) bzw. 2) definiert durch eine Lichtmenge. Setzt man $s = \sigma = 0$, und $f = \varphi = r = 1$, so wird $m = i$ und $m' = i'$.

»Die Intensität ist also diejenige Lichtmenge, welche die Flächeneinheit normal auf die in der Einheit der Entfernung befindliche, zur Strahlenrichtung senkrechte Flächeneinheit strahlt.«

b) Beleuchtungsstärke. Die »Beleuchtungsstärke« ist nach E. Abbe[1] die Lichtmenge, welche ein Flächenelement der Flächeneinheit des anderen Elementes zustrahlt. Die Beleuchtungsstärke e am Orte des Elementes φ ist also:

$$e = i \cdot \frac{f \cdot \cos s \cdot \cos \sigma}{r^2} \quad \ldots \ldots \ldots \text{3)}$$

und diejenige e' am Orte des Elementes f:

$$e' = i' \cdot \frac{\varphi \cdot \cos s \cdot \cos \sigma}{r^2} \quad \ldots \ldots \ldots \text{4)}$$

---

[1] E. Abbe. »Max Schultzes Archiv f. mikrosk. Anatomie« 10, 267.

c) **Lichtstärke oder Leuchtkraft.** In Wirklichkeit haben wir es mit ausgedehnten leuchtenden Flächen zu tun, z. B. einer Kerze, deren Intensität von Element zu Element variiert. Die Beleuchtungsstärke E einer ausgedehnten Fläche F am Orte eines Elementes φ setzt sich daher aus der Summe der Beleuchtungsstärken e zusammen, welche von allen Flächenelementen f der ausgedehnten Fläche F herrühren. Ist diese relativ klein gegen die Entfernung r, so kann für die verschiedenen strahlenden Flächenelemente sowohl r als auch σ in Gleichung 3) konstant gesetzt werden, und die Beleuchtungsstärke E der ausgedehnten Fläche bei φ wird:

$$E = L \cdot \frac{\cos \sigma}{r^2} \quad \cdot \quad \cdot \quad \cdot \quad \cdot \quad \cdot \quad \cdot \quad 5)$$

wo $L = \Sigma i \cdot f \cdot \cos s$, d. h. die Summe der Ausdrücke $i \cdot f \cdot \cos s$ für alle strahlenden Elemente der Fläche F bedeutet und als »Leuchtkraft in Richtung r« oder kurzweg als »Lichtstärke« der Fläche F bezeichnet wird.

Die Leuchtkraft oder Lichtstärke ist also ein recht unphysikalisches Ding ohne höhere Gesichtspunkte. Sie ist der Inbegriff der gesamten von einer Lichtquelle ausgesandten Strahlungsenergie, die vom Auge in Lichtempfindung umgesetzt wird, gleichviel ob sie durch die Größe der leuchtenden Fläche oder durch die Helligkeit (Höhe der Temperatur) bedingt wird. Ein rotglühendes Platinblech kann bei genügender Größe die gleiche Lichtstärke besitzen wie ein kleines Flächenstück eines weißglühenden Platinblechs. Die Photometrie oder die Messung der Lichtstärken konnte also keinen Aufschluß über die physikalischen Ursachen bringen, durch welche die Leuchtkraft einer Lichtquelle bedingt wird.

§ 3. Über Lichtmessung (Meßprinzip der Photometer). Die Leuchtkraft und die Beleuchtungsstärke können vom Auge nicht abstrahieren. Nur das Auge darf über die Lichtstärke bzw. die ihr proportionale Flächenhelligkeit eines leuchtenden Flächenelementes urteilen[1]). Das Auge ist aber nicht imstande zu beurteilen, wieviel mal heller das Flächenelement eines rotglühenden Bleches ist als das eines weißglühenden oder in welchem Verhältnis die auf einem Papier hervorgebrachten Beleuchtungsstärken stehen, wenn dasselbe

---

[1]) Wo immer man sich ›objektiver‹ Methoden bedient, um über photometrische Größen Aufschluß zu erhalten, müssen die Meßapparate in ihrer Wirksamkeit dem Auge nachgebildet sein (§ 50 u. 51).

einmal durch eine Kerze, das andere Mal durch eine Glühlampe beleuchtet wird. Man muß daher dem Auge seinen lichtmessenden Beruf erleichtern, indem man Hilfsapparate (»Photometer«) konstruiert, welche das Auge bei der Beurteilung der Helligkeit zweier benachbarter beleuchteter Flächen unterstützen.

Laut Formel 5) ist die durch eine Lichtquelle Q bzw. Q' in der Entfernung r bzw. r' auf einem Flächenelement hervorgerufene Beleuchtungsstärke $E = L \cdot \cos \sigma / r^2$ bzw. $E' = L' \cdot \cos \sigma' / r'^2$, wenn σ bzw. σ' der Winkel zwischen der beleuchteten Fläche und r bzw. r' ist und L bzw. L' die Leuchtkraft in der Richtung r bzw. r' bedeutet. Es habe das Photometer erwiesen, daß $E = E'$ ist; dann gilt, falls die Winkel σ und σ' gleich sind, d. h. falls die beleuchtete Fläche gegen r und r' die gleiche Neigung hat:

$$L/L' = r^2/r'^2 \quad . \quad . \quad . \quad . \quad . \quad . \quad . \quad 6)$$

Man braucht somit nur r und r' zu messen, um das Verhältnis der Leuchtkräfte der beiden Lichtquellen in den Richtungen r bzw. r' zu erhalten.

§ 4. Photometer von Bunsen. Es besteht im wesentlichen aus einem Blatt Papier SS (Fig. 2) mit einem ganz »gewöhnlichen« Fett-

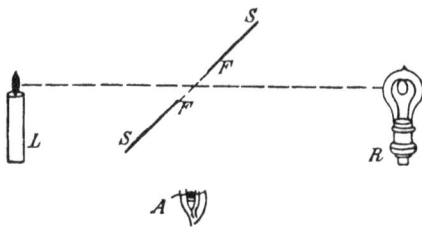

Fig. 2.

fleck FF. Das Meßprinzip ist folgendes. Das Auge A betrachtet den Photometerschirm $SFFS$, welcher zwischen den zu vergleichenden Lichtquellen L und R meßbar verschiebbar ist. Leuchtet R allein, so erscheint der Fettfleck **dunkel auf hellem Grunde**, leuchtet L allein, so erscheint der Fettfleck dagegen **hell auf dunklem Grunde**. Man verschiebt den Photometerschirm zwischen den Lichtquellen, bis der Fettfleck sich weder hell noch dunkel vom nicht gefetteten Papier abhebt. Ist der Fettfleck verschwunden, so verhalten sich die Leuchtkräfte von L und R wie die Quadrate ihrer Entfernungen vom Photometerschirm[1]).

---

[1]) Näheres siehe in H. Krüß, ›Elektrotechnische Photometrie‹ 1886, Hartleben, Wien und Leipzig.

§ 5. Gleichheitsphotometer von Lummer-Brodhun[1]**).** Der Bunsensche »reale« Fettfleck hat seit 1889 einer dauerhafteren, rein optischen Vorrichtung weichen müssen, welche gleichsam den »idealen« Fettfleck verwirklicht. Diese Vorrichtung

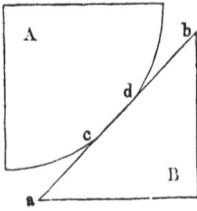

Fig. 3.

besteht im wesentlichen aus zwei rechtwinkeligen Glasprismen A und B (Fig. 3): die kugelförmige Oberfläche des Prismas A ist bei cd eben angeschliffen und gegen die ebene Hypotenusenfläche ab des Prismas B fest angepreßt. Ist die Berührung innig genug, dann verhält sich der Glaswürfel AB so, als ob die beiden Prismen bei cd eine einzige zusammenhängende Glasmasse bildeten, durch welche die Lichtstrahlen ungehindert hindurchgehen, während die bei ac und bd auffallenden Strahlen total reflektiert werden.

Die Fläche $acdb$ ist somit dem Bunsenschen Fettfleckpapier vergleichbar, wobei die Felder ac und bd die nichtgefetteten Papierflächen und das mittlere Feld cd den »Fettfleck« darstellen. Dieser Photometerschirm verwirklicht insofern den »idealen« Fettfleck, als bei ihm im Gegensatz zum »realen« die »gefettete Stelle« cd alles auffallende Licht hindurchläßt und nichts reflektiert, während die »nichtgefetteten« Stellen ac und bd umgekehrt alles Licht total reflektieren und nichts hindurchlassen.

Allein durch diese Eigenschaft wird die Empfindlichkeit der Einstellung verdreifacht. Dazu kommen noch andere Vorteile, teils physiologischer teils praktischer Natur, welche zur Überlegenheit des »idealen« über den »realen« Fettfleck beitragen.

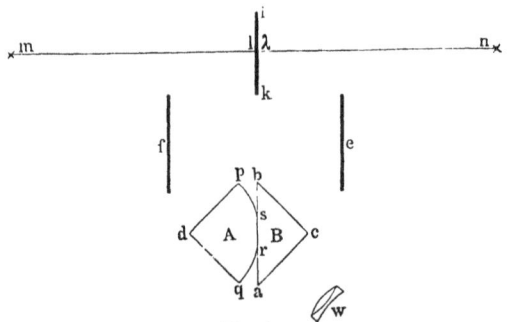

Fig. 4.

Um den Photometerwürfel auf einer geraden Photometerbank wie das Bunsensche Photometer gebrauchen zu können, wurde die in Fig. 4 skizzierte Anordnung gewählt.

---

[1]) O. Lummer und E. Brodhun. »Ersatz des Photometerfettflecks durch eine rein optische Vorrichtung.« Ztschr. f. Instrkde. Bd. 9, S. 23 bis 25, 1889. — ›Über ein neues Photometer.‹ Ztschr. f. Instrkde. Bd. 9, S. 41 bis 50. 1889.

Es bilden λ und l die beiden Seiten des zur Verbindungslinie der zu messenden Lichtquellen m und n senkrecht stehenden Gipsschirmes ik. Das von λ bzw. l ausgehende diffuse Licht fällt auf die Spiegel e bzw. f, welche es senkrecht auf die Kathetenflächen cb und dp der Prismen A und B werfen. Der Beobachter blickt durch die Lupe w und stellt scharf auf die Ränder des Fleckes sr ein und beobachtet das Verschwinden derselben.

§ 6. Kontrastphotometer von Lummer-Brodhun[1]). Bei diesem Photometer stellt man nicht auf die gleiche Helligkeit zweier Felder ein, sondern man beurteilt, wann zwei Felder L und R (Fig. 5) sich gleich deutlich von ihrer gleichmäßig erleuchteten Umgebung l, r abheben, d. h. gleich stark kontrastieren. Das auf diesem Prinzip beruhende »Kontrastphotometer« arbeitet doppelt so genau als das Gleichheitsphotometer, und der mittlere Fehler einer Einstellung beträgt nur $\frac{1}{4}\%$. Infolge der scharfen Ränder der Photometerfelder ermüdet das Arbeiten mit diesem Photometer bedeutend weniger als das Einstellen beim Bunsenschen. Auch zur Verwirklichung des Kontrastprinzips verwendeten Lummer und Brodhun eine aus zwei Prismen gebildete Kombination, bei welcher die Nachteile des Bunsenschen Fettflecks vermieden sind.

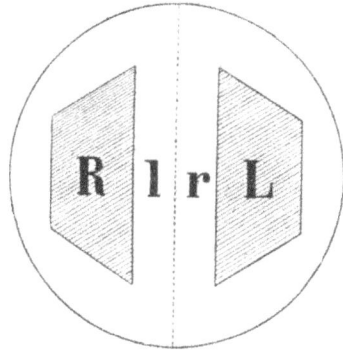

Fig. 5.

Das von Fr. Schmidt & Haensch für den technischen Gebrauch durchkonstruierte Photometer ist bei G in Fig. 6 abgebildet. Es läßt sich nach Wunsch als Gleichheits- oder als Kontrastphotometer gebrauchen. Diese Figur zeigt zugleich die nach Angaben von Lummer und Brodhun durch Fr. Schmidt & Haensch gebaute Photometerbank, die jetzt fast allgemein in Benutzung ist.

§ 7. Lichteinheit. Da man die Lichtstärke nicht im absoluten Maßsystem messen kann, insofern sie in letzter Instanz von der Stärke der Erregung unserer Netzhaut abhängt, so vergleicht man

---

[1]) O. Lummer und E. Brodhun. »Lichtmessung durch Schätzung gleicher Helligkeitsunterschiede (Kontrastphotometer).« Zeitschr. f. Instrkde. 9, 461 bis 465, 1889.

die Lichtstärken der verschiedenen Lichtquellen miteinander und bezieht sie auf diejenige einer willkürlich gewählten »Lichteinheit«.
Die in Deutschland eingeführte Lichteinheit für technische Zwecke

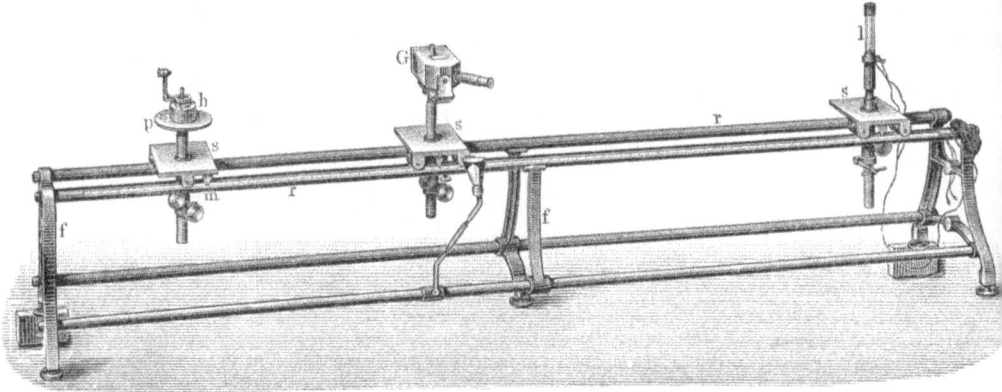

Fig. 6.

ist die 40 mm hohe Flamme der in Fig. 7 abgebildeten Hefner-
lampe, durch deren Konstruktion und Einführung sich von Hefner-
Alteneck[1]) ein großes Verdienst um die
Lichtmessung erworben hat. Das von diesem
bescheidenen Flämmchen in horizontaler
Richtung ausgesandte Licht ist das deutsche
»Normallicht« und hat die Lichtstärke einer
»Hefnerkerze« (HK). Zur Einstellung auf
die richtige Flammenhöhe dient das aus der
Figur ersichtliche Visier[2]).

Bei den photometrischen Messungen vergleicht man also die Lichtstärke der zu
untersuchenden Lichtquelle mit derjenigen

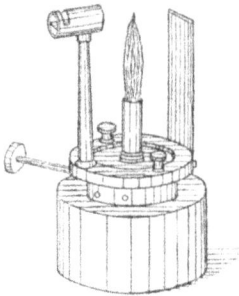

Fig. 7.

der Hefnerlampe und sagt z. B., das Bogenlicht hat eine Lichtstärke
von soundsoviel Hefnerkerzen. Es sei erwähnt, daß solche
Lichtmessungen in der Physikalisch-Technischen Reichsanstalt
ausgeführt und amtlich bescheinigt werden.

Die Hefnerlampe als Lichteinheit ist bis heute noch immer
nicht von den übrigen Völkern angenommen worden, welche an
ihrer Stelle die Pentan-Dochtlampe (1,17 HK), die Carcel-

---

[1]) v. Hefner-Alteneck. ETZ. 1884, S. 21.
[2]) Näheres über die Hefnerlampe, die Messung der Flammenhöhe und die
Vorschriften beim Gebrauch siehe in E. Liebenthal: »Praktische Photometrie«. Verlag von Fr. Vieweg & Sohn. Braunschweig 1907.

Lampe (10,87 HK), die Englische Kerze (1,14 HK) usw. benutzen.

Die Bestrebungen, statt der Flammen wohl definierte feste Substanzen bei vorgeschriebener Temperatur als Lichteinheiten zu gebrauchen, scheiterten bisher an der praktischen Ausführbarkeit. Ein erster Schritt auf diesem Wege wurde von Lummer und Kurlbaum[1]) getan, welche eine Methode ausarbeiteten, um die Temperatur eines Strahlungskörpers genau zu reproduzieren und konstant zu halten. Diese Methode wurde neuerdings von der Reichsanstalt verwandt, um den schwarzen Körper (§ 50) als Lichteinheit brauchbar zu machen[2]).

§ 8. Interferenzphotometer von Lummer[3]).
Da bei den Lummer-Brodhunschen Photometern die Helligkeitsempfindlichkeit des Auges voll ausgenutzt wird, hat es keinen Zweck, an dessen Stelle ein neues Photometer zu setzen, wenn dieses nicht in bezug auf photometrische Zwecke neue Eigenschaften besitzt. Dieses ist der Fall beim »Interferenzphoto- und -pyrometer«.

Bei den bisher beschriebenen und allen anderen in der Technik üblichen Photometern zur Messung von Lichtstärken liegt das photometrische Kriterium (z. B. Verschwinden einer Trennungslinie zwischen den zu vergleichenden Photometerfeldern) nicht auf den zu messenden Leuchtflächen, sondern in der deutlichen Sehweite. Jedenfalls können die Photometerfelder nicht zugleich mit den sie beleuchtenden Lichtquellen (Leuchtflächen) deutlich gesehen werden.

---

[1]) O. Lummer und F. Kurlbaum. Ber. d. Berl. Akademie 1894, S. 229 bis 238.
[2]) E. Warburg. »Über eine rationelle Lichteinheit.« Verh. d. Deutsch. Phys. Ges. 1917, Nr. 1/2.
[3]) O. Lummer. »Ein neues Interferenz-Photo- und -Pyrometer.« Verh. d. Deutsch. Phys. Ges. 3, 131 bis 147, 1901. Physik. Zeitschr. 3, 219 bis 222, 1901.

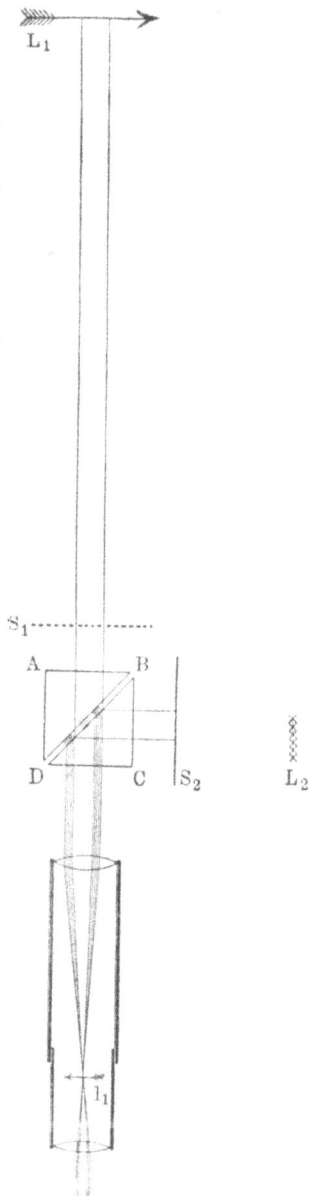

Fig. 8.

Abweichend hiervon verhält sich das »Interferenzphotometer«, bei welchem das photometrische Kriterium praktisch auf dem zu messenden Leuchtobjekt gelegen ist. Infolge dieser Eigenschaft bietet das Instrument die Möglichkeit, die Flächenhelligkeit bzw. Temperatur sehr kleiner und unruhiger Objekte zu messen oder sehr nahe benachbarte Teile einer leuchtenden Fläche in bezug auf ihre Helligkeit miteinander zu vergleichen.

An Hand der Fig. 8 ist das Prinzip des Photometers leicht darzulegen. Der Hauptbestandteil ist der Glaswürfel $ABCD$. Dieser ist aus zwei rechtwinkligen Glasprismen gleicher optischer Eigenschaften so zusammengesetzt, daß zwischen den Hypotenusenflächen eine planparallele Luftschicht BD bestehen bleibt. Die Dicke dieser Luftschicht wähle man so, daß man, durch den Würfel auf eine diffus leuchtende Fläche blickend, nahe an der Grenze der totalen Reflexion deutlich eine Reihe von Interferenzstreifen sieht. Ist die Luftplatte BD genau planparallel, so liegen diese Streifen im Unendlichen und sind »Kurven gleicher Neigung«[1]). Um diese absolut scharf zu sehen, muß man das Auge auf Unendlich einstellen oder sich eines auf Unendlich eingestellten Fernrohres bedienen.

Daraus folgt, daß dann auch das anvisierte Objekt L_1 (Flamme, Bogenlampenkrater usw.) im Unendlichen liegen muß, wenn es gleichzeitig mit den Streifen im Fernrohr scharf gesehen werden soll. Bei irdischen Objekten bringt man diese daher in die Brennebene einer vor AB, etwa bei S_1 stehenden Linse.

Bei Beobachtung mit bloßem Auge und bei genügend dünner Luftplatte genügt die deutliche Sehweite, um Streifen und Objekt zugleich deutlich zu sehen.

Um die Flächenhelligkeit des anvisierten Objektes zu messen, bringt man bei S_2 eine von der Vergleichslichtquelle L_2 gleichmäßig beleuchtete Mattscheibe an. Leuchtet diese allein, so sieht man im Fernrohr ebenfalls eine Kurvenschar längs der totalen Reflexionsgrenze, und zwar dunkel auf hellem, gleichmäßigem Hintergrunde. Diese Kurvenschar im reflektierten Lichte ist genau komplementär zu derjenigen im durchgehenden Lichte: wo die eine Maxima hat, besitzt die andere Minima und umgekehrt.

Werden also beide Mattscheiben, S_1 und S_2, von ihren zugehörigen Lichtquellen L_1 bzw. L_2 gleich hell und mit gleich zusammengesetz-

---

[1]) O. Lummer. »Über eine neue Interferenzerscheinung an planparallelen Platten und eine Methode, die Planparallelität solcher Platten zu prüfen.« Inaug.-Dissert. Berlin 1884, abgedruckt in Wied. Ann. **23**, 49 bis 81 (1884).

tem Lichte beschienen, so verschwinden die Streifen im Fernrohr.
Verschiebt man jetzt L_1 oder L_2, so treten die Streifen sogleich
wieder auf, hell auf dunklerem Grunde oder dunkel auf hellerem
Grunde, je nachdem man S_1 heller oder dunkler als S_2 gemacht hat.

Die Einstellungsgenauigkeit hängt von der Schärfe der Streifen,
d. h. vom Intensitätsabfall vom Maximum zum Minimum hin ab.
Wie an anderem Orte[1]) gezeigt worden ist, sind diese Interferenzstreifen
in der unmittelbaren Nähe der totalen Reflexionsgrenze die schärfsten,
welche überhaupt existieren. Bei gleicher Zusammensetzung des
von L_1 und L_2 kommenden Lichtes, in welchem Falle das Verschwinden der Streifen allein ein vollkommenes ist, beträgt der
mittlere Fehler des Resultates bei 10 Einstellungen etwa 1%.

Um das Interferenzphotometer zu einem Interferenz»pyrometer« zu machen, braucht man dasselbe, wie bei den gewöhnlichen
optischen Pyrometern, nur mit Hilfe des absolut schwarzen Körpers
zu eichen (§ 50).

Auch zur Messung bzw. Vergleichung von Lichtstärken kann
man dieses Photometer benutzen. In diesem Falle stellt man bei
S_1 und S_2 zwei gleichartige Mattscheiben auf, von denen die eine
durch die Hefnerlampe, die andere durch die zu messende Lichtquelle erleuchtet wird. Aus dem Verschwinden der Interferenzstreifen und der relativen Entfernung beider Lichtquellen ergibt
sich deren Kerzenverhältnis. Übrigens hatte sich auch schon
Fr. Fuchs[2]) dieser Anordnung bedient, um Lichtstärken miteinander
zu vergleichen, ohne den hier dargelegten Hauptvorzug des Inter-
ferenzwürfels zu erkennen.

§ 9. Zwischenlichtquellen. Die Vergleichung der Leuchtkraft
einer zu messenden Lichtquelle mit derjenigen der Hefnerlampe ist
wegen der schwierigen Wartung der Hefnerkerze zeitraubend und
wegen ihrer geringen Leuchtkraft unpraktisch. Aus diesen und anderen Gründen (verschiedene Färbung usw.) bedient man sich einer
Zwischenlichtquelle, die man mit der Hefnerlampe geeicht hat und
mit der man die zu messende Lichtquelle vergleicht. Diese »Vergleichslampe« oder »Hilfslichtquelle« dient also praktisch als »Normallampe«. Recht gut hat sich als solche die Kohlefadenglühlampe
bewährt, welche von Lummer-Brodhun zuerst auf ihre Eigenschaften als Vergleichslichtquelle genauer untersucht wurde. Hält

---

[1]) O. Lummer. »Über Komplementärerscheinungen im reflektierten
Lichte.« Ber. d. Berl. Akademie **24**, 504 bis 513, 1900.
[2]) Fr. Fuchs. Wied. Ann. **11**, 165 bis 173, 1880.

man bei ihr die Stromstärke bis auf 0,01% konstant, so liefert sie
eine bis auf 0,1% konstante Leuchtkraft. Brennt man sie mit etwas
geringerer Spannung als beim normalen Gebrauch, so behält eine
solche Glühlampe Tausende von Brennstunden hindurch ihre Kerzenzahl bei. Um die rötliche Farbe dieser Vergleichslichtquelle aus-
zuschalten, schaltet man eine bläulich gefärbte Glasplatte in den
Strahlengang ein. Entsprechend ihrer Bequemlichkeit und Konstanz hat sich diese Zwischenlampe als Lichteinheit immer mehr
in der Praxis eingebürgert. Man benutzt am besten eine Glühlampe
mit U-förmigem Kohlebügel, welche man senkrecht zur Fadenebene
strahlen und zweckmäßig von der Physik.-Techn. Reichsanstalt eichen
läßt. In diesem Falle ersetzt sie zugleich die Hefnerlampe und dient
als Normallampe von bekannter Hefnerkerzenzahl. Freilich muß
man ihre Konstanz von Zeit zu Zeit mit Hilfe der Hefnerlampe
nachprüfen.

§ 10. Schwächungsmethoden (Rotierender Sektor). Hat man
starkkerzige Lichtquellen zu photometrieren, so muß man, wenn die
Entfernung hierzu nicht ausreicht, die zum Photometer gesandte
Lichtmenge auf andere Weise meßbar schwächen können. Von den

Fig. 9.

verschiedenen Schwächungsmethoden (Rauchglas-
platten, Zerstreuungslinsen, Nicolsche Prismen usw.)
hat sich eine von Lummer-Brodhun[1] eingeführte
Methode bewährt, bei der die Schwächung mit Hilfe
eines rotierenden Sektors (Fig. 9) mit genau meßbaren
Ausschnitten bewirkt wird. Diese Methode beruht auf
dem »Talbotschen Gesetz«, welches nach Helmholtz
lautet: »Wenn eine Stelle der Netzhaut von periodisch veränder-
lichem und regelmäßig in derselben Weise wiederkehrendem Lichte
getroffen wird und die Dauer der Periode hinreichend kurz ist,
so entsteht ein kontinuierlicher Eindruck, der dem gleich ist, welcher
entstehen würde, wenn das während einer jeden Periode eintreffende
Licht gleichmäßig über die ganze Dauer der Periode verteilt würde.«

Plateau und v. Helmholtz haben hierüber umfassende Messungen angestellt und das Gesetz bestätigt.

Diese Schwächungsmethode hat den Vorteil, die Lichtstärke
einer Lichtquelle zu schwächen, ohne die Qualität des Lichtes zu
ändern. Der von Lummer-Brodhun für den praktischen Ge-

---

[1] O. Lummer und E. Brodhun. Zeitschr. f. Instrkde. **16**, 299 bis
307, 1896.

brauch konstruierte rotierende Sektor ist in Fig. 10 abgebildet. Er besitzt zwei einander gegenüberliegende Ausschnitte von je 90⁰ Winkelöffnung, deren Größe beim Drehen der Scheibe *D* gegenüber der festen Scheibe *C* beliebig und sehr genau meßbar geändert werden kann, und zwar während der Rotation. Die Bestimmung des Winkels ist bis zu einer Sektorenöffnung von 5⁰ noch mit der Genauigkeit von $\frac{1}{4}°_{0}$ möglich.

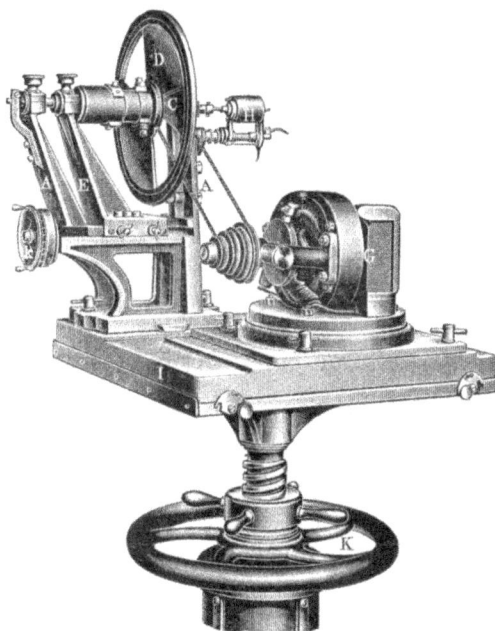

Fig. 10.

Um prüfen zu können, ob eine Abhängigkeit der Lichtstärke des intermittierenden Lichtes von der Anzahl der Unterbrechungen besteht, konnte die Rotationsgeschwindigkeit von 13,5 bis auf 100 Umdrehungen in der Sekunde variiert werden, so daß also, da zwei Sektoren vorhanden sind, 27 bis 200 Unterbrechungen der Lichtstrahlung in der Sekunde entstanden. Es zeigte sich keine Abhängigkeit von der Rotationsgeschwindigkeit.

Ferner wurde für eine beliebige Rotationsgeschwindigkeit das Gesetz der Proportionalität mit der Sektorenbreite geprüft. Auch hierbei zeigte sich keine Abweichung vom Talbotschen Gesetz.

Später hat E. Brodhun[1]) den Apparat noch verbessert, indem

---

[1]) E. Brodhun, Zeitschr. f. Instrkde. **24**, 313, 1904.

er eine sinnreiche optische Vorrichtung anbrachte, welche es ermöglicht, die Größe des rotierenden Sektors während der Rotation abzulesen.

§ 11. Bestimmung der mittleren räumlichen Lichtstärke. Die Hefnerlampe besitzt in horizontaler Richtung laut Definition die Lichtstärke einer »Hefnerkerze«. Nach jeder anderen Richtung ist ihre Lichtstärke eine andere. Und so senden auch die gebräuchlichen Lichtquellen nach den verschiedenen Richtungen eine verschiedene Kerzenzahl. Nur ein Lichtpunkt bzw. eine kleine gleichmäßig leuchtende Kugel besitzt eine nach allen Richtungen gleichgroße Lichtstärke.

Nach dem Vorgang von Allard[1]) versteht man unter »mittlerer räumlicher Lichtstärke« einer Lichtquelle den Mittelwert (J_s) ihrer sämtlichen Lichtstärken, die ihr in bezug auf sämtliche Richtungen zukommen. Sie ist also identisch mit der in sämtlichen Richtungen konstanten Lichtstärke, welche die Lichtquelle haben müßte, damit sie in den umgebenden Raum (zur Einheitskugel mit der Lichtquelle als Zentrum) ebensoviel Lichtenergie ausstrahlte wie die wirkliche Lichtquelle. Ein Lichtpunkt L (Fig. 11) sendet durch

Fig. 11.

jeden Querschnitt eines körperlichen (räumlichen) Winkels ω, dessen Scheitel er bildet, die gleiche Lichtmenge oder, wie man sagt, den gleichen »Lichtstrom«. Bezeichnet man mit Φ den innerhalb des unendlich kleinen körperlichen Winkels ω ausgesandten Lichtstrom, so kann die Lichtstärke J des Lichtpunktes L in Richtung LO definiert werden als das Verhältnis:

$$J = \frac{\Phi}{\omega} \quad . \quad . \quad . \quad . \quad . \quad . \quad . \quad 7)$$

Es soll gemäß der Definition der mittleren räumlichen Lichtstärke (J_s) der äquivalente Lichtpunkt mit der konstant gedachten Lichtstärke J_s der Einheitskugel den gleichen Lichtstrom Φ_s zusenden, wie die wirkliche Lichtquelle mit inkonstanter Lichtstärke. Der von einem Lichtpunkt mit konstanter Lichtstärke J_s der Ein-

---

[1]) Allard. Mémoire sur l'intensité de la portée des phares, Paris 1876.

heitskugel zugesandte Lichtstrom ist $4\pi J_s$. Da dieser Ausdruck gleich dem gesamten Lichtstrom der nicht punktförmigen Lichtquelle sein soll, so ergibt sich für deren mittlere räumliche Lichtstärke:

$$J_s = \frac{\Phi_s}{4\pi} \quad \ldots \ldots \ldots \quad 8)$$

Um diese zu finden, müssen wir also den gesamten von einer Lichtquelle ausgesandten Lichtstrom Φ_s dividieren durch 4π. Man muß also vor allem die Lichtstärken der Lichtquelle nach allen Richtungen messen bzw. daraus den Lichtstrom in diesen Richtungen und daraus den gesamten Lichtstrom berechnen. Auf die Art, wie man diese Messungen und Berechnungen ausführt, kann hier nicht eingegangen werden. Um die Lichtstärke nicht nach allen Richtungen einzeln bestimmen zu müssen, hat man besondere Photometer (»Lumenmeter«, »Integralphotometer« usw.) konstruiert, bei denen man durch einige wenige Messungen oder gar durch eine einzige die mittlere räumliche Lichtstärke erhält[1]).

§ 12. Rangordnung der gebräuchlichen Lichtquellen in bezug auf Billigkeit. Hat man die mittlere räumliche Lichtstärke einer Lichtquelle bestimmt und kennt man bei den Flammen den Preis des verbrauchten Materials oder bei den elektrischen Lichtern den Preis der erforderlichen Energie (Volt × Ampere) pro Stunde, so ergibt sich hieraus der Preis, für welchen die Lichtquelle eine Hefnerkerze mittlerer räumlicher Lichtstärke pro Stunde liefert.

In der folgenden Billigkeitstabelle[2]) sind die gebräuchlichen Lichtquellen nach ihrer Billigkeit geordnet, wenn man den darunter angeführten Preis für die verschiedenen Materialien und die Kilowattstunde zugrunde legt.

Selbstverständlich hat eine solche »Billigkeitstabelle« sehr viel Willkürliches an sich. So stellt sich, um nur ein Beispiel hierfür zu geben, das elektrische Licht wesentlich billiger, wenn man eine eigene Dampfanlage benutzt und mit stets voll belasteten Maschinen arbeitet. Bei größerem Umfange der Anlage (d. h. mindestens 100 PS) kann der Preis des Stromes pro Kilowattstunde auf 10 bis 15 Pf., bei kleineren Anlagen auf 20 bis 25 Pf. herabgemindert werden. Im ersteren Falle rückt das elektrische Bogenlicht an die erste und das elektrische Glühlicht an die dritte Stelle der Reihe.

---

[1]) Näheres siehe in E. Liebenthal, ›Praktische Photometrie‹, und in Uppenborn-Monasch, »Lehrb. d. Photometrie«; b. R. Eulenburg, München 1912.
[2]) Entlehnt aus Liebenthal, ›Praktische Photometrie‹, S. 433.

1	2	3	4	5	6
	Mittlere räumliche Lichtstärke in HK	Auf 1 HK mittlere räumliche Lichtstärke und auf 1 Brennstunde			
Lichtquelle		Spezifischer Verbrauch	Äquivalenter Energieverbrauch		Preis in Pfg.
		W.	W.-Std.	kg-Kal.	
1. Hg-Lampe aus Quarz bei höherer Beanspruchung: (174 bis 197 Volt; 4,2 Ampere; Dampfdruck etwa 1 Atm.), nach Versuchen an *einer* Lampe	2500—3000	0,27 W.-Std.	0,27	0,23	0,014
2. Flammenbogenlampe . .	500—1800	0,4 »	0,4	0,34	0,020
3. Intensiv-Gasglühlicht mit stehendem Glühkörper . .	150—800	1,5 l	8,9	7,6	0,020
4. Gewöhnliches Gasglühlicht mit hängendem Glühkörper	60—150	1,5 l	8,9	7,6	0,020
5. Gewöhnliches Gasglühlicht mit stehendem Glühkörper	60—90	1,9 l	11,3	9,7	0,025
6. Hg-Lampe aus gewöhnlichem Glas bei normaler Beanspruchung (40 bis 70 Volt; 3,5 Ampere)	250—600	0,5 W.-Std.	0,5	0,43	0,025
7. Petroleumglühlicht . . .	40—500	1,2 g	15	13	0,030
8. Gleichstrombogenlampe mit gewöhnlichen Kohlen . .	300—600	1,0 W.-Std.	1,0	0,86	0,050
9. Azetylenglühlicht (wegen Durchschlagens wenig im Gebrauch)	etwa 100	0,4 l	6,9	5,9	0,060
10. Spiritusglühlicht	20—200	1,8 g	11,3	9,7	0,063
11. Osramlampe	20—40	1,4 W.-Std.	1,4	1,2	0,070
12. Petroleumlampe	10—30	3,4 g	44	37	0,085
13. Osmiumlampe	25	1,9 W.-Std.	1,9	1,6	0,10
14. Nernstlampe	20—200	2,4 »	2,4	2,1	0,12
15. Leuchtgas-Rundbrenner .	etwa 16	10 l	59	51	0,13
16. Azetylenlicht	8—180	1,0 l	17	15	0,15
17. Gewöhnliche Kohlenfadenlampe	8—40	3,4 W.-Std.	3,4	2,9	0,17
18. Leuchtgas-Schnittbrenner .	etwa 10	17 l	101	87	0,22

Hierbei wurde angenommen: die Verbrennungswärme von 1 cbm Leuchtgas zu 5100 kg-Kal., von 1 kg Spiritus zu 5410 kg-Kal., von 1 kg Petroleum zu 11 000 kg-Kal., von 1 cbm Azetylen zu 14800 kg-Kal. 1 kg Kal. zu 1,164 Wattstunden. Der Preis von 1 cbm Leuchtgas zu 13 Pfg., von 1 kg Spiritus zu 35 Pfg., von 1 kg Petroleum zu 25 Pfg., von 1 cbm Azetylen zu 150 Pfg., von 1 Kilowattstunde zu 50 Pfg.

Und so wechseln die Plätze der verschiedenen Lichtarten je nach dem Schwanken des Preises für das zu ihrer Speisung notwendige Rohmaterial.

Ganz über den Haufen geworfen wird aber diese Reihenfolge, wenn man außer der Billigkeit auch noch andere Motive bei der Auswahl einer Lichtart gelten läßt. Je nach dem Zwecke, dem eine Lichtquelle dienen soll, sind diese Motive sehr verschieden. Kann für unsere Zimmerbeleuchtung das billige Bogenlicht überhaupt nicht in Betracht kommen, da es nicht genügend teilbar ist, so kann das relativ kostspielige elektrische Glühlicht dennoch gegenüber dem billigeren Gasglühlicht unter Umständen große Vorteile bieten.

Eine ganz andere Reihenfolge erhalten wir aber auch, wenn wir nicht das Photometer als obersten Richter walten lassen, sondern die Lichtquellen nach der Ökonomie im physikalischen Sinne ordnen, wobei auch der Preis des Heizmaterials keine Rolle spielt (Kapitel XII).

II. Kapitel.

Photometrie verschiedenfarbiger Lichtquellen und Spektralphotometrie.

§ 13. Direkte Vergleichung verschieden gefärbter Lichtquellen (Purkinjesches Phänomen). Sind die zu photometrierenden Lichtquellen in bezug auf ihre Färbung sehr verschieden, so versagen die bisher besprochenen Photometer. Rote und blaue Felder zu vergleichen, ist mit Hilfe der Gleichheits- und Kontrastphotometer kaum möglich. Der Eindruck der Farbe überwiegt den Eindruck der Intensität. Ist aber mit einem Photometer überhaupt eine Einstellung möglich, so ist sie für mehrere Personen verschieden. Als eigentümlich ist ferner zu bemerken, daß nach Purkinje das Helligkeitsverhältnis zweier verschieden gefärbten Flächen mit der Größe der Beleuchtungsstärke variiert. Ebenso ist die Größe der Photometerfelder von Einfluß. Wir kommen hierauf beim Kapitel »Auge« zurück (§ 43).

Ist die Färbungsdifferenz zweier Lichtquellen nicht viel größer als die zwischen einer Kerze und einer Glühlampe, so kann man sich zur Vergleichung ihrer Leuchtkräfte mit Vorteil des Lummer-Brodhunschen Gleichheitsphotometers bedienen (§ 5). Man muß dann aber nicht auf Verschwinden des Fleckes, sondern auf das

Undeutlichwerden der Ränder desselben achten. Sogar verschiedene Beobachter stellen dann noch gleich ein, auch wenn die Färbungsdifferenzen relativ groß sind.

§ 14. Sehschärfenprinzip. Nach dem Ausspruch von W. Siemens, »daß ein richtiges Photometer verschiedenfarbiges Licht dann als gleichwertig anzugeben habe, wenn es uns in gleicher Weise kleine Objekte (Sehzeichen usw.) erkennbar macht«, benutzte vor allem Leonh. Weber[1]) das Sehschärfeprinzip auch zur Vergleichung gefärbter Lichtquellen.

Da man bei diesem Sehschärfenprinzip notwendigerweise geringe Helligkeit der Photometerfelder verwenden muß, so ist die Einstellungssicherheit relativ gering. Immerhin gestattet die Einstellung auf gleiche Sehschärfe die Vergleichung selbst von Spektralfarben, die so weit auseinanderliegen wie Rot und Blau (§ 16).

§ 15. Flimmerprinzip. Dieses von Rood[2]) in die Photometrie verschiedenfarbiger Lichtquellen eingeführte Prinzip hat sich recht gut bewährt. Es war lange bekannt, daß eine rotierende Scheibe mit abwechselnd hellen und dunklen sektorähnlichen Feldern »flimmert«, solange die Geschwindigkeit der Rotation nicht groß genug ist. Bei Überschreitung einer gewissen Rotationszahl erscheint die Scheibe dem Auge als gleichmäßig grauleuchtende Fläche. Wird die Scheibe anstatt mit weißen und schwarzen, mit abwechselnd verschiedenfarbigen Feldern, z. B. mit roten und blauen Sektoren, belegt, so hört bei relativ geringer Rotationszahl das Flimmern ebenfalls auf, und zwar wenn beide bunten Felder gleich hell erscheinen. Die Scheibe wird dann als eine gleichmäßig leuchtende Fläche im Lichte der Mischfarbe beider Einzelfarben gesehen. Das Flimmerprinzip baut nun umgekehrt auf der Hypothese auf, daß die verschiedenfarbigen Sektoren dann gleiche Helligkeit besitzen, wenn bei mäßiger Rotationsgeschwindigkeit das Flimmern aufhört. Diese Hypothese kann heute als erwiesen gelten (§ 16). Auf die verschiedenen Konstruktionen solcher Flimmerphotometer zur direkten Vergleichung der Lichtstärken verschieden gefärbter gebräuchlicher Lichtquellen brauchen wir hier nicht einzugehen, da sie für das Weitere ohne Interesse sind. Man findet sie außerdem ausführlich beschrieben in dem mehrfach zitierten Werke von Liebenthal

---

[1]) L. Weber. Wied. Ann. **20**, 326, 1883.
[2]) Rood. Americ. Journ. of Science (13) **46**, 173, 1893; (4) **8**, 194, 258, 1899.

»Praktische Photometrie«. Wohl aber wollen wir näher auf das
»Spektral-Flimmerphotometer« eingehen, da es allein erlaubte,
die wichtigen Untersuchungen über die Helligkeitsempfindlichkeit
des Auges gegen die verschiedenen Spektralfarben anzustellen (§ 37).

§ 16. Spektral-Flimmerphotometer von Lummer-Pringsheim[1]). Zur
Erläuterung des diesem Apparat zugrunde liegenden Prinzips dient
die in Fig. 12 skizzierte Versuchsanordnung. Das Licht der Bogenlampe B wird durch den Kondensor C auf den beiden vertikalen
Spalten 1 und 2 der Platte D konzentriert. Linse F entwirft von
den Spalten auf dem Schirm H zwei reelle Bilder und bei Zwischen-
schaltung des geradsichtigen Prismas G zwei gegeneinander horizontal
verschobene Spektren. Der Schirm H besitzt die spaltförmige Öffnung o, von welcher die Linse J auf dem Projektionsschirm K ein

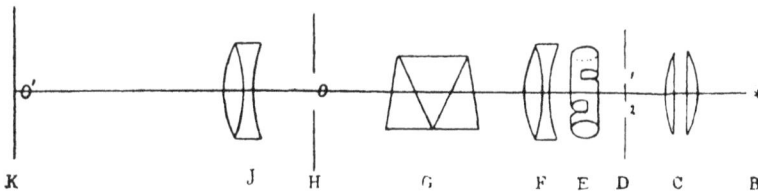

Fig. 12.

Abbild entwirft. Dieses erscheint in verschiedener Farbe, je nachdem Spalt 1 oder 2 leuchtet. Die Rotationsvorrichtung E bewirkt,
daß abwechselnd bald der eine, bald der andere Spalt verdeckt wird,
so daß dieselbe Stelle des Projektionsschirms (o') abwechselnd mit
verschiedenfarbigem Licht beschickt wird. Die miteinander abwech-
selnden Farben hängen vom Abstande der beiden Spalte 1 und 2,
der Größe der Dispersion des Prismas usw. ab.

Die Vorrichtung E besteht aus einem rotierenden Blechzylinder
(Trommel) mit entsprechend angeordneten Ausschnitten und wird
durch einen Elektromotor getrieben. Die Spalte 1 und 2 können
in ihrer Breite durch Mikrometerschrauben verändert werden. Zunächst seien sie gleich breit, und die Trommel E in Ruhe. Bei lang-
samer Umdrehung mit der Hand erscheine der Schirm bei o' bald
gelb, bald grün; je schneller die Trommel sich dreht, um so schneller
ist der Farbenwechsel, und es macht sich ein »Flimmern« des betrach-
teten Feldes o' bemerkbar. Jetzt lassen wir die Rotationsgeschwin-

---

[1]) O. Lummer und E. Pringsheim. Jahresber. d. Schles. Gesellsch.
f. Vaterl. Kultur 1906, Beiblätter 466, 1907.

digkeit konstant und ändern die Breite eines der beiden Spalte, bis das Flimmern verschwindet. In diesem Falle soll gemäß der Hypothese, auf welcher das Flimmerprinzip aufbaut, die Helligkeit der beiden Farben gleich sein. Drehe ich jetzt den einen Spalt auf oder zu, so setzt das Flimmern wieder ein. Ist das Flimmern verschwunden, so sollen die Helligkeiten der Farben sich umgekehrt wie die Breiten der zugehörigen Spalte verhalten.

Das von Lummer-Pringsheim für genaue subjektive Beobachtungen konstruierte Spektral-Flimmerphotometer ist in Fig. 13 abgebildet. Es besteht im wesentlichen aus einem Spektralapparat, dessen Kollimator statt mit einem Spalte mit 2 Spalten versehen

Fig. 13.

ist, vor denen jene in Fig. 12 bei E befindliche Trommel rotiert. Die nähere Einrichtung der Spaltplatte ist aus Fig. 14 ersichtlich. S_1 und S_2 sind die beiden vertikalen Spalte, deren Breite mikrometrisch geändert und an den Schraubenköpfen M_1 bzw. M_2 genau bestimmt werden kann. Innerhalb der Trommel T, die durch Schnurlauf und Elektromotor in Rotation versetzt werden kann, befinden sich die feststehenden totalreflektierenden Prismen P_1 und P_2. Ersteres lenkt das Licht der seitlich von der Trommel befindlichen Lichtquelle auf den Spalt S_1, letzteres auf den Spalt S_2. Bei gleichzeitiger Beleuchtung beider Spalte würden im Fernrohr zwei seitlich gegeneinander verschobene Spektren erscheinen, die in der Mitte sich decken. Durch eine Okularblende in der Brennebene des Fernrohrobjektivs kann man einen schmalen Bezirk des sich überdeckenden Teiles herausblenden. Die im Okularspalt durch das

Okular bei langsamem Drehen der Trommel T nacheinander und abwechselnd gesehenen Farben liegen um so weiter im Spektrum auseinander, je größer der Abstand der beiden Spalte S_1 und S_2 gewählt wird. Dieser Abstand ist willkürlich einstellbar. Bei langsam steigender Rotation und gleichzeitiger Änderung der Spaltbreiten kann man erreichen, daß das anfängliche Flimmern aufhört. Man muß sich jedesmal überzeugen, daß bei der Einstellungsrotationsgeschwindigkeit eine Änderung jedes der beiden Spalte auch wieder das Flimmern nach sich zieht[1]).

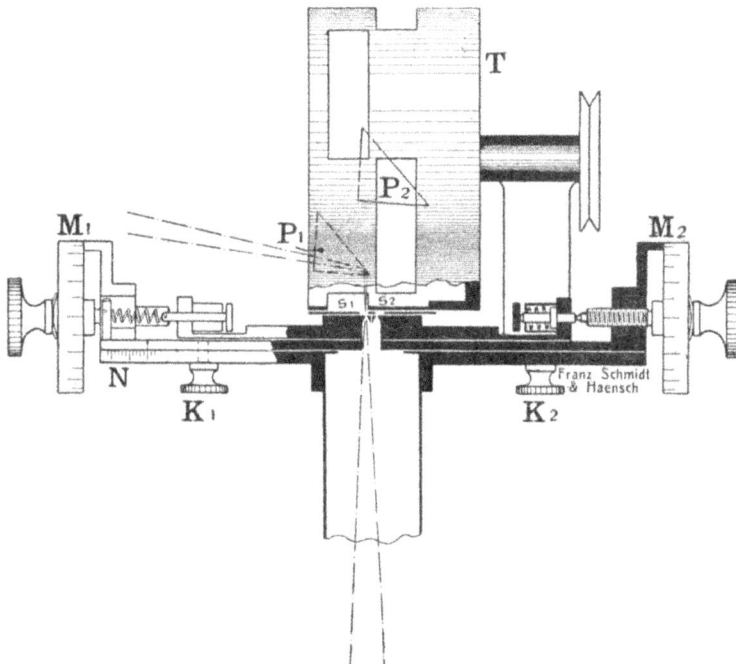

Fig. 14.

Nach genauen Messungen von H. B e n d e r ist die Genauigkeit der Einstellung fast unabhängig davon, ob man eng benachbarte oder weitab liegende Spektralbezirke (Farben) vergleicht.

Um die Genauigkeit der Flimmermethode mit der Sehschärfenmethode zu vergleichen, wurden kleine Sehzeichen dem Auge im Lichte der verschiedenen Spektralfarben dargeboten und die Helligkeiten

---

[1]) Näheres siehe in E. T h ü r m e l, Inaug.-Diss., Breslau 1910 a. Ann. d. Phys. **33**, 1139, 1910, und in Hedwig B e n d e r, Inaug.-Diss., Breslau 1913, a. Ann. d. Phys. **45**, 105 bis 132, 1914.

bis zur Erkennbarkeit der Sehzeichen variiert. Beide Methoden
liefern innerhalb der Fehlergrenzen identische Resultate, während
die Flimmermethode der Sehschärfenmethode an Genauigkeit weit
überlegen ist.

§ 17. Spektralphotometer von Lummer-Brodhun. Mit dem Spektralphotometer vergleicht man nicht die Gesamtheit aller Lichtstrahlen, sondern die einzelnen gleichfarbigen Bestandteile zweier
Lichtquellen miteinander. Dazu zerlegt man die weißen Lichtstrahlen
der beiden Lichtquellen in ihre farbigen Bestandteile (Spektren) und

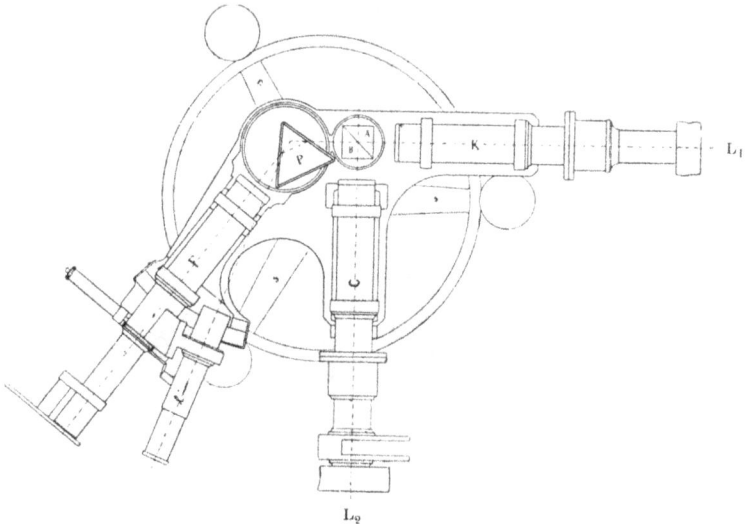

Fig. 15.

vergleicht die roten Strahlen der einen Lichtquelle mit den roten
der anderen, die gelben mit den gelben usw. In bezug auf die verschiedenen Konstruktionen sei verwiesen auf E. Liebenthal »Praktische Photometrie«. Hier wollen wir nur das vom Verfasser und
E. Brodhun[1]) konstruierte kennen lernen, weil es sich am besten
eignet, um die später mitzuteilenden Untersuchungen auszuführen
(§ 76).

Seine Einrichtung ist aus Fig. 15 zu ersehen. Darin bedeuten
L_1 und L_2 die zu vergleichenden Lichtquellen, von denen L_2 die
Vergleichslichtquelle ist (eine auf konstantem Strom gehaltene Glühlampe), während L_1 die zu messende Strahlungsquelle (schwarzer

---

[1]) O. Lummer und E. Brodhun. Zeitschr. f. Instrkde. **12**, 133 bis
140, 1892.

Körper, Bogenlampe, Zirkonlampe usw.) bedeutet. *AB* ist der Lummer-Brodhunsche Glaswürfel mit dem »idealen« Fettfleck (§ 5), auf dessen Photometerfelder das Auge durch das (vom Okular befreite) Fernrohr *F* und das zerstreuende Prisma *P* hindurch akkommodiert. Die einen Felder erhalten ihr Licht von L_1 mit Hilfe des Kollimators *K* (L_1 liegt also gleichsam im Unendlichen), die anderen Felder von L_2 vermittelt durch den Kollimator *C*.

Zur Lichtschwächung dienen Rauchgläser und der rotierende Sektor (§ 10), der so gebaut ist, daß seine rotierende Scheibe genügend weit in den Ausschnitt des Kollimators *C* kurz vor dem Spalt bei L_2 hineingeschoben werden kann, so daß das Licht im Innern des Kollimators geschwächt wird und der Raum vor dem Spalt frei bleibt. Die Genauigkeit der Einstellung ist die des Kontrastphotometers, da man auch hier das »Kontrastprinzip« verwenden kann (siehe daselbst).

Eine Vereinfachung des Instrumentes hat D. B. Brace[1] dadurch zu erzielen gewußt, daß er den Photometerwürfel mit dem dispergierenden Prisma *P* zu einem Stück kombiniert.

III. Kapitel.

Wesen des Lichtes und der Lichtquellen.

§ 18. Wesen des Lichtes. Wohl wie bei keinem anderen der fünf menschlichen Sinne mußte sich beim Gesichtssinn schon früh dem Menschen die innige Wechselbeziehung bemerkbar machen, welche zwischen der Außenwelt und seinen Wahrnehmungen besteht. Man schließe das Auge und verschwunden ist für uns die Farbenpracht der Natur, der Formenreichtum, Licht und Schatten. Alles ist in ein ödes, undurchdringliches Dunkel gehüllt; wir selbst aber entbehren der sicheren Führung unseres überall hin schweifenden Blickes und sind hilflos unserem Tastgefühl überlassen. Nur wo unser Auge blickt, ist Licht wahrzunehmen. Es ist also falsch, wenn die Alten[2] glaubten, es strahle das Licht vom menschlichen Auge aus und mache, zurückkehrend von den Gegenständen, dieselben

---

[1] D. B. Brace. Phil. Mag. (5) **48**, 420, 1899.

[2] Näheres über die Geschichte der Lehre vom Licht in: J. Priestley, »Geschichte und gegenwärtiger Zustand der Optik«, übersetzt von S. Klügel, Leipzig 1775. E. Wilde, »Geschichte der Optik« Berlin 1838. J. C. Poggendorff, Geschichte der Physik, Leipzig 1879. F. Rosenberger, Geschichte der Physik, 1882.

sichtbar. Vielmehr muß von den letzteren ein »Etwas« ausgehen, welches unser Auge zu erregen imstande ist.

Das Wort »Licht« hat also eine doppelte Bedeutung. Im subjektiven (physiologischen) Sinne ist es der Inbegriff der durch das Auge ermittelten Wahrnehmungen, im objektiven (physikalischen) Sinne ist es jenes »Etwas«, welches, von der Außenwelt kommend, unser Auge erregt.

Newton (1692) und nach ihm viele andere Physiker nahmen an, es enströme den leuchtenden Körpern ein äußerst feiner Stoff, welcher im Auge die Lichtempfindung bewirke. Man nennt diese Lehre die Emanationstheorie oder Korpuskulartheorie. Ihr stand seit Huygens die Wellentheorie gegenüber, welche aber erst seit den Arbeiten von Thomas Young und Fresnel allgemein angenommen wurde. Nach ihr ist das von den Körpern ausgehende »Etwas« nichts Körperliches oder materiell Greifbares, sondern eine wellenartige Bewegung des hypothetischen »Lichtäthers«, mit welchem das ganze Weltall erfüllt gedacht werden muß. So gleicht der unendliche Weltenraum einem Äthermeere, in dem sich alle Vorgänge der Natur abspielen. Reibungslos gleiten die Planeten mit ungeheurer Geschwindigkeit durch den Lichtäther dahin.

Aber auch die Huygenssche Vorstellung, gemäß welcher der hypothetische Lichtäther als vollkommen elastischer Körper gedacht ist, muß zugunsten der »elektromagnetischen« Lichttheorie verlassen werden. Diese von Faraday begründete und von Maxwell mathematisch formulierte Theorie faßt den Äther als ein vollkommenes »Dielektrikum« auf, welches wie alle elektrischen Nichtleiter oder Dielektrika dielektrisch »polarisierbar« ist. Nach Faraday haben die elektrischen Kräfte, welche zwei elektrisch geladene Konduktoren aufeinander ausüben, ihren Sitz nicht in diesen, sondern vielmehr im Zwischenmedium oder genauer im Äther des Zwischenmediums selbst. Die elektrischen Spannungen im Äther sind es, welche die elektrischen, magnetischen und optischen Erscheinungen vermitteln. »Lichtwellen«, »Wärmewellen« und »elektrische Wellen« sind wellenartige Zustandsänderungen der Spannung im Äther, die sich lediglich durch die Größe der Wellen und die Art ihrer Erzeugung unterscheiden. Durch die elektromagnetische Lichttheorie sind die früher getrennten Gebiete der Lichtstrahlung und elektrischen Strahlungsvorgänge in innige Wechselbeziehung gebracht worden. Und nachdem es Heinrich Hertz, dem genialen Schüler von Helmholtz, gelungen ist, die geradlinige Ausbreitung, Reflexion, Brechung und Polarisation der elektrischen Strahlung experimentell zu erweisen und die Identität der Ausbreitungsgeschwindigkeit der elektrischen und der optischen Wellen zu zeigen, ist kein Zweifel darüber möglich, daß die Lichtstrahlung ein elektromagnetischer Vorgang im dielektrisch polarisierbaren Äther ist. Hatten Fresnel, Franz Neumann und G. Kirchhoff aus der elastischen Theorie des Äthers heraus die Grundgleichungen aufgestellt, welche die Haupterscheinungen der Optik enthalten, so haben Maxwell und Hertz auf Grund der Faradayschen Vorstellungen die Grundgleichungen der elektromagnetischen Lichttheorie entwickelt, die sowohl die elektrischen wie die optischen Erscheinungen umfassen, wenigstens soweit sie im freien Äther sich abspielen.

§ 19. **Lumineszenz- und Temperaturstrahlung.** Zur besseren Übersicht wollen wir die sämtlichen Lichter in zwei Klassen einteilen: in solche, bei denen die Lichtentwickelung eine Folge starker Erhitzung eines Körpers ist (Temperaturstrahlung), und in solche, die schon bei relativ niedriger Temperatur Lichterscheinungen im Auge hervorrufen (Lumineszenzstrahlung).

Bei den »Temperaturstrahlern« ändert sich während des Strahlens der strahlende Körper seiner Natur nach nicht und er strahlt fortdauernd, wenn man durch Zufuhr von Wärmeenergie die Energieverluste durch Strahlung deckt und so seine Temperatur konstant erhält (Glühlampe usw.). Die »Temperaturstrahlung« ist uns heute, was ihre Gesetzmäßigkeiten anlangt, fast bis in die letzten Einzelheiten bekannt. Im Gegensatz zur Temperaturstrahlung sind auch heute noch die Gesetze all jener Lichterscheinungen wenig erforscht, bei denen die Lichterregung bei gewöhnlicher Temperatur und sogar in großen Kältegraden stattfindet. Alle die hierher gehörigen Lichterscheinungen fassen wir nach dem Vorschlage von Eilhard Wiedemann unter den Namen der »Lumineszenzerscheinungen« zusammen.

§ 20. **Auf Lumineszenz beruhende Lichtquellen.** Der klassische Repräsentant dieser kalten Lichter ist der Leuchtkäfer.

Auch das Meeresleuchten gehört hierher. Wer dieses Naturschauspiel noch nicht gesehen, kann sich von der Pracht desselben, zumal in südlichen Meeren, keine Vorstellung machen. Wenn die Nacht herniedersinkt und die Sterne am Himmelszelt auftauchen, dann flackert zuerst hier und da, vor allem am Bug des Schiffes, ein heller Funke im Wasser auf. Diese Funken vermehren sich, kommen und gehen, vergrößern sich unerschöpflich, bis schließlich

spiralige Goldsträhnen aus der Tiefe zu kommen scheinen, oft sich
zu ganzen Goldklumpen verdichtend. Das Lumineszenzleuchten des
Meeres wird verursacht durch lebende Wesen: Milliarden von In-
fusorien vereinigen ihr mattes Licht zu so glänzendem Schimmer.
Auch das Leuchten der verdünnten Gase in den sog. Geißlerschen Röhren gehört zur Lumineszenzstrahlung. Läßt man den
Strom eines Ruhmkorffschen Induktionsapparates durch eine bis
auf einige Millimeter Quecksilberdruck evakuierte Geißlersche
Röhre gehen, so leuchtet die verdünnte Luft mit magischem blau-
violetten Lichte: Das Rohr selbst bleibt kalt.
Langer Zeit hat es bedurft, ehe das Gasleuchten in den Geißlerschen Röhren der Beleuchtungstechnik in Gestalt des »Moorelichtes«
dienstbar gemacht wurde. Inwieweit dasselbe unter den technischen
Lichtquellen einen dauernden Platz behaupten wird, muß die Zu-
kunft entscheiden.
Auch das »Teslalicht« gehört zur Lumineszenzstrahlung. Schickt
man elektrische Schwingungen hoher Frequenz durch die Primär-
spule eines geeigneten Induktors (Teslainduktors), so liefert die
Sekundärspule außerordentlich hochgespannte Ströme hoher Frequenz (Teslaströme). Ohne daß man die Geißlersche Röhre mit der
Sekundärspule metallisch verbindet, leuchtet sie auf (Teslalicht). In
Chicago (1893) hatte Tesla einen Dunkelraum mit isolierten Drähten
bespannt, in denen sich gewaltige Mengen elektrischer Energie von
hoher Frequenz und Spannung entluden, die vom Teslainduktor
geliefert wurden. Die in der Hand gehaltene Geißlersche Röhre
leuchtete, wohin man sich mit ihr auch im Raume begeben mochte.
Die Hoffnung Teslas, dieses »drahtlose« Lumineszenzleuchten auch
technisch nutzbar zu machen, hat sich nicht erfüllt.
Pumpt man eine Geißlersche Röhre immer weiter aus, so hört
das Leuchten des Gases ganz auf und es fängt die Glaswand da mit
grünlichem Fluoreszenzlicht zu leuchten an, wo sie von den Kathodenstrahlen getroffen wird. Ein relativ intensives Kathodenstrahl-
leuchten erhält man, wenn man die Kathodenstrahlen auf fluoreszie-
rende Substanzen, z. B. Asbest oder geeignete Kristalle, auffallen läßt.
Hier wird die Energie der Kathodenstrahlen in nur sichtbare Strahlung
umgesetzt und die massive leuchtende Substanz wird so gut wie nicht
erhitzt. Nach Versuchen von Ebert soll eine solche »Lumineszenzlampe« die Lichtstärke von $^1/_{40}$ Hefnerkerze liefern bei einem Verbrauch
von nur 1 Millionstel Watt. Wie wir sehen werden, ist diese kolossale
Ökonomie theoretisch und erst recht praktisch unerreichbar.

Auch das Leuchten des Quecksilberdampfes im Quecksilber-lichtbogen[1]) ist jedenfalls zum größten Teil Lumineszenzstrahlung. In Fig. 16 ist die Aronssche Quecksilberbogenlampe in der vom Verfasser[2]) konstruierten Form abgebildet, bei welcher der Pfeil den Lichtbogen andeutet. Diese Anordnung erlaubt die An-wendung starker Ströme, ohne daß die in großer Menge an der Glaswand herabrollenden Quecksilberkügelchen den Strahlengang stören. Die Quecksilberbogenlampe diente anfangs nur dem Zweck, möglichst intensive homogene Lichtsorten zu liefern. Seit längerer Zeit ist die Verwendbarkeit dieser Lampe gestiegen, indem man die Glashülle durch eine solche aus sog. Quarzglas ersetzte. Hauptsäch-

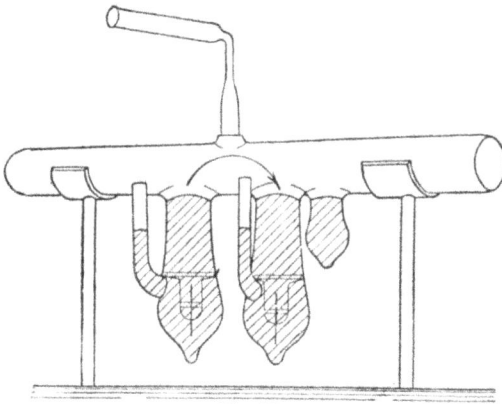

Fig. 16.

lich dient die zuerst von W. C. Heräus gefertigte Quarz-Quecksilber-lampe zur Erzeugung intensiven ultravioletten Lichtes. Über ihre Leistung als Lichtquelle siehe § 111.

§ 21. Leuchten infolge hoher Erhitzung (Temperaturstrahler).

Bei der Sonne, den Fixsternen und den meisten gebräuchlichen Lichtquellen, den leuchtenden Flammen und elektrischen Lichtern ist die Strahlung und Lichtentwickelung die Folge hoher Erhitzung der leuchtenden Substanzen. In bezug auf die Art und Weise, in welcher die Leuchtsubstanzen zum Glühen und hoher Erhitzung ge-bracht werden, müssen wir unterscheiden zwischen den freibrennenden Flammen (Kerze usw.), den Gasglühlichtern (Auerlicht usw.) und den elektrischen Lichtern (Glühlampe usw.).

---

[1]) L. Arons. Wied. Ann. **47**, 767, 1892 und **58**, 73, 1896.
[2]) O. Lummer. Zeitschr. f. Instrkde. **15**, 294, 1895 u. **21**, 201, 1901.

a) Wärmeentwickelung bei den Flammen infolge Verbrennung: Den Übergang vom Leuchten bei niederer zu dem bei höherer Temperatur bildet jenes gespenstische Leuchten z. B. des Phosphors, welches man im Dunkeln beobachten kann, wenn eine Oxydation brennbarer Stoffe stattfindet, ohne daß eine eigentliche Verbrennung eintritt.

Die bei jedem Feuer, jeder freibrennenden Flamme, der Kerze, Lampe usw. stattfindende Hitzeentwickelung ist nichts weiter als die Folge einer bei hoher Temperatur stattfindenden Verbrennung, d. h. der Verbindung eines Stoffes mit Sauerstoff.

Verbrennt Wasserstoff allein, so entsteht Wasserdampf, die Verbindung von Wasserstoff und Sauerstoff (Knallgasgebläse). Verbrennt Kohlenstoff allein, so entsteht Kohlensäure und bei geringem Sauerstoffzutritt giftiges Kohlenoxydgas. Der Kohlenstoff in reinstem, kristallisierten Zustand ist der so hoch geschätzte Diamant. Auch dieser Edelstein verbrennt in der Hitze zu Kohlensäure wie gewöhnliche Kohle.

Beide Prozesse, die Verbrennung von Wasserstoff zu Wasserdampf und die Verbrennung von Kohlenstoff zu Kohlensäure, gehen zugleich vor sich bei allen freibrennenden Flammen, wo chemische Verbindungen von Kohlenstoff und Wasserstoff, sog. Kohlenwasserstoffe, mit Sauerstoff sich verbinden.

Die verschiedenen Öle, Tran, Talg, alle Fette, Stearinsäure, Wachs, Holz, Kohle usw., alle bestehen der Hauptsache nach aus Kohlenwasserstoffen und verbrennen, wenn man die hierfür günstigen Bedingungen herstellt. Damit nämlich der Sauerstoff sich mit dem Wasserstoff zu Wasser und mit dem Kohlenstoff zu Kohlensäure verbinden und hierbei das flammende Feuer entwickeln kann, muß die brennbare Substanz erstens in Gasform und zweitens auf hoher Temperatur dem Sauerstoff dargeboten werden. Bei unseren Gasflammen liefert die Gasanstalt den gasförmigen Kohlenwasserstoff, das Streichholz die anfangs notwendige Hitze. Das erhitzte Gas wird sofort vom Sauerstoff der umgebenden Luft angefallen und zu Kohlensäure und unverbrennlichem Wasserdampf verbrannt. Die bei dieser Verbrennung entstehende Hitze genügt, um das nachströmende Gas vorzuwärmen, so daß auch dieses verbrennen kann, und so dauert das Spiel an, solange noch Gas der Leitung entströmt und sauerstofffreie Luft dem heißen Gase zufließt.

Und wie bei der Gasbereitung im Großen, ist der Verlauf bei jeder Verbrennung, bei jeder Flamme. Jedes Feuer ist die Licht-

erscheinung eines verbrennenden Gases, jede Flamme ist eine Gasflamme, und unsere Lichtquellen, wie die Petroleumlampen, die Kerze
usw., sind somit »Gasanstalten im kleinen«.

Liefert die Verbrennung der Kohlenwasserstoffe die nichtleuchtende Flamme hoher Temperatur, so bedingt der nicht verbrannte,
zu hoher Glut erhitzte Kohlenstoff die Helligkeit der »leuchtenden«
Flammen. Ohne das Vorhandensein fester, noch unverbrannter
Kohlepartikelchen kann eine Flamme überhaupt nicht leuchten. Es
läßt sich das durch ein Experiment mit einer gewöhnlichen leuchtenden Gasflamme beweisen. Sobald man das Gas vor der Verbrennung mit der Luft oder mit Sauerstoff mischt (Bunsenbrenner),
so hört das Leuchten auf, da jetzt alle Kohlenstoffteilchen des Gases zu Kohlensäure verbrennen und diese, auch bei noch so hoher
Erhitzung merklich keine Lichtwellen auszusenden imstande ist.

Eine Folge der Verbrennung des gesamten Kohlenstoffes, der
im Leuchtgase enthalten ist, ist die höhere Temperatur der nichtleuchtenden Flamme, insofern eben kein fremder Bal-
last zu erwärmen ist wie bei der leuchtenden Flamme.

Wie bei der leuchtenden Gasflamme, leuchtet
auch bei der »Azetylenflamme« der unverbrannte
Kohlenstoff in feinstverteiltem Zustande. Beim
Azetylenlicht wird die Hitze durch die Verbrennung des Azetylengases geliefert, dessen Zubereitung
im kleinen Maßstabe mit Hilfe des in
Fg. 17 skizzierten Apparates bewirkt
werden kann.

Das äußere Gefäß GG ist zum Teil
gefüllt mit Wasser, durch welches das mit
dem Brenner b und dem Hahn h versehene Rohr RR bis über das Niveau des Wassers führt. In das äußere Gefäß taucht ein zweites PP,
welches an seinem Deckel im Innern den Drahtkorb K mit einer geringen
Menge (etwa 200 g) Calciumkarbid trägt. Kraft seiner Schwere sinkt der
auf dem Wasser schwimmende Zylinder PP immer tiefer ein, sobald
der Hahn bei h geöffnet wird, und die eingeschlossene Luft dringt
durch das Rohr R nach außen. Sobald aber PP so tief einge-
sunken ist, daß das Calciumkarbid mit dem Wasser in Berührung
tritt, entwickelt sich Azetylengas, und es entströmt dem Brenner b anfangs ein explosives Gemisch von Luft mit wenig Azetylengas. Schließlich entströmt nur noch reines Azetylengas, welches mit
prächtiger, weißer Lichtfülle verbrennt.

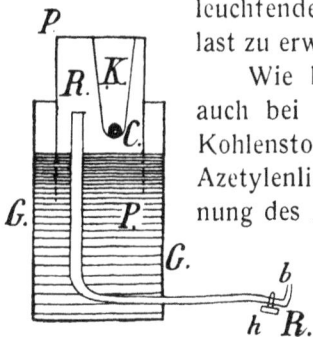

Fig. 17.

Daß keine Explosion eintritt, obwohl doch im Anfang viel Luft mit wenig Azetylengas gemischt ist, liegt nur daran, daß die Streichholzwärme bzw. die Hitze der anfänglichen Flamme durch die enge Öffnung des Brenners und das lange Rohr RR nicht bis in das Innere des Zylinders PP dringt. Sonst würde unfehlbar eine heftige Explosion eintreten.

b) Gasglühlichter. Eine nichtleuchtende Flamme kann man dadurch wieder zum Leuchten bringen, daß man unverbrennliche Substanzen in dieselbe einführt, welche infolge der hohen Flammentemperatur zum intensiven Glühen gebracht werden (Gasglühlichter). Hält man z. B. ein dünnes Platinblech in die nichtleuchtende Bunsenflamme, so beginnt es nach kurzer Zeit weißglühend zu werden und intensiv zu leuchten. Bringt man das Platinblech in die noch heißere Flamme des Knallgasgebläses, so kommt es zur höchsten Weißglut und schmilzt. Indem man Platin durch eine unschmelzbare Substanz ersetzt, etwa durch Kalk, Kreide, Magnesia oder Zirkon, entsteht eine Lichtfülle, welche einen großen Saal erhellen kann (Drummondsches Kalklicht).

An die Lichtstärke dieser bei möglichst hoher Temperatur geglühten, festen Substanzen reicht die Leuchtkraft der gewöhnlichen Gasflamme nicht heran. Es bedeutete daher einen großen Fortschritt auf dem Gebiete der Gastechnik, als es Auer von Welsbach gelang, die Gasflamme zu hellerem Leuchten zu bringen und zwar auf ähnlichem Wege wie bei den eben genannten Lichtern, indem er in der sehr heißen, aber nichtleuchtenden Bunsenflamme den nach ihm benannten Strumpf aus unverbrennlicher Substanz zum Glühen brachte. (Näheres siehe im § 104.)

c) Wesen der elektrischen Lichter. Wie bei den leuchtenden Gasflammen glüht auch bei der Kohlenfadenglühlampe und bei der Kohlenbogenlampe der Kohlenstoff. Nur die Art des Glühens ist eine andere, ich möchte sagen »geläuterte«. Bei den Glühlampen wird der Kohle- bzw. Metallfaden vom elektrischen Strom durchflossen und infolge des Widerstandes erhitzt (»Joulesche Wärme«, § 70), welchen er dem durchfließenden Strom entgegensetzt. Beim elektrischen Bogenlicht geht die Elektrizität zwischen den beiden Kohleelektroden über, einen Lichtbogen bildend und die Krater der Kohleelektroden erhitzend. (Näheres siehe § 30.)

Wieviel reinlicher und geläuterter ist dieser Erhitzungsprozeß! Bei diesen elektrischen Lichtern wird nur diejenige Energie in das Zimmer geleitet, welche unbedingt zur Erhitzung der Leuchtsubstanz notwendig ist, während die nutzlosen Verbrennungsprodukte der Steinkohle, des Petroleums, des Gases usw. in der elektrischen Zentrale verbleiben.

Die Gasflamme, das Petroleum, die Kerze, kurz alle Gaslichter im weitesten Sinne des Wortes, erheischen viel größere Wärmemengen. Bei ihnen allen fließt ein dauernder Strom von verbrannten Gasen von der Flamme fort. So wird es uns verständlich, warum alle Flammen eine so große, unter Umständen lästige, heizende Wirkung ausüben.

Stellt sich auch das elektrische Licht infolge der schlechten Ausnutzung des Heizwertes der Kohle teurer als das Gasglühlicht, so wiegen seine Bequemlichkeit, Teilbarkeit und andere Vorteile gegenüber den freibrennenden Flammen die Preisdifferenz reichlich wieder auf. Bei richtiger Würdigung der sekundären Wirkungen der verschiedenen Lichtquellen muß man sich wundern, daß bei der möglichen Wahl zwischen beiden Lichtarten das Billigkeitsprinzip eine so große Rolle spielt.

IV. Kapitel.
Mechanik des Leuchtens auf Grund der Elektronentheorie.

§ 22. Problemstellung. Bei den bisherigen Betrachtungen haben wir uns mit der Tatsache genügen lassen, daß bei gewissen Prozessen und Vorgängen das Äthermeer in eine wellenartig sich ausbreitende Zustandsänderung versetzt wird, die den Sehnerven unseres Auges reizen und im Bewußtsein die Empfindung »Licht« hervorrufen kann. Bei der Einteilung aller Lichtquellen in die beiden großen Gruppen der »Temperaturstrahler« und der »Lumineszenzlichter« bedienten wir uns aber mehr äußerlicher als innerlicher Unterschiede. Denn wenn wir aussprechen, daß das Leuchten der Temperaturstrahler eine Folge hoher Erhitzung ist, so ist das lediglich der Ausdruck für die beobachtete Tatsache, ohne daß dadurch irgendwelche Erklärung für die Lichtentstehung gegeben wird. Und bloße Worte stellen sich auch dort ein, wo das Leuchten auch ohne Temperaturerhöhung eintreten kann. Denn durch das Wort »Lumineszenz« soll lediglich ausgedrückt werden, daß bei diesem Leuchten die Temperatur eine nebensächliche oder gar keine Rolle spielt, aber es sagt nichts darüber aus, auf welche Weise hier die Lichterregung zustande kommt.

Sind es die körperlichen Atome der leuchtenden Substanzen
selbst, welche den Äther in Mitschwingung versetzen? Wie kommt
es dann, daß einatomige Gase, wie Helium oder Quecksilberdampf, noch eine so große Menge von einzelnen Wellen (Spektrallinien) auszusenden vermögen? Wie vermag überhaupt die Materie
den Äther in Mitschwingung zu versetzen?

Erst die Errungenschaften auf dem Gebiete der modernen Strah-
lungserscheinungen haben, wenn auch nicht Klarheit, so doch einen
gewissen Aufschluß über die Ursache der Lichterregung und den
Unterschied derselben für die beiden Gruppen von Leuchtquellen
gebracht .Zum Verständnis dieser Anschauungen müssen wir zunächst
auf die Hypothese eingehen, daß die Elektrizität eine »Substanz«
ist, die wie die gewöhnliche Materie in kleinste Teilchen zerfällt,
von denen jedes unteilbar ist und für sich allein existieren kann.

§ 23. Die Elektrizität als Substanz aufgefaßt. Wollen wir die
neueren Erkenntnisse auf dem Gebiet der Kathodenstrahlung, der
Radioaktivität, des Zeemanschen Phänomens usw. uns begreiflich
machen, so müssen wir auch die Elektrizität, d. h. z. B. die Elektrizitätsmenge, mit der man einen Körper aufladen kann, als eine
atomistisch aufgebaute Substanz auffassen. Geradeso wie es für
jeden Stoff eine kleinste Menge gibt, nämlich das Atom, so gibt es
auch eine kleinste unteilbare Menge Elektrizität, ein »Elektrizitäts-
atom«. Man nennt diese kleinste noch existenzfähige und unteilbare Elektrizitätsmenge das »Elementarquantum« der Elektrizität
und unterscheidet entsprechend der dualistischen Theorie der Elektrizität »positive« und »negative« Elektrizitätsteilchen. Diese ato-
mistische Auffassung der Elektrizität als einer Substanz, wenn auch
von anderen Eigenschaften als denen der gewöhnlichen Materie,
war schon von W. Weber u. a. in der Mitte des vorigen Jahrhunderts
ausgesprochen worden. Aber erst die neuere Zeit hat dieser Hypothese
zum Siege verholfen, nachdem es gelungen war, diesen hypothetischen Elektrizitätsteilchen experimentell beizukommen,
die Größe ihrer elektrischen Ladung zu bestimmen und ihre Masse
festzustellen. In den von der negativen Zuführungsstelle (Kathode)
einer Röntgenröhre ausgehenden Kathodenstrahlen haben wir
die negativen Elementarquanta leibhaftig vor uns, da diese Strahlen
nichts weiter sind als eine Reihe von kleinsten existenzfähigen Elek-
trizitätsmengen, welche mit ungeheurer Geschwindigkeit von der
Kathode aus in gerader Linie fortgeschleudert werden.

Diese negativen »Elementarquanta« oder »Elektronen« existieren also als selbständige Individuen in den Kathodenstrahlen und bewegen sich mit einer Geschwindigkeit, welche bei genügendem Entladungspotential fast den fünften Teil der Lichtfortpflanzung, also nahe 60000 km pro Sekunde, erreicht. Ob es auch freie, für sich existenzfähige positive Elektronen gibt, ist eine Frage, auf welche wir noch keine einwandfreie, experimentell begründete Antwort geben können.

§ 24. Das Elektron oder das Uratom. Denkt man sich die elektrische Ladung des Elementarquantums gebunden an gewöhnliche Masse, so würde diese bei den negativen Elektronen etwa den 2000. Teil der Masse eines Wasserstoffatoms betragen. Vom Wasserstoffgas gehen aber etwa eine Quadrillion Teilchen auf 1 g. Ein Bild von der winzigen Größe eines solchen negativen Elektrizitätsteilchens erhält man durch den Vergleich, welchen Kaufmann anstellte, daß sich die Masse des Elektrons zur Masse eines Bazillus verhält wie diese zur Masse der Erde! Neueste Untersuchungen haben gelehrt, daß die aus der Trägheit der Elektronen herausgerechnete Masse aber keine Masse in gewöhnlichem Sinne ist, sondern scheinbar ist, insofern ihre Trägheit nur durch die Reaktion entsteht, welche die im Äther erregten elektromagnetischen Vorgänge ihrerseits wieder auf das geschleuderte Elektron ausüben. Ob die Elektronen nur eine Modifikation des die elektrischen und optischen Erscheinungen vermittelnden Äthers sind? Ob sie vielleicht die aus dem neutralen Äther abgespaltenen und als solche mit elektrischer Ladung versehenen Teilchen sind? Wer wollte solche Fragen entscheiden? Wohl aber deutet alles darauf hin, daß wir es beim Elektron mit dem Uratom der materiellen Welt zu tun haben, aus welchem sich die Atome aller Elemente aufbauen und die ganze Körperwelt zusammensetzt. Gleichwie die Pflanze und alle tierischen Organismen sich aus dem einen Baustein, der Zelle, zusammensetzen, würden sich in diesem Falle die Atome verschiedener Elemente nur in bezug auf die Anzahl und die Anordnung der Elektronen voneinander unterscheiden. Dann aber wären wir auch berechtigt, gleich den vielverspotteten Alchimisten, das hohe Ziel zu verfolgen, die unedlen Metalle in edle zu verwandeln, bzw. alle Elemente ineinander überzuführen, wie dies von selbst geschieht bei den Elementen der radioaktiven Familien. Wie dem aber auch sei, eins ist schon heute sicher, daß jedes Atom eines chemischen Elementes außer der gewöhnlichen

Materie elektrische Ladungen enthält, auch wenn es nach außen
vollkommen neutral und unelektrisch erscheint.

Was also in der Chemie als einatomig und unteilbar sich darstellt, erscheint uns im Sinne der Elektronentheorie als zusammengesetzt aus vielen kleinsten Individuen, den Atomen der Elektrizität
oder den Elektronen. Wo die Chemie aufhört, fängt also die Elektronentheorie und die von ihr abhängige Erscheinungswelt an. Das
unteilbare chemische Atom müssen wir auffassen als ein »vielelek-
troniges« Wesen, eine kleine Welt für sich!

**§ 25. Die Abspaltung und Emission von Elektronen bei radio-
aktiven Substanzen usw.** Schon die Elektrolyse hatte gelehrt, daß
die elektrolytischen Substanzen in Lösung dissoziiert und die an
den Zuleitungen (Kathode und Anode) zum Vorschein kommenden
Spaltungsprodukte vor dem Abscheiden elektrisch geladen sein
müssen, damit sie vom elektrischen Potentialgefälle getrieben werden
können. Ein mit einer elektrischen Ladung versehenes materielles
Korpuskel heißt ein »Ion«. Die Größe der Ladung eines einwertigen
Ions ist genau die gleiche, welche das negative Elektron im Ka-
thodenstrahl mit sich führt.

Die elektrische Leitung der Flammen und besonders die durch
die Strahlung radioaktiver Substanzen bewirkte Leitfähigkeit der
Luft und einatomiger Gase, wie Argon, Helium usw., machte es
höchst wahrscheinlich, daß jedes Atom eines ungeladenen Körpers
mindestens ein negatives Elektron (Elementarquantum) abspalten
und sich in ein positiv geladenes »Ion« umwandeln kann. Auch
die Metalle erfahren eine solche Spaltung, insofern sie im Vakuum
bei Belichtung mittels ultravioletten Lichtes ebenfalls negativ geladene Teilchen abschleudern und sich selbst dadurch positiv aufladen, so daß von einer so belichteten Metallplatte Strahlen ausgehen, die in ihrer Wirkung ganz mit den Kathodenstrahlen identisch
sind. (»Photoelektrischer Effekt.«)

Schließlich ist es auch gelungen, durch bloße Erhitzung
der Substanzen negative Elektronen aus denselben auszutreiben
(»Wehnelt-Kathode«)[1], und in den radioaktiven Substanzen besitzen wir Stoffe, bei denen die Elektronen freiwillig und ohne
jeden äußeren Zwang den Atomverband verlassen. Denn die eine
Art der von diesen radioaktiven Substanzen ausgehenden Strahlung,

---

[1] Richardson, Proc. Cambr. Phil. Soc. **11**, 286 bis 295, 1901;
Phil. Trans. **201**, 516, 1903.

die sog. β-Strahlung, ist nichts anderes als Kathodenstrahlung, d. h. ihre Energie wird transportiert von den mit ungeheurer Geschwindigkeit fortgeschleuderten negativen Elektrizitätsteilchen oder Elektronen. Ihre Geschwindigkeit kann hier noch größere Werte als bei den Kathodenstrahlen erreichen und nahezu der Lichtgeschwindigkeit gleichkommen.

§ 26. Die Lichtemission als Folge von elektrischen Vorgängen im leuchtenden Körper. So lehren denn die neuesten Versuche über die elektrischen Vorgänge, daß das Atom jedes Körpers elektrische Ladungen aufgespeichert enthält, auch wenn der Körper nach außen unelektrisch und ungeladen erscheint, also im umgebenden Äther keine Spannungen zu erregen vermag. Ja, die in jedem Atom vorhandenen Ladungen stellen jedenfalls die Verbindung zwischen der Materie und dem Äther her, und sie sind es, durch deren Vermittlung ein Körper den Äther in wellenartige Spannungszustände versetzt, d. h. Ätherwellen erregt. Damit sich die Wirkungen der elektrischen Ladungen nach außen aufheben, müssen in einem unelektrischen Körper sich die positiven und negativen Ladungen jedes Atoms das Gleichgewicht halten.

Positiv elektrische Körper sind dann solche, denen negative Elektronen entzogen sind, während umgekehrt negativ elektrische Körper negativ geladene Elektronen im Überschuß besitzen.

Wie die elektrischen Ätherwellen bei der Entladung der Leidener Flasche, des Ruhmkorffschen Induktoriums und des Blitzes durch die Oszillation elektrischer Ladungen entstehen, so ist die von einem Strahlungskörper bzw. einer Lichtquelle ausgehende Wellenbewegung im Äther zurückzuführen auf elektrische Vorgänge im Atom. Sowohl die sichtbaren wie die unsichtbaren Strahlen sind elektromagnetische Wellen, welche durch die Bewegung und Oszillation der elektrischen Ladungen (Elektronen bezw. Ionen) des Atoms hervorgerufen werden. Betragen die Oszillationen der elektrischen Kraft bei der Erzeugung der langen elektrischen Wellen nur Millionen in der Sekunde, so finden im leuchtenden Atom deren viele Billionen in der Sekunde statt. Unser Auge ist demnach ein elektrisches Organ, ein auf sehr kurze elektrische Wellen reagierender »Resonator«. Nicht das Atom als solches also erregt die Lichtwellen, sondern die in ihm vorhandenen Elektronen. Nur wo diese in genügende Erregung oder Oszillation geraten, nur da allein kann der Äther in Mitleidenschaft gezogen und in einen Spannungszustand versetzt werden,

der sich bei periodisch wechselnder elektrischer Kraft (Wechselfeld
hoher Schwingungszahl) periodisch ändert, wie der Druck in der
Luft bei Erzeugung eines Tons.

Die Annahme, daß die Elektronen der Ausgangspunkt der Ätherwellen sind, die wir als Licht und Wärme empfinden, wird gestützt
durch das von Zeeman entdeckte Phänomen der Einwirkung des
Magnetismus auf die Lichtemission.

§ 27. Das Zeemansche Phänomen. Schon Faraday hatte versucht, einen Einfluß des Magnetismus auf leuchtende Gase zu
entdecken. Aber erst die empfindlichen Methoden zur Feststel-
lung sehr geringer Wellenlängenunterschiede im Verein mit der
Herstellung starker Magnetfelder ermöglichten den längst ersehnten
experimentellen Nachweis, daß der Magnetismus die Lichtemission
der glühenden Dämpfe ändert. Tatsächlich spaltet sich jede von
einem leuchtenden Gas ausgesandte Welle (Spektrallinie) in mehrere
neue Wellen, wenn man das Gas in einem kräftigen Magnetfeld
strahlen läßt. Aus der Wellenlängenänderung und der Stärke des
dazu notwendigen Magnetfeldes aber ergibt sich, daß das Licht
von negativ geladenen Teilchen ausgeht und daß die Größe
ihrer Ladung dieselbe ist wie die der Kathodenstrahlteilchen
(Elektronen).

**§ 28. Bilder über den Aufbau des Atoms aus Elektronen
(Atom- und Molekülmodelle).** So scheint es also wenigstens für
die negativen Elektronen bewiesen, daß sie beweglich und imstande
sind, im Äther Wellen zu erregen. Ob freilich einer jeden Welle ein
besonderes Elektron als Quelle zukommt, und wie der Bau eines
materiellen Atoms aus den Elektronen sich zusammensetzt, darüber
wissen wir heute nichts Sicheres. Besteht das chemische Atom aus
einer materiellen Hülle, innerhalb deren die Elektronen sich frei
bewegen können, wie die Bienen in einem Bienenkorb? Oder ist
das Atom einem materiellen Gerüst zu vergleichen, an dem die Elektronen sich bewegen können wie die Glocken in einem Glockenturm?
Auch einem Planetensystem hat man das Atom verglichen, bei dem
die schwerer beweglichen, mit Masse behafteten positiven Ionen das
Zentralgestirn, die Sonne, bilden, um welche die kleineren und
leichter beweglichen negativen Elektronen ihre Bahnen ziehen. Alles
dies sind nur Bilder, welche uns die beobachteten Tatsachen verständlich machen sollen, ohne den Anspruch zu erheben, als ob sie der
Wirklichkeit entsprächen.

Immerhin ist es gelungen, gerade dieses letzte Bild in gewisser Hinsicht so auszubauen, daß es zahlreiche beobachtete Erscheinungen wiedergibt (das Zeeman-Phänomen, die Serien der Wasserstofflinien usw.) und manche Unklarheiten und falsche Vorstellungen bereits berichtigt hat.

Nach J. J. Thomson (1904) besteht das Atom aus einem mit positiver Elektrizität gleichmäßig erfüllten kugelförmigen Raum, in welchem eine Anzahl negativer Elektronen eingebettet sind. Die positive Kugel übt anziehende Kräfte auf die sich gegenseitig abstoßenden negativen Elektronen aus; bei einer bestimmten Anordnung kann Gleichgewicht bestehen. Die einfachste Gleichgewichtsanordnung ist die, daß 4 Elektronen an den Ecken eines regulären Tetraeders sitzen, dessen Mittelpunkt mit dem Kugelmittelpunkt zusammenfällt. Aus ihr kann man die magnetische Zerlegung der Spektrallinien in Triplets und Doublets herleiten.

Nach Ritz (1908) kann das Atom als ein unsymmetrischer magnetisierter Kreisel aufgefaßt werden. Der Ursprung der Atomfelder wird von Ritz in Elementarmagneten gesucht. Zur Erklärung der Emission der verschiedenen Spektrallinien braucht Ritz verschiedene Felder, die dadurch erhalten werden, daß eine Anzahl untereinander identischer Magnete axial, Pol an Pol, aneinandergefügt wird. Das Elektron ist bei seiner Bewegung gebunden an eine zur Achse der Magnete normale Ebene. Die Erklärung der magnetischen Zerlegung wird durch die Annahme erhalten, daß die konstruierten Systeme in einem äußeren Magnetfelde eine Präzessionsbewegung um die Kraftlinien als Achse ausführen. Die Rechnung führt tatsächlich zu den beobachteten Gesetzen auch der komplizierteren magnetischen Zerlegungen.

Das von N. Bohr[1] entwickelte Atommodell des Wasserstoffs gestattet z. B., auf theoretischem Wege die Seriengesetze der vom leuchtenden Wasserstoff ausgesandten Spektrallinien abzuleiten. Sein Atommodell ist folgendes: Ein positiver Kern von der Masse M und der Ladung E wird auf kreisförmiger Bahn von einem Elektron von der Ladung e und der Masse m umkreist; der Radius des Kreises betrage a; Bohr nimmt an, daß eine unendliche Reihe diskreter Werte a_i möglich ist, bei denen die geschilderte Bewegung stabil ist. Nach der üblichen Elektrodynamik müßte dieses System permanent Strahlung aussenden, also in kurzer Zeit

---

[1] N. Bohr, Philos. Mag. 26, 476 bis 502, 1913 und 26, 857 bis 875, 1913.

seine Energie verlieren und damit unstabil werden. Da aber die
Atome sehr stabil sind und anderseits an der Existenz geschlossener
Bahnen der Elektronen im Innern des Atoms nicht gezweifelt werden
kann, so muß man schließen, daß hier kein Strahlungsverlust stattfindet, also die übliche Elektrodynamik im Innern des Atoms nicht
uneingeschränkt gilt. Bohr berechnet den Energieverlust, den das
Elektron erleidet, wenn es vom k-ten auf den i-ten Stabilitätskreis
übergeht ($k > i$) und macht die auf den ersten Blick fremdartig
anmutende Hypothese, daß das System diese Energie durch Strahlung einer einfarbigen Welle von der Schwingungszahl V_{ik} verliert,
und daß die ausgestrahlte Energie proportional dieser Schwingungszahl ist. Diese Hypothese, bzw. eine ihr nahe verwandte, ist zum
ersten Male von Planck in die Strahlungstheorie eingeführt worden,
um ein richtiges Strahlungsgesetz für den schwarzen Körper zu finden,
welches mit Hilfe der alten Elektrodynamik nicht gewonnen werden
konnte (§ 56). Seit ihrer Einführung hat diese Hypothese sich auf
den verschiedensten Gebieten der Physik bewährt. Jener Propor-
tionalitätsfaktor bei Bohr ist identisch mit der in der Planckschen
Spektralgleichung auftretenden universellen Konstanten h (§ 56),
dem Planckschen Wirkungsquantum. Die Bohrschen Annahmen
sind mit glänzendem Erfolge von A. Sommerfeld[1]) zur Erklärung
der Feinstruktur der Serienspektrallinien und der Röntgenspektren
verwendet worden.

Auf dem Bohrschen Modell fußend, hat Debye[2]) ein ähnliches
Modell für das Molekül des nichtleuchtenden Wasserstoffes entwickelt. Es besteht aus zwei in einer bestimmten Entfernung befindlichen positiven Kernen von der Masse und Ladung des Wasser-
stoffions; die verbindende Linie wollen wir kurz die Achse des Moleküls nennen. Ziehen wir durch die Mitte der Achse die zu ihr senkrechte Ebene, die sog. Äquatorialebene, so denkt sich Debye in dieser
ebenfalls einen Stabilitätskreis, auf dem zwei einander diametral
gegenüber befindliche Elektronen kreisen. Mit diesen Annahmen
gelingt es Debye, die experimentell sehr genau bekannte Dispersion
des nichtleuchtenden Wasserstoffes darzustellen, die Wärmeleitfähig-
keit und innere Reibung zu berechnen usw., kurz alle Eigenschaften
des Wasserstoffs abzuleiten. Das ist zweifellos ein sehr großer Er-
folg dieser doch verhältnismäßig einfachen Vorstellung vom Bau

---

[1]) A. Sommerfeld, Ann. d. Phys. **51**, 1—94 und 125—164, 1916.
[2]) P. Debye, Münch. Ber., math.-phys. Kl., S. 1—26, 1915, Debye und
Scherrer, Gött. Akad. Ber. 1916.

des Moleküls, die aber gleichfalls nur möglich war unter Verzicht-
leistung auf die Gültigkeit der Gesetze der Elektrodynamik im Innern
des Atoms und durch Einführung derselben neuen Hypothesen, die
wir oben beim Bohrschen Modell hervorgehoben haben. Auch
scheint eine Verallgemeinerung dieses Modells für andere Stoffe vorläufig nicht möglich zu sein.

§ 29. **Die verschiedene Erregungsart der Elektronen im Atom
bei der Temperatur- und Lumineszenzstrahlung.** Damit im Äther
elektromagnetische Wellen erregt werden, müssen die elektrischen
Ladungen im Atom bzw. Molekül der strahlenden Substanz beeinflußt werden. Welches Atommodell wir uns hierbei auch vorstellen mögen, jedenfalls müssen die Elektronen im Atom zur
Strahlung angeregt werden, d. h. zur Vibration oder Rotation gebracht bzw. in bezug auf ihren Schwingungszustand geändert werden.
Wir wollen versuchen, den Unterschied dieser Erregung zu ergründen,
wenn sie eine Folge hoher Erhitzung der strahlenden Substanz ist
oder auf Lumineszenz beruht.

Je höher bei einem Temperaturstrahler die Temperatur, d. h.
die kinetische Energie (lebendige Kraft) seiner Moleküle wird, um so
größer wird die von ihm ausgestrahlte Energie. (Sichtbar wird sie
erst oberhalb einer Temperatur von ca. 500° C.) Da beim absoluten
Nullpunkt (— 273° C) praktisch alle Molekularbewegung verschwunden ist, so kann ein bis auf —273° C abgekühlter Temperaturstrahler
auch keine Strahlung aussenden. Anders verhält sich der Lumineszenzstrahler, bei dessen Emission die Temperatur keine oder nur eine
sekundäre Rolle spielt. Als Repräsentant dieser Lichtquellen wollen
wir hier das Leuchten der Gase in der Geißlerschen Röhre betrachten. Dieses Gasleuchten findet statt, auch wenn man das ganze
Rohr in flüssige Luft einbettet (—191° C), bei welcher Temperatur
der Temperaturstrahler nicht mehr zum Aussenden sichtbarer Strahlung angeregt werden kann.

Anschaulich für die Darlegung der verschiedenen Erregungs-
arten bei den beiden Strahlungstypen erweist sich die populäre Vorstellung, daß das Atom wie ein Glockenturm gebaut sei mit vielen
Glocken von verschiedener Tonhöhe. Das Gerüst stelle das materielle
Atom dar, die Glocken mögen die Elektronen im Atom vorstellen.
Jede Glocke, die erregt wird, ohne in ihren Eigenschwingungen gestört zu werden, gibt einen Ton, ihren »Eigenton«. Dementsprechend
führt jedes angeregte Elektron seine Eigenschwingung aus und
sendet die der Schwingungszahl zukommende Welle in den Äther hinaus.

Wir können uns vorstellen, daß bei den Temperaturstrahlern der ganze Glockenturm in Bewegung gesetzt werden muß, damit die Glocken zum Klingen kommen (indirekte Anregung), während beim Lumineszenzstrahler die Erregung der Glocken allein bewirkt wird, ohne daß der Glockenturm in Bewegung zu geraten braucht. Es muß also bei der Lumineszenz die Erregung der Glocken auf andere, direkte Weise bewerkstelligt werden. Bei der Geißler-schen Röhre werden es die auf das Atom des Gases aufprallenden Elektronen (Kathodenstrahlung) sein, welche in den Glockenturm eindringen und die Glocken anschlagen, ohne den Glockenturm selbst in lebhaftere Bewegung zu versetzen, als sie der Temperatur des »kalten« Gases entspricht.

In den meisten Fällen genügt bei beiden Strahlungsarten die äußere Einwirkung allein nicht. Damit das Schütteln des Glockenturms bzw. die Beeinflussung der einzelnen Glocken diese zum Klingen bringt, scheint vielmehr noch in diesen Fällen, um in unserem Bilde zu bleiben, der festgebundene Klöppel gelöst werden zu müssen, oder physikalisch gesprochen, ein Vorgang chemischer oder elektrischer Natur muß die Elektronen erst schwingungsfähig machen.

Man glaubte lange, aus der Art der Strahlung auf die Natur des Strahlers (Temperatur- oder Lumineszenzstrahler) schließen zu können, indem man annahm, daß der Temperaturstrahler ein mehr oder weniger kontinuierliches Spektrum über das ganze Wellenlängengebiet aussendet (wie es der schwarze Körper ja auch wirklich tut, § 55), der Lumineszenzstrahler dagegen linienförmige Spektren emittiert oder mindestens die sichtbare Strahlung gegenüber der unsichtbaren Strahlung bevorzugt (wie es ja tatsächlich die Feuerfliege tut (§ 109). Seitdem wir wissen, daß auch das farbige Leuchten der Bunsenflamme, bestehend aus einzelnen Spektrallinien, auf reiner Temperaturstrahlung beruht (§ 110), ist der genannte Unterschied in der Strahlung beider Typen nicht mehr ausreichend, um sie zu charakterisieren.

Wir wollen aber versuchen, mit Hilfe unserer Bilder vom Atommodell rein logisch jene, wenn auch nicht streng geltenden, wohl aber oft auftretenden Unterschiede in bezug auf die Natur der emittierten Strahlung bei beiden Typen von Strahlern herzuleiten.

Ein typisches Beispiel für die Anwendungsmöglichkeit unseres Bildes auf ein Linienspektrum infolge von Lumineszenz (direkte Anregung) ist die »Resonanzstrahlung«. Aus der Theorie der freien und erzwungenen Schwingungen folgt, daß die Resonanzbreite und die Dämpfung in innigem Zusammenhange stehen. Je ungedämpfter die Schwingung ist, um so kleiner ist der Resonanzbereich und umgekehrt. Eine Stimmgabel hat eine geringe Dämpfung, d. h. sie klingt, einmal erregt, noch lange nach. Demnach kann sie durch Resonanz auch nur durch eine Stimmgabel angeregt werden, wenn diese nahe die gleiche Schwingungszahl besitzt wie die erregte Stimmgabel. Am kräftigsten ist die Resonanz, wenn beide Stimmgabeln unisono gestimmt sind. Eine Differenz von nur einigen Schwingungen genügt, damit die Resonanz aufhört.

Das Trommelfell des Ohres schwingt stark gedämpft, d. h. nach Erlöschen der Erregungsquelle kommen seine Schwingungen sofort zur Ruhe. Dafür resoniert es auf alle Töne, d. h. es hat einen breiten Resonanzbereich und kann durch von seinem Eigenton abweichende Töne zu erzwungenen Schwingungen angeregt werden. Man kann ein stark gedämpftes schwingungsfähiges Gebilde (Trommelfell) also auffassen als bestehend aus Einzelgebilden aller möglichen Schwingungszahlen, so daß es auf alle Töne dieser Schwingungszahlen reagiert, wenn auch am kräftigsten auf den Ton, welcher der Eigenschwingung des Gebildes (Trommelfell) entspricht.

Übertragen wir diese Betrachtungen auf unser Atomgebilde, den Glockenturm mit seinen Glocken (Elektronen) verschiedener Tonhöhe, so ergibt sich für dessen Erregung folgendes: Vermag eine angeregte Glocke ihre Eigenschwingung ungedämpft auszuführen, so gibt sie ihren Eigenton und schwingt lange nach. Dafür kann sie aber auch nur zur Resonanz kommen, wenn die erregende Quelle auf ihren Eigenton abgestimmt ist. Ein Elektron bestimmter Schwingungszahl müßte also durch eine elektromagnetische Welle (Lichtwelle) zur Resonanz gebracht werden, wenn diese von einem Elektron gleichgroßer Schwingungszahl herrührt. Tatsächlich sind solche Resonanzerscheinungen beobachtet worden. Wood[1]) brachte kalten Natriumdampf zur Emission seiner Spektrallinien durch auffallendes Licht gleicher Wellenlänge. Seitdem ist die Resonanzstrahlung an allen Dämpfen der Alkalimetalle, ferner am Hg-, Cd-, Br- usw. Dampf aufgefunden worden. Paschen[2]) beobachtete die durch Resonanz erzeugte Emission unsichtbarer Spektrallinien (ultrarote He-Linien 10830 und 20582 Å), wobei er feststellte, daß die absorbierte Energie ohne Verlust in Resonanz- und Strahlungsenergie umgewandelt wird. Dieses kalte Leuchten infolge Resonanz kann

---

[1]) R. W. Wood, Phil. Mag. **10**, 512 bis 525, 1905.
[2]) F. Paschen, Ann. d. Phys. **45**, 625 bis 656, 1914.

sicher als eine Folge direkter Anregung der Elektronen (Glocken) aufgefaßt werden. Es ist charakterisiert durch die Feinheit und Schmalheit der emittierten Spektrallinien, wie man sie bei der Emission von Spektrallinien infolge Temperaturstrahlung (gefärbte Bunsenflamme, § 110) nicht erhält. Denn hier werden die durch die lebhafte Molekularbewegung (Temperatur) in Erregung versetzten Elektronen im Atom durch Zusammenstöße der Moleküle verhindert, ihre Eigenschwingungen ungestört auszuführen, so daß wir es mit gedämpften Schwingungen zu tun haben, also auch mit einem breiten Resonanz- und Emissionsbereich. Die emittierten Spektrallinien werden daher stark verbreitert und um so mehr, je dichter der Dampf und je höher die Temperatur ist, d. h. je öfter die Zusammenstöße erfolgen. Im Einklang hiermit steht die Tatsache, daß durch die Temperaturerhöhung des Dampfes das Resonanzphänomen gestört wird. Beim festen Temperaturstrahler muß infolge der erhöhten Zahl der Zusammenstöße diese Dämpfung natürlich noch viel größer sein als beim dampfförmigen.

So ist es verständlich, daß die festen Temperaturstrahler ein mehr oder weniger ausgedehntes kontinuierliches Spektrum emittieren, eventuell von der kleinsten bis zur größten Welle. Auch können die Unterschiede im Aufbau des Atoms (verschiedener Elemente) weniger zur Geltung kommen, wenn der Temperaturstrahler im festen Zustand strahlt, als wenn er im dampfförmigen Zustande strahlt, wo die Erschütterungen seltener und um so seltener stattfinden, je verdünnter der Dampf ist. Eine Erschütterung des Glockenturmes vermag vielleicht noch die erregten Glocken, wenn auch gedämpft, ausschwingen zu lassen. Fortwährende und sehr schnell aufeinanderfolgende Erschütterungen müssen aber eine vollständige Verschmelzung aller einzelnen stark gedämpften Glockentöne zur Folge haben. Dann werden auch die Unterschiede im Aufbau des Glockenturmes (Atome verschiedener Elemente) weniger zur Geltung kommen, als wenn, wie beim Dampfleuchten, nur ab und zu ein Schlag auf das Atom ausgeübt wird. Diese Schlußfolgerung äußert sich in der Wirklichkeit dadurch, daß die Energieverteilung der verschiedenen festen Temperaturstrahler (Schwarzer Körper, Platin, Quecksilber, Eisen usw.) qualitativ fast gar nicht voneinander verschieden ist (kontinuierliches Spektrum), während diese Substanzen in dampfförmigem Zustand qualitativ so verschiedene Linienspektren zeigen, daß man darauf eine Spektralanalyse aufbauen konnte.

Mit Hilfe der Absorptionserscheinungen gelingt es auch, Linienspektra fester Körper zu studieren.

Die Absorption ist nur mit Hilfe der Resonanz erklärlich und hängt innig mit der Emission zusammen, insofern das Emissions- und Absorptionsvermögen für alle Arten von Strahlung einander proportional zu sein scheinen. Aus der Absorption eines festen Körpers bei tiefen Temperaturen kann man also auch auf seine Emission schließen, die auftreten müßte, wenn man es fertig bringt, die Elektronen im Atom genügend stark zu erregen, um zu emittieren. Ein fester Temperaturstrahler kann aber bei tiefen Temperaturen infolge der geringen kinetischen Energie der Molekularbewegung nicht zur merklichen Emission sichtbarer Strahlung gebracht werden. Aber seine Absorption kann gemessen werden, und da zeigt sich, daß die Absorptionslinien, welche gewisse Kristalle aufweisen, mit abnehmender Temperatur immer feiner und schmaler werden. Ein Zeichen, daß bei geringer Erschütterung der Glockentürme die Glocken ihre Eigenschwingungen ausführen oder, um auf das Atom überzugehen, daß die Elektronen ihre Rotationen und Schwingungen auch im festen, genügend abgekühlten Körper fast ungestört und ungedämpft vollführen können. Es kommt nur darauf an, die Elektronenschwingungen kräftig genug werden zu lassen, um im ruhig liegenden und nicht durch hohe Temperatur geschüttelten Atom genügende Energie zu emittieren. Dazu ist die geringe Molekularbewegung bei tiefen Temperaturen nicht imstande. Wohl aber vermag ein in das Atom geschleudertes Elektron dies zu tun, denn bei allen auf Elektrolumineszenz beruhenden »kalten« Lichtern kommt die kalte Leuchtsubstanz durch das Bombardement der geschleuderten Elektronen zum Leuchten und Strahlen. Es kann also bei dieser Erregungsart auch ein Emissionsspektrum entstehen, welches dem Absorptionsspektrum der kalten Substanz entspricht, und zwar ihr individuelles Linienspektrum, eventuell ein sichtbares Spektrum ohne unsichtbare Strahlungsenergie, ganz wie es dem Atomaufbau (Glockenturmart) der Substanz zukommt. Bei dieser Erregungsart können, da das Atom durch Molekularbewegung nicht dauernd gerüttelt wird, leichter die Individualitäten der Substanzen bei der Emission zum Vorschein kommen, die bei hoher Erhitzung mehr oder weniger verschwinden.

Die Aufgabe der Leuchttechnik ist es, Licht ohne unsichtbare Strahlung zu erzeugen, da diese vom Auge nicht in Lichtempfindung umgesetzt wird. Auf welche Weise dies geschieht, ob durch Temperatur- oder Lumineszenzstrahlung, ist ganz gleichgültig. Wohl aber dürften an der Hand der entwickelten Mechanik des Leuchtens Fingerzeige gewonnen werden, welcher Weg am ehesten und leichtesten das Ziel der Leuchttechnik zu erreichen gestattet. Die Temperaturstrahlung dürfte hierzu weniger geeignet sein als die Lumineszenzerregung, da nach dem Gesagten bei dieser ein individuelles Hervortreten von bestimmten Spektralgebieten leichter erreichbar zu sein scheint. Ob diese Erregung durch Chemi- oder Elektrolumineszenz oder anderswie bewirkt wird, ist ebenfalls gleichgültig. Wenn wir erst wissen, wie die Feuerfliegen, welche nur sichtbares Licht aussenden (§ 109), ihre Emission hervorbringen, werden wir vielleicht auch auf künstlichem Wege dieses kalte Lumineszenzleuchten nachahmen können.

§ 30. Anwendung der Mechanik des Leuchtens auf die Vorgänge im elektrischen Lichtbogen. Die dargelegte Mechanik des Leuchtens hat auch Aufschluß über die merkwürdigen Vorgänge beim Zünden und Brennen der Bogenlampe gebracht. Um eine Funkenstrecke in atmosphärischer Luft von 1 cm zu überspringen, muß man an die Elektroden der Funkenstrecke etwa 27 000 Volt Spannungsdifferenz anlegen. Und doch überwindet bei sehr viel geringerer Potentialdifferenz (Minimum 30 bis 40 Volt) der Lichtbogen der Bogenlampe weit größere Luftstrecken, nachdem die Lampe einmal »gezündet« worden ist.

Um die Bogenlampe zu zünden, bringt man bekanntlich erst die beiden Elektroden (Kohle, Quecksilber usw.) zur Berührung. Dann werden sie hintereinander durchflossen wie ein Draht und durch die Joulesche Wärme erhitzt. Diese ist am größten, wo der Widerstand am größten ist, also an der Berührungsstelle. Erst wenn sich die Enden der Elektroden auf genügend hoher Temperatur befinden, kann man sie voneinander entfernen und einen »Bogen ziehen«.

Dies ist nur dadurch möglich, daß der Raum zwischen den Elektroden mit Ionen angefüllt wird, welche die Leitung bewirken wie bei einem Elektrolyten. Und tatsächlich ist dies der Fall. Die durch Joulesche Wärme hocherhitzten Elektrodenenden, mindestens das der negativen Elektrode, sendet Elektronen aus, welche durch die Potentialdifferenz von der Kathode aus mit großer Geschwindigkeit getrieben werden und die Luft ionisieren, d. h. leitend machen.

Entwickeln sich Salzdämpfe im Flammenbogen, wie dies bei der Kohlebogenlampe mit getränkten Kohlen (Effektivbogenlampe) der Fall ist, so werden die Elektronen in den Dampfmolekülen angeregt, ausgetrieben, auf andere Moleküle geschleudert, und es werden die Dämpfe zum Leuchten gebracht.

Im Lichtbogen der Quecksilberbogenlampe (§ 20) und in den zwischen festen Metallelektroden gebildeten Flammenbögen leuchten die Dämpfe der benutzten Metalle. Dieses farbige Leuchten des Flammenbogens darf nach den entwickelten Anschauungen über die Mechanik des Leuchtens als Elektrolumineszenz angesprochen werden. Wie steht es aber mit der Erhitzung der Krater? Die von ihnen ausgehende Strahlung gehört wohl sicher zur Temperaturstrahlung. Für die Kohlebogenlampe geht dies mit großer Wahrscheinlichkeit hervor aus der Bestimmung der Kratertemperatur und den Messungen über die Größe der Strahlung. Schwieriger ist die Frage zu beantworten, auf welche Weise die hohe Temperatur der Krater (bei der Kohlebogenlampe 4000° C) erzeugt wird. Meiner Meinung nach ist die hohe Erhitzung der Krater ebenfalls eine Folge des Bombardements von Elektronen, hervorgerufen durch die kinetische Energie oder lebendige Kraft (»Stoßkraft«) der schnell bewegten Elektronen oder Ionen im Bogen. Daß durch sehr schnell bewegte Elektronen Metalle bis zu ihrem Schmelzpunkte erhitzt werden können, geht aus den Vorgängen in den Röntgenröhren hervor.

V. Kapitel.

Das Auge.

(Sehen im Hellen und Dunkeln.)

§ 31. Das Sehen. Das »Sehen« wird vermittelt durch das Auge. Beim Sehakt haben wir drei Vorgänge voneinander zu unterscheiden. Erstens die »physikalischen« Leistungen des Auges als eines optischen Instrumentes, zweitens die »physiologischen« Vorgänge der Erregung der Augennerven und deren Leitung zum Gehirn und drittens die »psychologische« Frage, wie aus den Meldungen der gereizten Nerven im Bewußtsein die Wahrnehmung von Licht und Farbe, d. h. die Lichtempfindungen entstehen.

Außer den Lichtstrahlen vermögen auch noch andere Ursachen auf das geschlossene Auge Lichtempfindungen hervorzubringen, z. B. ein äußerer Druck, eine elektrische Entladung, der Druck des Blutes usw. Zum Unterscheiden äußerer Gegenstände reicht es nicht hin, daß die von einem Körper ausgehenden Lichtstrahlen auf die Netzhaut fallen, sondern es sind noch lichtsondernde Apparate nötig, welche bewirken, daß die von einem Lichtpunkt (Flächenelement) ausgehenden Lichtstrahlen nur eine bestimmte, kleine Netzhautstelle treffen, und daß diese nicht zugleich Strahlen von einem benachbarten Lichtpunkt erhält. Nur so ist eine Unterscheidung räumlich benachbarter Objekte möglich.

Bei vielen niederen Tierklassen fehlen diese lichtsondernden Apparate ganz. Hier kann kein eigentliches Sehen, sondern nur eine Unterscheidung von Hell und Dunkel stattfinden. Aber auch hier wie beim sehenden Auge müssen die auf der Netzhaut endigenden Fasern des Sehnerven mit besonderen Nervenapparaten versehen

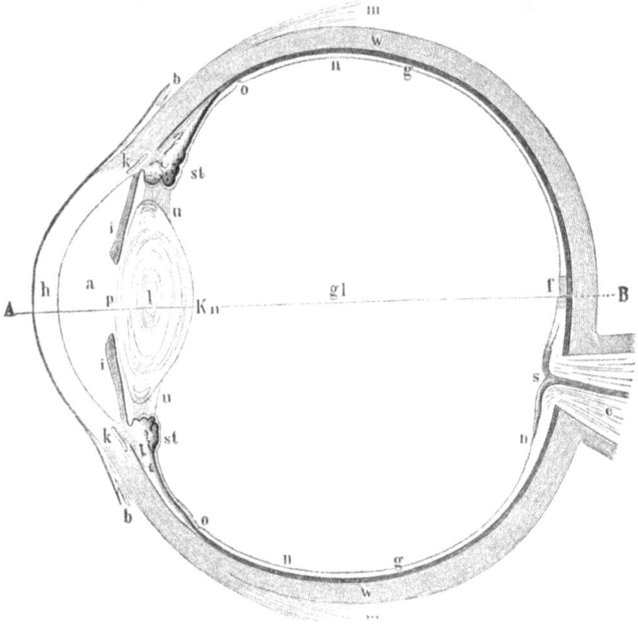

Fig. 18.

sein, in denen die auffallende Lichtenergie in Nervenreiz umgesetzt wird, da ein direkt vom Licht getroffener Sehnerv unempfindlich ist.

Die lichtsondernden, physikalischen Apparate sind auch bei den sehenden Tierklassen sehr verschieden eingerichtet. Man unterscheidet im wesentlichen zwei Arten von Augen: Die »musivisch« zusammengesetzten Augen der Insekten und Krustazeen und die mit Sammellinsen versehenen Augen der höheren Tiere und des Menschen. Uns interessiert hier nur das menschliche Auge.

§ 32. Das menschliche Auge. In Fig. 18 ist ein Horizontalschnitt durch ein rechtes Normalauge in 3facher Vergrößerung dargestellt.

Der ganze Augapfel ist von einer festen, harten Haut umgeben, welche nur auf der Vorderseite *h* durchsichtig ist; dieser durchsichtige Teil wird die Hornhaut (*cornea*) genannt; die durchsichtige Hornhaut ist stärker gewölbt als der übrige Teil des Augapfels. Hinter der Hornhaut liegt die farbige Regenbogenhaut *i* (*iris*), welche bei *p* eine kreisförmige Öffnung hat, die vollkommen schwarz (das Schwarze im Auge) erscheint; diese Öffnung führt den Namen »Pupille«. Dicht hinter der Iris und der Pupille befindet sich die Kristallinse *l*, welche in eine durchsichtige Kapsel eingeschlossen ist. Zwischen Hornhaut und Iris ist die mit der wässerigen Flüssigkeit ausgefüllte vordere Augenkammer *a*, zwischen Iris und Linse die hintere Augenkammer gelegen. Den ganzen Raum *g l* hinter der Linse füllt eine durchsichtige gallertartige Substanz, die Glasfeuchtigkeit oder der Glaskörper, aus.

Die Kristallinse selbst besteht aus übereinander gelagerten durchsichtigen Schichten, welche sich der Kugelgestalt um so mehr nähern, je näher sie dem Zentrum liegen. Sie ist durch ein sie ringförmig umgebendes, einer Halskrause ähnlich in strahlenförmige Falten gelegtes Befestigungsband, das Strahlenblättchen (*zonula zinnii*), ringsum befestigt. Die Spannung dieses Bandes kann durch den im Auge gelegenen, ringsum am Rande der Hornhaut entspringenden Ziliarmuskel *uu* verringert werden. Dann wölben sich beide Flächen der Linse, ein für die Akkommodation wichtiger Vorgang.

Über die Sclerotica *w* ist im Innern des Auges die Aderhaut *g, g* ausgebreitet, und über dieser liegt schließlich die Netzhaut (retina) *n, n, n*, welche ihrer Wichtigkeit wegen etwas ausführlicher besprochen werde. Sie ist die dünne membranartige Ausbreitung des Sehnerven *e* und bildet den Schirm, welcher das im Auge entworfene Bild auffängt. Der Sehnerv selbst ist ein zylindrischer Strang, der sehr feine Nervenfasern dem Augapfel zuführt. Die Fasern des Sehnerven strahlen von ihrer Eintrittsstelle nach allen Richtungen über die vordere Fläche der Netzhaut aus; sie sind, wo sie enden, mit eigentümlichen Endgebilden verbunden, einem regelmäßigen Mosaik aus feineren zylindrischen Stäbchen und etwas dickeren flaschenförmigen Gebilden, nämlich den Zapfen. Dieses Mosaik der Stäbchen und Zapfen ist die eigentlich lichtempfindliche Schicht der Netzhaut, d. h. diejenige, in welcher allein die Lichteinwirkung eine Nervenerregung hervorzubringen imstande ist.

Die Netzhaut hat eine ausgezeichnete Stelle f, die nicht ganz
in ihrer Mitte, sondern etwas nach der Schläfenseite hinüber liegt,
und welche wegen ihrer Farbe der gelbe Fleck genannt wird. Diese
Stelle ist etwas verdickt, und in ihrer Mitte befindet sich ein Grüb-
chen, die Netzhautgrube (fovea centralis).

§ 33. Bildentstehung im Auge. Die durch die Hornhaut ein-
gedrungenen Strahlen fallen auf die Iris und werden nach allen
Seiten hin unregelmäßig zerstreut, wodurch die Farbe der Regenbogenhaut sichtbar wird. Die zentralen Strahlen fallen durch die Pupille
auf die Linse und werden durch diese nach der Retina hin gebrochen,
und zwar so, daß die von einem Objektpunkte ausgehenden Strahlen
in einem Punkte auf der Netzhaut wieder vereinigt werden, wie die
Fig. 19 erläutert. So entsteht auf der Netzhaut ein um-
gekehrtes verkleinertes Bild der vor dem Auge befindlichen Gegenstände.

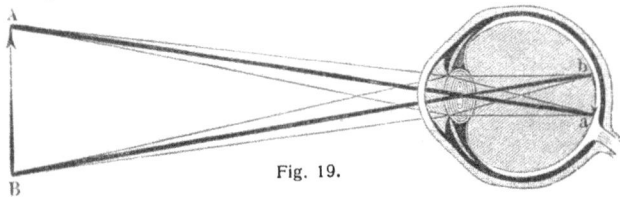

Fig. 19.

Wie bei der Abbildung durch eine jede Linse, liegen auch beim
Auge die Bilder verschieden entfernter Objekte in verschiedener
Entfernung vom brechenden System. Wenn also das Bild des einen
Objektes scharf gesehen wird, entstehen von den anderen undeut-
liche Bilder. Nur nacheinander können wir verschieden entfernte
Objekte deutlich abbilden. Die eigentümliche Veränderung, welche
im Zustande des Auges vor sich geht, um bald ferne bald nahe Gegenstände deutlich zu sehen, nennt man die »Akkommodation« des Auges
für die Entfernung des Objektes. Im wesentlichen beruht unser
»Akkommodationsvermögen« auf der willkürlichen, durch den Ziliarmuskel bewirkten Änderung der Gestalt der Augenlinse und damit
der Änderung ihrer Brennweite. Es ruht das Normalauge, wenn es
ferne Gegenstände betrachtet, es strengt sich an beim Akkommodieren
auf die Nähe. Daher die wohl schon von jedem empfundene Wohl-
tat, wenn man sein Auge in der freien Natur in weite Fernen schweifen lassen kann.

§ 34. Gesichtsfeld. Direktes und indirektes Sehen. Objekte, die
wir genauer sehen wollen, »fixieren« wir, d. h. wir drehen das Auge

solange, bis das Abbild des Objektes auf die Netzhautgrube (fovea centralis) fällt. Dies ist in Fig. 20 mit allen zwischen C und D gelegenen Objektpunkten der Fall. Während diese »direkt« oder »foveal« beobachtet werden, werden gleichzeitig die seitlich von C und D gelegenen Objekte A und B »indirekt« oder »peripher« (extrafoveal) gesehen.

Beide Augen zusammen überschauen bei parallel gerichteten Augenachsen einen horizontalen Bogen von mehr als 180°, so daß das Gesichtsfeld unserer Augen größer als das irgendeines künstlichen optischen Instrumentes ist. Von diesem verlangen wir freilich eine möglichst gleichmäßige Schärfe des Bildes in seiner ganzen Ausdehnung, also sowohl von den nahe der optischen Achse gelegenen Punkten C und D als auch von den weitab liegenden Punkten A und B. Dies ist beim Auge durchaus nicht der Fall. Von allen

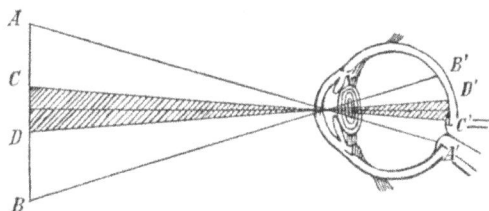

Fig. 20.

gleichzeitig im Gesichtsfelde vorhandenen Objektpunkten werden nur diejenigen deutlich gesehen, deren Bilder auf der Netzhautgrube entstehen, alle übrigen aber um so undeutlicher, je weiter ihre Abbilder von der Netzhautgrube entfernt sind. Zwei Ursachen wirken im gleichen Sinne, um die Abbildung immer schlechter zu gestalten, je weiter der gesehene Gegenstand von der Mitte des Gesichtsfeldes (Fixationsstelle oder Netzhautgrube) nach außen an die Peripherie des Sehfeldes (indirekte oder »peripherische« Beobachtung) rückt.

Die Hauptschuld trägt die Abbildung durch ein optisches System (Augenlinse) überhaupt. Eine Linse bildet im allgemeinen nur die auf und nahe der Achse gelegenen Objektpunkte deutlich ab. Je weiter der Objektpunkt von der Achse sich entfernt, um so größer ist die Undeutlichkeit seines Bildpunktes, d. h. der »Zerstreuungskreis« auf dem auffangenden Schirm (Netzhaut). Zweitens nimmt das Trennungsvermögen der Netzhaut von der Netzhautgrube nach außen zur Peripherie sehr schnell ab. Es scheint fast, als ob der

anatomische Bau der Netzhaut dem objektiven Mangel der Augenlinse Rechnung trägt. Denn was nützte ein besseres Trennungsvermögen an den peripherischen Netzhautstellen, wenn das optische
Instrument »Auge« infolge der großen Zerstreuungskreise von zwei
benachbarten, indirekt gesehenen Objektpunkten doch keine getrennten Bildpunkte entwirft?

So gleicht, sagt Helmholtz, das Gesichtsfeld, das wir durch
das Auge erhalten, einer Zeichnung, in welcher der mittlere Teil
sehr fein und sauber ausgeführt, die Umgebung aber nur grob skizziert ist. Der Durchmesser der Netzhautgrube (fovea centralis) entspricht im Gesichtsfelde ungefähr einem Gesichtswinkel von 1°, d. h.
einer Größe, unter welcher wir den Nagel unseres Zeigefingers sehen,
wenn wir die Hand möglichst vom Auge entfernen. Wenn wir aber
auch in jedem einzelnen Augenblicke nur einen sehr kleinen Teil
des Gesichtsfeldes genau sehen, so sehen wir ihn doch im Zusammenhange mit seiner Umgebung, und da wir im nächsten Augenblicke
das Auge auf irgendeine benachbarte Stelle richten können, so erhalten wir dadurch einen genauen Anblick eines größeren Teiles
des Gesichtsfeldes.

Durch die Beweglichkeit des Auges, welche uns erlaubt, schnell
hintereinander den Blick jedem einzelnen Teile des Gesichtsfeldes
zuzuwenden, werden die genannten Mängel reichlich ausgeglichen,
welche ohne näheres Studium den meisten Menschen vollkommen
unbekannt bleiben. Indem wir den uns gerade interessierenden Teil
des Sehfeldes fixieren und so schnell nacheinander jeden Teil des
ganzen Feldes scharf erblicken, glauben wir das ganze Sehfeld in
allen seinen Teilen in vollkommenster Schärfe ausgearbeitet zu sehen.

Früher glaubte man, daß der eigentümliche Bau des brechenden
Systems im Auge, die »Schichtung« der Augenlinse aus einzelnen
Schichten, die Abbildung schärfer gestalte als eine einfache homogene
Sammellinse von gleicher Brechkraft. Nach Gullstrand[1]) ist das Ge-
genteil der Fall; sowohl die sphärische Aberration als auch der Astig-
matismus der schiefen Büschel sind infolge der Schichtung der Augenlinse größer als bei einer äquivalenten homogenen, einfachen Linse.
Der Zweck der Linsenschichtung ist vielmehr ein anderer und
viel wichtigerer, nämlich die Erzielung einer relativ großen Ak-
kommodationsbreite bei geringer Formänderung der Augenlinse.

---

[1]) A. Gullstrand, »Die Dioptrik des Auges«, I. Bd. vom Handbuch der
Physiologischen Optik von H. v. Helmholtz. III. Aufl. Verl. von Leopold Voß.
Hamburg u. Leipzig 1909.

§ 35. Anatomie der Netzhaut[1]). Aus dem Auflösungsvermögen usw. konnte man den Schluß ziehen, daß die Netzhaut die Stelle sei, an der die eindringende Lichtenergie in Nervenreiz umgesetzt wird. Ein in Fig. 21 dargestellter Querschnitt durch die Netzhaut zeigt deren komplizierten Bau. Das Licht durchläuft erst alle verschiedenen Netzhautschichten X bis III, ehe es an die Zapfen- und Stäbchenschicht II gelangt, wo es in Lichtreiz umgesetzt wird, um durch die Nervenfasern, Ganglienzellen usw. wieder zurück zur Schicht X und von da zum Gehirn geleitet zu werden. Die nervösen Gebilde sind also unempfindlich gegen Lichtstrahlung. Erst in den Zapfen (den flaschenförmigen Gebilde) und Stäbchen (den stäbchenförmigen Gebilde) wird die Lichtenergie verarbeitet zur Nervenreizung, die vom Nerven weitergeleitet wird. Der bei dieser Energieumsetzung stattfindende Vorgang ist noch nicht aufgeklärt. Sind die Netzhautelemente Apparate chemischer Natur oder sind sie Resonatoren vergleichbar? Wenn man aus der Art

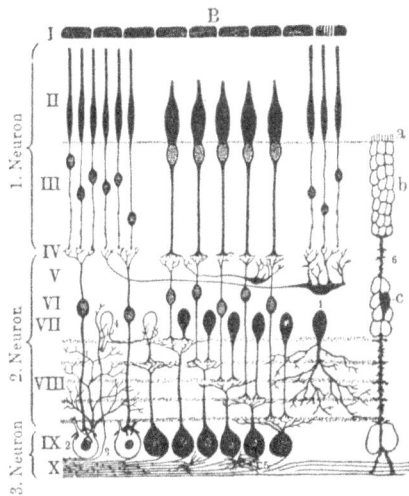

Fig. 21.

der Fortleitung der umgesetzten Energie etwas schließen darf, so gewinnt die Deutung an Wahrscheinlichkeit, daß man es mit Vorgängen elektrischer Natur zu tun hat.

Die Anatomie der Netzhaut hat ferner gelehrt, daß auf der Netzhautgrube (fovea centralis) nur Zapfen vorhanden sind. Erst die der Netzhautgrube benachbarten Stellen weisen außer den Zapfen auch Stäbchen auf, deren Anzahl im Vergleich zu derjenigen der Zapfen nach den peripherischen Teilen immer mehr zunimmt. Während jedem Zapfen der Netzhautgrube eine besondere Nervenfaser zukommt, müssen sich, wie auch die Fig. 21 erkennen läßt, mehrere Stäbchen mit einer . Faser begnügen. Je weiter die Netzhautstelle nach dem Rande der Netzhaut zu gelegen ist, um so größer ist die Anzahl der Stäbchen, also auch die Größe

---

[1]) R. Greef, ›Die mikroskopische Anatomie der Netzhaut‹, Teil I, Kap. V, S. 212 aus Handbuch der Augenheilkunde von Graef-Saemisch, 1901.

der Netzhautfläche, die sich mit einer Nervenfaser begnügen muß. Auf die Gesamtzahl von 137 Millionen Zapfen und Stäbchen kommen höchstens 1 Million Nervenfasern. Man schätzt die Anzahl der Zapfen auf 7 Millionen, die der Stäbchen auf 130 Millionen. Auf der Netzhautgrube befinden sich etwa 4000 Zapfen.

Der Verlauf der Nervenfasern von der Netzhaut zum Gehirn ist aus Fig. 22 zu ersehen. In ihr stellt A die Netzhaut dar, von welcher die sämtlichen Nervenfasern zu einem Strang B vereinigt zum Gehirn führen, wo sie zunächst im vorderen Vierhügelpaar C mit den primären Ganglienzellen endigen.

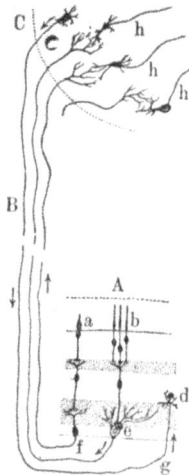
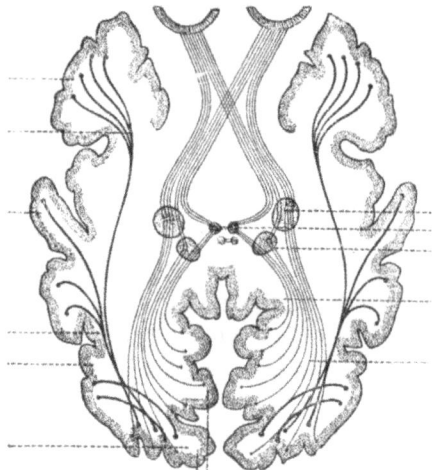

Fig. 22.   Fig. 23.

Der weitere Verlauf der Nervenfasern h im Gehirn vom vorderen Vierhügelpaar aus ist in Fig. 23 skizziert. Die Fasern hh führen von den primären Ganglienzellen zentralwärts zur inneren Kapsel (Fig. 23), von wo sie sich fächerförmig ausbreiten und als Gratioletsche Sehstrahlung zur Rinde des Hinterhauptlappens (Cuneus) weiterziehen. Im Cuneus liegt nach Munck die Sehsphäre. Die hier liegenden Ganglienzellen sind ebenso regelmäßig angeordnet wie die Endigungen der Fasern in den Zapfen und Stäbchen der Retina, so daß benachbarte Rindenelemente benachbarten Retinaelementen entsprechen.

Die Stäbchen und Zapfen sind somit der Tastatur eines Klaviers zu vergleichen; sie werden von den Lichtstrahlen angeschlagen und senden durch die mit ihnen verbundenen Nerven einen Reiz zum

Hinterhauptslappen mit den Ganglienzellen, dem Resonanzboden mit dem Saitenspiel, durch welches die ankommenden Nervenmeldungen in Empfindungen umgesetzt werden.

Von den Ganglienzellen im Cuneus gehen noch zahlreiche Nervenfasern zu den entfernter liegenden Teilen des Gehirns und setzen das Sehzentrum mit anderen »höheren« geistigen Zentren in Verbindung; sie werden darum Assoziationsfasern genannt.

Diesen zentripetalen Sehnervenfasern, welche die Lichteindrücke von der Retina zum Gehirn leiten, stehen die zentrifugal leitenden Fasern gegenüber (g in Fig. 22). Diese entspringen in den primären Optikusganglien, gehen im Sehnerv abwärts und endigen in der Körnerschicht der Retina als Zellen mit Verästelungen und Verzweigungen.

Fig. 23 läßt deutlich erkennen, daß die von beiden Augen L und R kommenden Nervenbündel sich teilen und kreuzen: Die eine Hälfte des linken Bündels mit der einen Hälfte des rechten Bündels gehen zum rechten Genikulum und die beiden übrigbleibenden Hälften zum linken Genikulum. Eine ganze Anzahl von Fasern erleiden aber auch ihrerseits eine Zweiteilung (vgl. Fig. 24) und stehen dadurch mit dem linken und rechten Geniculum in Verbindung.

§ 36. Verschiedene Sehfunktion der Zapfen und Stäbchen. Theorie von Kries. Auf den Untersuchungen von

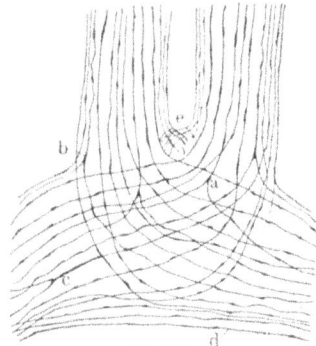

Fig. 24.

Ebbinghaus[1]) und König[2]) über den von Boll entdeckten Sehpurpur in der Netzhaut aufbauend, und gestützt durch eigene Forschungen, stellte J. v. Kries[3]) seine Theorie von der verschiedenen Sehfunktion der Zapfen und Stäbchen auf. Gemäß dieser Theorie bilden die Zapfen unseren farbentüchtigen »Hellapparat«, mit dem das Auge bei Tage sieht, und die Stäbchen unseren farblos empfindenden »Dunkelapparat«, mit dem das Auge im Dunkeln sieht. Mit anderen Worten: Die Zapfen vermitteln das Sehen bei großer Helligkeit,

---

[1]) H. Ebbinghaus. »Theorie des Farbensehens«, Hamburg 1893, L. Voß, und Zeitschr. f. Psych. u. Phys. d. Sinnesorgane **5**, 145.

[2]) A. König. Ber. d. Berl. Akad. 1894, 577 bis 598.

[3]) J. v. Kries. »Über die Funktion der Netzhautstäbchen.« Zeitschr. f. Psych. u. Phys. d. Sinnesorgane **9**, 81 bis 123, 1894.

und ihre Erregung durch die Lichtwellen weckt im Gehirn die Empfindung der Farbe, während die purpurhaltigen Stäbchen total farbenblind sind, erst bei geringer Helligkeit in Wirksamkeit treten und die Fähigkeit besitzen, ihre Empfindlichkeit im Dunkeln ganz bedeutend zu steigern. »Dunkeladaptation« nennt v. Kries diese Eigenschaft der Stäbchen. Ehe im Dunkeln die Zapfen farbiges Licht melden, vermitteln die dunkeladaptierten Stäbchen zum Gehirn den Eindruck farbloser Helligkeit. Da auf der Netzhautgrube, mit der wir sehen, wenn wir einen Gegenstand fixieren, nur Zapfen sind, auf den peripheren Teilen der Netzhaut aber die Stäbchen über die Zapfen überwiegen, folgt: Beim Fixieren oder direkten Sehen (foveal bzw. zentral) sind die Stäbchen ausgeschaltet, beim indirekten Sehen (peripher) treten außer den Zapfen auch noch die Stäbchen in Tätigkeit. Hier treten also bei geringer Helligkeit die beiden Sehapparate in einen scharfen Wettstreit ein, der, wenn nur die Helligkeit gering genug ist, zugunsten der farbenblinden Stäbchen ausfällt, so daß dann alles »Grau in Grau«, d. h. in farbloser Helligkeit erscheint.

Beim »Sehen im Hellen« ist dagegen der Stäbchenapparat ganz ausgeschaltet. Die Empfindung Weiß oder einer farblosen Helligkeit kann somit auf zweierlei Weise entstehen: Erstens durch beliebige Erregung der nur farblos empfindenden Stäbchen, zweitens durch Reizung des farbentüchtigen Zapfenapparates mittels (komplementärer) lichtstarker Lichtgemische.

Die von den Stäbchen im Gehirn ausgelöste farblose Empfindung wollen wir als »Stäbchenweiß« bezeichnen, welches bei geringer Reizstärke zu »Stäbchengrau« herabsinkt. Selbstverständlich können wir Stäbchenweiß und Stäbchengrau nur beim Sehen im Dunkeln kennen lernen.

Lange ehe die Physiologen zu der Anschauung von der Arbeitsteilung der beiderlei Netzhautelemente gelangten, hatte die vergleichende Anatomie zu der Erkenntnis geführt, daß den Stäbchen der Netzhaut die Rolle des »Sehens im Dunkeln« zufällt. Die Zoologen (Max Schultze) wußten schon 1866, daß die Tiere, welche wie die Eule bei Nacht auf Raub ausgehen oder wie der Maulwurf verdammt sind, ihr Dasein unter der Erde zu verbringen, auch an der Stelle des deutlichsten Sehens (an der Netzhautgrube) Stäbchen besitzen, wo wir nur Zapfen haben, und daß es sogar Nachttiere gibt, bei denen auf der ganzen Netzhaut lediglich Stäbchen und

überhaupt keine Zapfen vorhanden sind. »Stäbchenseher« wurden
sie darum geheißen. Und so sind auch wir Farbentüchtigen im Dunkeln »Stäbchenseher« und totalfarbenblind, falls die von den Objekten ausgehenden Lichtwellen noch nicht imstande sind, die
Zapfen zu reizen.

**§ 37. Empfindlichkeit der Zapfen für verschiedene Spektral-
farben. Zapfenkurve.** Helligkeit und Licht sind subjektive Empfindungen, die im Gehirn zustande kommen, wenn die Zapfen oder
Stäbchen der Netzhaut gereizt werden. Mit der Stärke der ins Auge

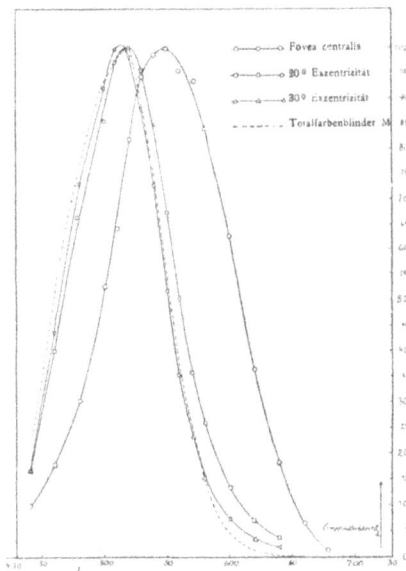

Fig. 25.

eindringenden Lichtenergie steigt im allgemeinen auch der Nervenreiz und die Helligkeitsempfindung. Das gleiche Quantum von
Lichtenergie weckt aber eine ganz verschieden große Helligkeitsempfindung, je nachdem die Wellenlänge der reizenden Lichtstrahlung dem roten, gelben, grünen, blauen usw. Bezirk des Spektrums
angehört. Es ist also die »Helligkeitsempfindlichkeit« eine Funktion
der Wellenlänge des ins Auge dringenden Lichtes; um diese kennen
zu lernen, sind zwei Aufgaben zu lösen. Erstens muß man die
Energieverteilung im Spektrum der benutzten Lichtquelle messen.
Zweitens muß man die Helligkeit der verschiedenen Farben miteinander vergleichen. Der energetischen Messung ist man überhoben,

wenn man den schwarzen Körper benutzt, weil man dessen Energieverteilung für jede Temperatur berechnen kann (§ 56). Die Vergleichung der Helligkeit der verschiedenen Farben ist exakt auszuführen, seitdem man das Lummer-Pringsheimsche Spektral-
Flimmerphotometer besitzt, welches diese Vergleichung bis auf 1%
genau auszuführen erlaubt (§ 16). Die Helligkeitsempfindlichkeitskurve wurde auf diese Weise im Breslauer Institut von drei Dok-
toranden exakt durchgeführt[1]), deren Resultate recht gut miteinander übereinstimmen. Die auf Grund dieser Versuche gewonnene
Empfindlichkeitskurve für die Zapfen ist in Fig. 25 abgebildet
und durch ○○○ markiert. Sie wurde von H. Bender bei direkter Beobachtung mit der fovea centralis gewonnen. Es ist
erfreulich, daß die auch von anderer Seite bestimmte Empfindlichkeitskurve im großen und ganzen mit der Benderschen übereinstimmt. Die Ivessche Kurve[2]) ist in der Fig. 84 § 100 zugleich mit
der Benderschen abgebildet.

Aus später zu erörternden Gründen wurde die Empfindlichkeit
des Auges auch mit extrafovealen Netzhautteilen beobachtet bei 20°
und 30° Exzentrizität (§ 38). Aus der Empfindlichkeitskurve für die
fovea centralis, auf welcher nur Zapfen vorhanden sind, geht hervor, daß die Zapfen das Maximum ihrer Empfindlichkeit
im Gelbgrün bei 0,55 μ besitzen, und daß die Empfindlichkeit nach den Enden des sichtbaren Spektrums hin schnell abfällt.
Wie die Untersuchung einer großen Zahl von farbentüchtigen
Augen lehrt, scheint der Abfall der Empfindlichkeitskurve bei den
verschiedenen Augen etwas verschieden zu sein; in bezug auf die
Lage des Empfindlichkeitsmaximums stimmen sie alle nahezu miteinander überein[3]). Es werde die Empfindlichkeitskurve der Zapfen
fernerhin als die »Zapfenkurve« bezeichnet.

Was hier für die Zapfen oder unseren Hellapparat gesagt ist,
hat keine Gültigkeit für die Stäbchen oder unseren Dunkelapparat.

**§ 38. Empfindlichkeit der Stäbchen für verschiedene Spektral-
farben. Stäbchenkurve.** Zwei Wege wurden eingeschlagen, um die
Stäbchenempfindlichkeit zu ermitteln. Man bediente sich erstens
total farbenblinder Augen, von denen zu vermuten war, daß ihr
Sehen überhaupt nur durch Stäbchen vermittelt wird. Zweitens

---

[1]) R. Stiller, nicht publiziert. E. Thürmel, l. c. S. 25. Hedwig
Bender. l. c. S. 25.

[2]) Ives, Phys. Rev. 35, 1913.

[3]) Näheres in H. Bender a. a. O.

beobachtete man mit farbentüchtigem Auge unter solchen Bedingungen, daß hauptsächlich nur die Stäbchen in Funktion treten.

a) Stäbchenkurve totalfarbenblinder Augen. Es standen
zwei Totalfarbenblinde zur Verfügung,' welche intelligent genug waren,
um die photometrischen Vergleichungen am Spektral-Flimmerphotometer genau durchzuführen. Bei beiden zeigte sich die Eigentümlichkeit

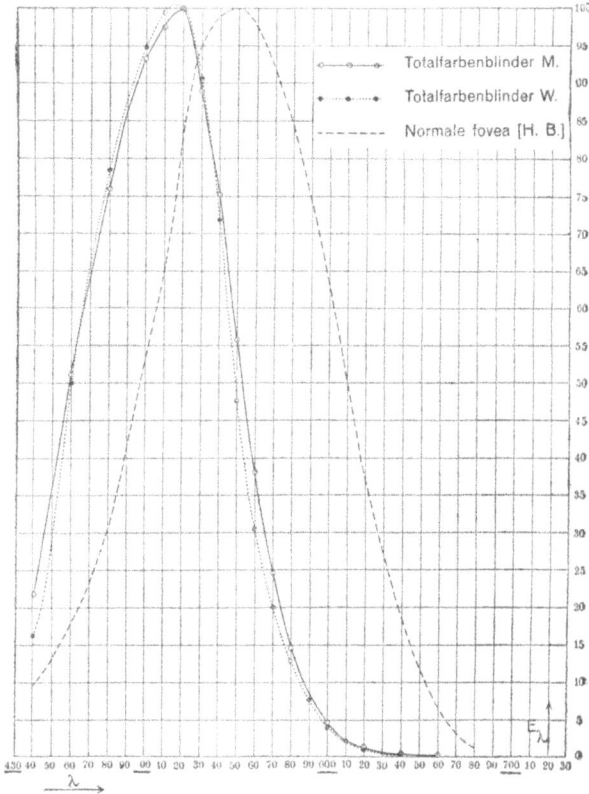

Fig. 26.

der totalfarbenblinden Augen beim Sehen im Hellen. In Fig. 26 sind
die Empfindlichkeitskurven der beiden Totalfarbenblinden wiedergegeben, zugleich mit der von H. Bender (H. B.) für die Zapfen
ermittelten Zapfenkurve. In Anbetracht der ungeschulten Beobachter (sie sind Arbeiter im Kohlenbergwerk) muß die Übereinstimmung
beider Beobachtungsresultate als glänzend bezeichnet werden. Wie
man sieht, ist das Maximum der Empfindlichkeit im blaugrünen
Spektralbezirk ($\lambda = 0,51$ μ) gelegen und nicht im Gelbgrün ($\lambda =$

0,55 μ), wie bei den Zapfen der farbentüchtigen Augen. Auch hier fällt die Kurve der Empfindlichkeit nach beiden Seiten steil ab. Für die roten Spektralbezirke ist die Empfindlichkeit bedeutend geringer als bei den Farbentüchtigen.

b) **Stäbchenkurve farbentüchtiger Augen.** Bei indirekter Beobachtung im dunklen Zimmer mit gut dunkeladaptiertem Auge »übertölpeln« die Stäbchen die Zapfen so sehr, daß letztere zur Lichtempfindung kaum etwas beitragen (vgl. § 40). Diese Vermutung findet ihre Bestätigung durch die Resultate der Messungen, welche am Spektral-Flimmerphotometer bei relativ großer Helligkeit der Flimmerfelder, aber bei gut dunkeladaptiertem Auge und **extrafovealer** Beobachtung ausgeführt wurden. Diese Beobachtungsweise erheischt natürlich eine längere Übung. Die von H. Bender erhaltenen Resultate sind in der gleichen Fig. 25 mitgeteilt, in welcher die von ihr beobachtete Zapfenkurve (fovea centralis) reproduziert ist. Es wurde bei einer Exzentrizität von 20° und 30° beobachtet, wobei diese sich auf die Abweichung der Blickrichtung im nasalen Gesichtsfelde von der direkten Sehlinie beim Fixieren bezieht. Mit wachsender Exzentrizität verschieben sich die Kurven immer mehr nach dem Blau hin und fallen schließlich mit denen der Totalfarbenblinden zusammen. Hierdurch ist zugleich die Übereinstimmung zwischen den Stäbchen des normalen und den Netzhautelementen des totalfarbenblinden Auges einwandfrei bestätigt. Es folgt ferner, daß die dunkeladaptierten Stäbchen des normalen Auges den Zapfen bei kleinem, dabei aber hellem Photometerfelde schon in 20° Abstand von der Netzhautmitte überlegen sind.

§ 39. Grauglut und Rotglut [1]). Infolge unserer Anschauung von der Wärme als einer ungeordneten Bewegung der einzelnen Moleküle müssen wir annehmen, daß ein fester Körper bei jeder beliebigen Temperatur, also auch schon bei Zimmertemperatur, Wellen von allen möglichen Wellenlängen, von den kleinsten bis zu den größten, aussendet. Wenn uns gleichwohl ein Körper bei Zimmertemperatur noch nicht selbstleuchtend erscheint, so liegt das daran, daß im Gehirn erst dann die Empfindung von Licht zustandekommt, wenn die ausgesandte Energie der sichtbaren Wellen groß genug ist, um den Sehnerven zu reizen. Dann »leuchtet« der Körper und spendet außer der Wärme auch noch »Licht«. Man sagt, die Lichtempfindung

---

[1]) O. Lummer. ›Über Grauglut und Rotglut‹. Wied. Ann. **62**, 14 bis 29, 1897. Verh. Phys. Ges. Berlin **16**, 121 bis 127, 1897.

schreitet über die »Reizschwelle«. Indem D r a p e r[1]) vor über 60 Jahren
die verschiedensten Substanzen erhitzte und die Temperatur feststellte,
bei der sie zu leuchten anfangen, fand er das nach ihm benannte
Gesetz, daß »alle festen Körper gleichzeitig bei 525⁰ C zu leuchten
beginnen und zuerst rotes Licht aussenden«. Dieses D r a p e r sche
Gesetz galt lange Zeit ganz unangefochten, ohne daß es jemals
wieder einer strengen Prüfung unterzogen worden wäre.

Erst H. F. W e b e r[2]) lenkte die allgemeine Aufmerksamkeit
wieder den D r a p e r schen Versuchen zu, als er den Beginn der Rotglut verschiedener Kohlefäden beobachtete, um die Ökonomie der
Glühlampen zu studieren. Bei Ausführung dieser Beobachtungen
im Dunkelzimmer bemerkte er, daß die Lichtentwickelung durchaus
nicht mit der Rotglut beginnt, sondern daß der Kohlefaden
anfangs ein »düsternebelgraues« oder »gespenstergraues« Licht aussendet. »Diese erste Spur düsternebelgrauen Lichtes erscheint dem
Auge als etwas unstet, glimmend, auf- und abhuschend.« Während
die Helligkeit dieses »Gespensterlichtes« mit steigender Temperatur
schnell zunimmt, geht sein Aussehen vom Düstergrau über zu Asch-
grau, Gelblichgrau und schließlich zu Feuerrot. Erst »mit dem
Auftreten dieser ersten Andeutung des roten Lichtes verschwand
die letzte Spur des Glimmens, Hin- und Herzitterns, welches sich
bisher in allen Stadien der Grauglut gezeigt hatte«.

Hiermit schien das D r a p e r sche Gesetz ganz zu Falle gebracht,
zumal H. F. W e b e r und E. E m d e n[3]) feststellten, daß Gold schon
bei 423⁰ C und Neusilber bei 403⁰ C Licht auszusenden beginnen,
während die erste Rotglut nach D r a p e r erst bei 525⁰ C einsetzt.

Bei der Deutung seiner Versuche verfällt H. F. W e b e r in den
Irrtum, aus rein subjektiven Erscheinungen auf die ihnen zugrunde
liegenden objektiven Vorgänge zu schließen. Beide Glühzustände,
die G r a u g l u t und die R o t g l u t, sind aber s u b j e k t i v e Empfindungen und sagen nichts aus über die objektive Beschaffenheit
des vom Glühkörper ausgesandten Spektrums. Alle von W e b e r
geschilderten Erscheinungen lassen sich zwanglos erklären, wenn man
mit dem Verfasser annimmt, daß wir es bei W e b e r s Versuchen mit
dem W e t t s t r e i t d e r Z a p f e n u n d S t ä b c h e n zu tun haben,

---

[1]) D r a p e r. Amer. Journ. of Sc. (2) Bd. IV, 1847. Phil. Mag. (3) Bd. XXX,
Mai 1847. Scientific memoirs London 1878, S. 44.
[2]) H. F. W e b e r. Ber. d. Berl. Akad. 28, 491, 1887. Wied. Ann. 32,
526, 1887.
[3]) R. E m d e n. Wied. Ann. 36, 214 bis 236, 1889.

wobei die Wahrnehmung der »Grauglut« den Stäbchen und die der »Rotglut« den Zapfen zukommt. Zur Illustration dieses Wettstreits dienen die folgenden Versuche des Verfassers[1]).

a) Versuch mit einem glühenden Platinblech. Ein relativ großes Platinblech kann durch den elektrischen Strom von schwacher Dunkelrotglut bis zu heller Rotglut allmählich erhitzt werden. Blickt man im verdunkelten Zimmer mit dunkeladaptiertem Auge das Blech direkt an, so erscheint es stets rot und scharf begrenzt; sobald man aber daran vorbeischaut, nimmt es eine größere Helligkeit an, verliert seine Farbe und erscheint in weißlichem Glanze, wobei es gleichzeitig seine scharfen Konturen verliert. Diese Farbenänderung und Helligkeitssteigerung tritt selbst noch bei heller Rotglut ein, ein Beweis für die kolossale Empfindlichkeit der dunkeladaptierten Stäbchen gegenüber derjenigen der Zapfen.

b) Versuch mit drei starkfadigen Glühlampen (Grauglut und Rotglut). Der Wettstreit zwischen den beiden Sehapparaten wird noch drastischer, wenn man im dunklen Zimmer mehrere parallel geschaltete Glühlampen mit starken Fäden in je 1 bis 1½ m Abstand beobachtet, deren Strom man langsam bis auf Null abschwächen kann. Solange die Helligkeit der Lampen so gering ist, daß die Stäbchen den Zapfen Konkurrenz machen, erscheint stets nur diejenige Lampe farbig (rotglühend), welche man direkt anblickt (fixiert), während die beiden anderen in farblosem, magischen, stäbchenweißen Lichte erscheinen. Wie schnell man auch den Blick von der einen Lampe zur anderen schweifen läßt, stets erscheint die direkt gesehene rot, die anderen springen um in Weiß. Betrachtet man alle Lampen indirekt, so erglänzen sie alle zugleich in stäbchenweißem Glanze (»Grauglut«). Diese Verwandlung von Rotglut in Grauglut findet auch noch bei relativ starker Belastung der Glühfäden statt, bei welcher die Rotglut schon in Gelbglut übergegangen ist.

§ 40. Gespenstersehen. Das von Weber geschilderte »Gespenstische« des Sehens kann man drastisch auf folgende Weise beobachten. In einem mit einem Ausschnitt von 15 mm Durchmesser versehenen, sonst vollkommen geschlossenen Kasten befindet sich eine elektrische Glühlampe, deren Strom beliebig bis zu Null abgeschwächt werden kann. Hinter dem Ausschnitt befindet sich eine

---

[1]) O. Lummer. »Experimentelles über das Sehen im Hellen und Dunkeln.« Verh. d. Deutsch. Phys. Ges. 6, Nr. 2, 1904.

matte Scheibe und vor ihm eine verschiebbare Messingplatte mit verschieden großen Löchern, etwa von 3, 6 und 9 mm Durchmesser. Von der scharf begrenzten Öffnung entwirft man auf einem weißen Schirme ein vergrößertes, deutliches Bild, welches man aus genügender Entfernung betrachtet. Bei Benutzung der 6 mm-Öffnung wähle man die Entfernung so groß, daß bei Fixation des Bildes nur die Netzhautgrube Licht empfängt. Jetzt schwäche man die Helligkeit des Bildes so weit ab, daß die Zapfen nicht mehr erregt werden und man das Bild direkt nicht mehr sehen kann und ruhe sein Auge im absolut dunklen Zimmer aus, bis die Stäbchen ihr volles Adaptationsvermögen erlangt haben. Dann beginnt folgendes sonderbare Spiel: Da im Dunkeln das Auge ruhelos umherirrt, so fallen die vom beleuchteten Teil des Schirmes kommenden Strahlen auf peripherische Netzhautstellen, und die daselbst vorhandenen, gut dunkeladaptierten Stäbchen melden unserem Gehirn »stäbchenweißes« Licht. Gewöhnt, das zu fixieren, was uns »Licht« zusendet, wenden wir unser Auge in die Richtung, von der wir glauben, daß die Lichtstrahlen gekommen sind. Da aber die Zapfen noch nicht in Erregung geraten, sendet die Netzhautgrube auch keine Lichtmeldung zum Gehirn, also können wir auch die »fixierte« Stelle nicht sehen! Es tritt hier somit der merkwürdige Zustand ein, daß wir etwas sehen, was wir nicht fixieren, während es unsichtbar wird, wenn wir es näher ins Auge fassen wollen. Und da wir beim direkten Sehen nichts sehen können, so bewegen wir unwillkürlich unser Auge weiter, wodurch die Strahlen wiederum auf indirekte Netzhautstellen fallen; wiederum erhalten wir den Eindruck von Licht, und von neuem beginnt die Suche nach dem Orte, von wo das merkwürdige Licht kommt. So entsteht in uns der Eindruck eines »düster-nebelgrauen« Lichtes, welches hin- und herhuscht, bald vorhanden ist, dann wieder entflieht und uns gleich einem »Irrlicht« neckt, ganz wie es Weber bei seinen Versuchen beobachtet und beschrieben hat. Wir sind jetzt »Stäbchenseher« und auf der Netzhautgrube totalblind, genau wie die Totalfarbenblinden beim Sehen im Hellen!

Jetzt steigere man den Strom der Glühlampe und damit die Helligkeit des kreisrunden Bildes auf dem Schirm, bis schließlich die Zapfen deutlich gereizt werden. Sogleich verschwindet der ungewohnte gespenstische Zustand des Sehens. Fest steht der runde rötliche Fleck beim Fixieren; er flieht nicht mehr unserem Blick und mit Ruhe können wir seine Gestalt und Konturen abtasten. Nur bei indirektem Sehen verwandelt sich die rötliche Farbe in blendendes

Stäbchenweiß, wobei der stäbchenweiße Fleck sich vergrößert und seine Begrenzung verschwommen wird.

Zum besseren Gelingen der beschriebenen »Gespensterversuche« setzt man vor die Öffnung des Leuchtkastens eine blaugrün gefärbte Glasplatte oder Gelatineplatte, damit die Vorliebe der Stäbchen für Blaugrün ausgenutzt wird (§ 38).

Übrigens kann man das »Gespenstersehen« ohne alle Apparate beobachten, freilich nur im Dunkel der Nacht oder im gut verdunkelten Schlafzimmer. Wer jemals während einer schlaflosen Stunde in dunkler Nacht seinen Gedanken nachzuhängen gezwungen ist, kann die Gelegenheit benutzen, um das von mir Gesagte zu prüfen.

Selten ist selbst bei gut schließenden Läden das Schlafzimmer absolut dunkel, und leicht kann es sich ereignen, daß ein eindringender Lichtstrahl seine Spuren an der Wand zeichnet. Wir erwachen, und wie merkwürdig, das Deckbett, der weiße Ofen und alle helleren Objekte erscheinen in einem magischen, weißlichen Lichtglanz. Denn das »Stäbchenweiß« hat so gar nichts Ähnliches der Weißempfindung der Zapfen im Tageslicht. Plötzlich bemerken wir den hellen Fleck auf der Wand, und um ihn näher zu betrachten, richten wir unsern Blick dorthin. Aber so sehr wir uns auch bemühen, es will uns nicht gelingen, die Umrisse genauer zu erkennen, da der Fleck unserem Blicke flieht und im Kreise sich zu drehen scheint. Jetzt endlich haben wir ihn gebannt — und im selben Moment ist er ganz verschwunden, um an der benachbarten Stelle wieder hervorzubrechen. Ein Geräusch gesellt sich zu diesem ungewohnten Spiel, und die Vorstellung von einem »Gespenst« wird nur zu leicht die halb wachenden, halb schlafenden Sinne vollends gefangen nehmen!

§ 41. Stäbchenlandschaft bei Mondenschein. Die Unzulänglichkeit der Malerei, eine Mondscheinlandschaft mit ihren »silberschimmernden« Lichtern darzustellen, ließ den Verfasser vermuten, daß wir es hier mit einer »Stäbchenlandschaft« zu tun haben, d. h. daß wir wohl auch bei hellem Mondschein Stäbchenseher sein müßten. Um diese Vermutung zu prüfen, unternahm der Verf. Ende Juni 1912 mit Professor E. Pringsheim eine Nachtfahrt im Freiballon bei Vollmondschein. Nur wenn man fern vom Lichtermeer der Großstadt ist, kann man erwarten, daß die Stäbchen sich dunkel adaptieren und zu höchster Leistung steigern.

Infolge der hellen Juninacht und der lange anhaltenden Dämmerung beherrschten die farbendifferenzierenden Zapfen bis spät am Abend das Feld. Nach Mitternacht aber änderte sich das Bild, da die Zapfen ihren Dienst einstellten und die Stäbchen sich zu ihrem Lichtberuf vorbereiteten.

Um Objekte mit lebhaften Farben in großer Nähe betrachten zu können, hatten wir am Ballonkorb flatternde Papierfahnen aus roten, gelben, grünen und blauen Streifen befestigt. Obwohl diese vom Vollmondlichte (freilich etwas verschleiert) voll getroffen wurden, war nach Mitternacht von den Farben nichts mehr zu bemerken. Rot erschien tief samtschwarz, da die Stäbchen für den roten Spektralbezirk unempfindlich sind, während die gelben Farben grau und die blauen Farben weißlich schimmerten.

Blickten wir in die Landschaft hinab, so erschien diese wie mit einem weißlichen Schleier überzogen, düster und geheimnisvoll gähnte öde Leere uns entgegen und alles war »grau in grau« gemalt, unterbrochen von schwarzen Schatten und helleren stäbchenweißen Stellen. In bezug auf die Schätzung des »Höher und Tiefer« im welligen Terrain, in bezug auf die Erkennung von Einzelheiten unserem Ballon scheinbar sich nähernder Hindernisse[1]) und in bezug auf die Perspektive waren wir vielen Täuschungen unterworfen. Wir waren tatsächlich »Stäbchenseher«, auf der Fovea total blind und wurden demnach von den beim »Gespenstersehen« auftretenden Erscheinungen geneckt.

Während ich dies niederschreibe, tobt im Osten und Westen das blutige Ringen um unsere Existenz und ruht weder bei Tage noch bei Nacht. Der mit allen Mitteln der modernen Technik geführte Krieg bringt es mit sich, daß jede der feindlichen Parteien im Schutze der Dämmerung und der dunklen Nacht sich Vorteile zu erringen versucht. Bei abgeblendeten Lichtern heißt es das Gelände aufzuklären, den Feind zu erkundschaften oder Nachtangriffe auszuführen. Unsere feldgrauen Helden sind hierbei allen jenen Eigentümlichkeiten des Gespenstersehens unterworfen, die wir vom Ballon aus studieren konnten. Die Wirkung ist um so gespenstischer, als unsere Helden ohne Kenntnis der Ursache den Erscheinungen des Gespenstersehens unterworfen sind. Es mag interessieren, daß in Berichten der Kriegsberichterstatter mehrmals ganz richtige Beobachtungen über das Sehen im Dunkeln enthalten waren. Da sollen die Pappeln jenseits des mit Nebel überlagerten Flusses gleich gigantischen Riesen erschienen sein, die auf silbrigen Ungetümen heranzureiten schienen usw.

---

[1]) Wir schwammen stundenlang in einer 80 m hohen »Schwimmschicht«, hatten das Schleppseil bis zu 60 m ausgelegt und mußten scharf aufpassen.

Meine unter den Feldgrauen befindlichen Schüler aber bestätigten,
wie ermüdend und gespenstisch das Vordringen in dunkler Nacht,
bei abgeblendeten Lichtern sei und wie die Täuschungen beim Sehen
im Dunkeln den Nachtangriff erschwerten. Es bedarf langer Übung,
um selbst bei Tageshelle indirekt zu beobachten. Wieviel mehr
Studium dürfte dazu gehören, es beim Sehen im Dunkeln den Nacht-
tieren gleichzutun, die als geborene »Stäbchenseher« (§ 36) sich
spielend im Dunkel der Nacht zurechtfinden.

§ 42. Sternenglanz und Stäbchenweiß. Zapfen- und Stäbchen-sterne[1].

Die im folgenden zu beschreibenden Beobachtungen und
Resultate hätte man auf rein theoretischem Wege erschließen können, nachdem die Eigenschaften der Zapfen und Stäbchen und ihr
Wettstreit bei dunkeladaptiertem Auge erkannt waren. Der Weg zu
ihrer Erkenntnis war aber auch hier ein rein empirischer und zufäl-
liger. Um dies anschaulicher hervortreten zu lassen, gebe ich fast
wörtlich die erstmalige Beschreibung dieser auffallenden Beobachtungen wieder, die ich bei einem herbstlichen Ferienaufenthalt in
Flinsberg (Isergebirge) machte.

»Verlasse ich nach eingetretener Dunkelheit meine einsam
gelegene Pension und gelange aus dem Bereich der hell erleuchteten
Zimmer, so umfängt mich stockfinstere Nacht. Nur mit Hilfe des
Stockes vermag ich tastend den Weg einzuhalten, so daß ich stehen
bleibe und meinen Blick über das Gelände und den Himmel schweifen
lasse. Was ich sehe, sind in weiten Abständen rot leuchtende Glühlampen, welche als Straßenlaternen dienen und die in einzelnen
Villen erleuchteten Fenster. Über mir am dunklen Himmelsgewölbe
leuchten die Sterne, bei deren Betrachtung mir aber nichts
Besonderes auffällt.

Allmählich beginnt es um mich herum heller zu werden, ich
unterscheide schon deutlich den Weg vom Rasen und erkenne viele
Einzelheiten meiner Umgebung, die vorher mit Dunkel umhüllt
war: Die Stäbchen sind aus ihrem Schlafe erwacht und langsam
über die Schwelle getreten. Nun ist ihre Dunkeladaptation vollendet,
und die ganze Landschaft erscheint wie mit weißlichem Licht über-
gossen, so daß man sich in ihr frei bewegen kann. Und siehe da:
die rotglühenden Lampen und die rötlich erleuchteten Fenster in
der Ferne strahlen mit stäbchenweißem Lichte, ohne daß ich
mir bewußt bin, sie indirekt zu betrachten.

---

[1] O. Lummer. »Stäbchensehen in klarer Sternennacht.« (Stäbchenweißer
Sternenglanz.) Physik. Zeitschr. 14, 97—102, 1913.

Ich fixiere die Lampe oder das erleuchtete Fenster und beide erscheinen wie zu Anfang in hellrotem Lichte. Wie schnell ich meine Blickrichtung auch wechsle, stets geht die »Rotglut« beim Übergange zu indirekter Beobachtung in die »Grauglut« über, die sich bei sehr schiefer Blickrichtung in hellen stäbchenweißen Glanz verwandelt. Außer diesen »Selbstleuchtern« erscheint kein Objekt gefärbt. Die bei Tage hellroten Ziegeldächer der Villen erscheinen tiefschwarz, die Wiesen schimmern in düsterem Grau und nur die heller beleuchteten Objekte sind in Stäbchengrau getaucht.

Inzwischen hat sich der Himmel mit Tausenden von Sternen bedeckt, und der wunderbare Glanz dieses selten schönen Sternenhimmels nimmt meinen Blick gefangen. Zum ersten Male fällt mir auf, daß allen Sternen der gleiche »silberne« und undefinierbare stäbchenweiße Glanz eigen ist, welchen die fernen Fenster und Glühlampen zeigen, wenn man an ihnen vorbeischaut. Sollte vielleicht das Sternenlicht mit der Empfindung »Stäbchenweiß« identisch sein? Ich blicke schärfer zu den Plejaden hin und suche diesen weißglänzenden Sternhaufen zu fixieren. Wie erstaune ich, daß derselbe so gut wie ganz verschwunden ist und daß da, wo vorher die Plejaden erglänzten, nur einige winzige Lichtpünktchen kaum sichtbar erstrahlen. Ich schaue vorbei zu dem in der Nähe befindlichen Aldebaran und wieder erglänzt die ganze Plejadengruppe in herrlichstem Stäbchenweiß.

Ich fixiere jetzt nacheinander die lichtschwächeren Sterne und siehe da, jedesmal verschwindet derjenige Stern, den ich genauer betrachten will. Ich fixiere die helleren Sterne und auch diese verändern ihr Aussehen beim Fixieren, sie werden ärmer an Glanz und schrumpfen zu einem Lichtpunkt zusammen. Erst beim absichtlichen Vorbeischauen gewinnen sie ihre Größe, Helligkeit und ihren »Sternenglanz« wieder.

Sind es die Stäbchen, welche die Tausende von Sternchen an den Himmel zaubern? Verdanken wirklich auch die hellsten Sternbilder ihren Silberglanz dem Wettstreit der Stäbchen und Zapfen, bei welchem erstere siegen und die indirekt gesehenen Sterne mit ihrem silbernen »Stäbchenweiß« übergießen? Ist dem so und ist wirklich das Sichtbarwerden der Tausende von Sternen und Sternchen das Zauberwerk der Stäbchen, so müssen alle »Stäbchensterne« verschwinden im gleichen Momente, in welchem die Stäbchen ausgeschaltet werden. Um diese Folgerung zu prüfen, begab ich mich in die Nähe des Kurhauses, wo elektrische

Bogenlampen brennen. In dieser hell erleuchteten Gegend unterscheidet man alle Farben der vom Bogenlicht beleuchteten Objekte. Da bei so großer Helligkeit die Stäbchen ausgeschaltet sind, so verwandelt sich das Rot der brennenden Zigarre, der erleuchteten Fenster und der fernen Glühlampen jetzt beim indirekten Sehen nicht in stäbchenweißen Glanz. Blickt man jetzt zum Himmel auf, so erscheint er wie ein tiefschwarzes Gewölbe, auf dem nur die hellsten und helleren Sterne zu erkennen sind, die glanzlos und kleinlich funkeln. Jetzt bemerke ich auch keinen Unterschied zwischen direktem und indirektem Sehen. Da aber, wo vorher die Plejaden glänzten, kann man wiederum nur mit Mühe einige lichtarme Sternpünktchen erkennen.

Ich begebe mich fort von den Bogenlampen in den Schatten der in der Nähe stehenden Kirche, wo mich vollkommene Finsternis umfängt. Es dauert nicht lange und die Stäbchen erwachen, die rotleuchtenden Fenster ferner Villen erscheinen bei indirekter Beobachtung wieder farblos und am Himmel blitzen immer mehr der zahllosen kleineren Sterne auf. Wiederum verschwindet jeder der von den Stäbchen an den Himmel gezauberten »Stäbchensterne«, sobald man ihn fixiert; wiederum erglänzen die Plejaden, sobald man an ihnen vorbeischaut.

Um die Ausschaltung der Stäbchen nach Belieben bewirken zu können, beobachte ich vom Zimmer meiner Pension. Je nachdem ich im hellen oder dunklen Zimmer beobachte, muß jener Wechsel am Sternenhimmel eintreten, den ich im Lichte der Bogenlampen oder im dunklen Schatten der Kirche beobachtet hatte. In der Tat erblicke ich mit dem hell adaptierten Auge nur den »Dunkelhimmel« mit den »Zapfensternen«; beobachte ich bei ausgeschaltetem Lichte mit dunkel adaptiertem Auge, so strahlen am weißlichen Himmel auch die Tausende von »Stäbchensternen«. Sobald die elektrische Lampe im Zimmer angedreht wird, verschwindet fast ruckweise diese himmlische Sternenpracht und am düsteren Himmelsgewölbe leuchten zählbar und in weiten Abständen glanzlos die Zapfensterne der bekannten Sternbilder.«

Die hier geschilderten Erscheinungen treten auch noch auf, wenn der Vollmond am Himmel steht. In diesem Falle machte ich zufällig eine auffallende und mir unerklärliche Beobachtung: Fixiert man einen beliebigen, vom Monde abseits gelegenen Stern recht scharf, ohne seine Blickrichtung zu ändern, so fängt die Mondscheibe an zu erzittern, zu flackern, undeutlich und verschwommen zu werden, um schließlich ganz vom Himmel zu verschwinden! Sekundenlang sieht man den Himmel und alle Sterne — ohne den Mond, wobei es gleichgültig

ist, welchen der rings den Mond umgebenden Sterne man fixiert. Ich muß ge-
stehen, daß die ganze Erscheinung etwas Schreckhaftes an sich hat, wenn nach
längerem Flackern und Sträuben das glänzende Himmelsgebilde verschwunden ist.

§ 43. Erklärung des Purkinjeschen Phänomens. Hat man zwei
verschiedenfarbige Felder, z. B. ein rotes und ein grünes, so gut es
geht, auf gleiche Helligkeit eingestellt, so erscheinen beide Felder
ungleich hell, wenn man die objektive Beleuchtungsstärke beider
Felder in gleichem Maße herabsetzt (§ 13). Dieses Purkinjesche
Phänomen beobachtet man bei eintretender Dämmerung in einer
Bildergalerie. Je dunkler es draußen wird, um so dunkler werden
die roten Farben, während alle grünen und blaugrünen Farben
einen farblosen weißlichen Glanz annehmen. Dieses Phänomen
läßt sich mit allen Begleiterscheinungen restlos durch den Wettstreit zwischen den Stäbchen und den Zapfen erklären. Solange
die Helligkeit der bunten Felder so groß ist, daß nur die Zapfen
das Sehen vermitteln, stellt man die Helligkeitsgleichheit für diese
her. Nimmt die objektive Beleuchtungsstärke allmählich ab, so
treten die Stäbchen in Tätigkeit und beherrschen schließlich ganz
allein das Feld. Dann verschwinden alle Farben, das rote Feld wird
schließlich schwarz und alle blaugrünen Felder, für welche die Stäbchen am empfindlichsten sind, nehmen stäbchengrauen oder stäbchenweißen Glanz an. Nur wenn die zu vergleichenden Felder so klein
sind, daß ihre Abbilder stets nur die Fovea centralis bedecken, daß
also stets nur die Zapfen mitwirken, muß das Purkinjesche Phänomen verschwinden. Dies ist tatsächlich der Fall[1].

§ 44. Hellspektrum und Dunkelspektrum. Man entwirft auf
dem Schirm ein lichtstarkes, farbensattes Spektrum, dessen Helligkeit beliebig abgeschwächt werden kann, ohne die Qualität des Lichtes
zu ändern. Dazu bedient man sich entweder Nicolscher Prismen
oder des rotierenden Sektors (§ 10). Man beobachte das Hellspektrum im dunklen Zimmer und verringere die Beleuchtungsstärke
(Helligkeit) recht langsam, damit sich die Stäbchen an das Dunkel
gewöhnen und mit den Zapfen in Konkurrenz treten können. Bald
ist das blaue und rote Ende des Spektrums verschwunden, und der
mittlere Teil beginnt farblos zu werden. Man schwächt die Intensität noch mehr, und tatsächlich erscheint nun das Spektrum in
farbloser, mattglänzender Helligkeit. Bedient man sich statt eines

---

[1] Näheres über die experimentelle Verwirklichung siehe in O. Lummer:
»Die Lehre von der strahlenden Energie«. Fr. Vieweg & Sohn 1909, S. 401.

zerstreuenden Prismas eines Beugungsgitters, welches ein Normalspektrum liefert, so kann man recht eklatant auch nachweisen, daß
die größte Empfindlichkeit der Zapfen (also im hellen Spektrum)
im Gelbgrün, diejenigen der Stäbchen (also im farblosen Dunkelspektrum) im Blaugrün liegt (§ 37 u. § 38). Das farblose Dunkelspektrum gewinnt bedeutend an stäbchenweißem Glanz, wenn man
über dasselbe hinwegschaut, es also indirekt mit peripherischen
Netzhautteilen beobachtet.

VI. Kapitel.
Strahlungsgesetze des schwarzen Körpers und des blanken Platins.

§ 45. Qualitatives über die Strahlung fester Körper. In diesem
Kapitel beschäftigen wir uns nur mit der Strahlung der Temperaturstrahler, deren Emission lediglich die Folge hoher Erhitzung ist.
Die Gesamtheit der Strahlen eines solchen hocherhitzten Körpers
reizt bekanntlich nicht nur den Sehnerven: auf unsere Hand treffend,
rufen sie die Empfindung von Wärme hervor; auf die photographische
Platte auftreffend, zersetzen sie die Silbersalze. Man spricht darum
von »Lichtstrahlen«, »Wärmestrahlen« und »chemisch wirksamen«
Strahlen, entsprechend den dreierlei Wirkungen.

Wie verschieden aber auch die Wirkungen der von einer Lichtquelle ausgehenden Strahlen sind, objektiv sind alle die verschiedenen Strahlengattungen Wellen des gleichen Lichtäthers und unterscheiden sich lediglich durch die Wellenlänge, d. h. die Strecke von
Wellenberg zu Wellenberg oder von Wellental zu Wellental.

Um diese Wellen verschiedener Länge voneinander zu trennen,
schickt man das Licht durch ein Glasprisma. Auf einem dahinter
befindlichen Schirm erscheint ein Farbenband, ähnlich dem Regen-
bogen, bei welchem der Regentropfen die Funktion des Prismas
bei der Brechung und Zerlegung der verschiedenen Strahlen über-
nimmt. Jeder Streifen dieses farbigen Bandes, »Spektrum« genannt, entspricht einer Ätherwelle von ganz bestimmter Wellenlänge, und zwar nimmt die Länge von Rot nach Blau hin ab.

Unser Auge vermag nur die Wellen in Lichtempfindung umzusetzen, deren Wellenlänge nicht größer als 0,0008 mm und nicht
kleiner als 0,0004 mm ist. Warum die Natur unserem Auge versagt

hat, alle anderen möglichen Ätherwellen in Lichtempfindung umzusetzen? Wer möchte dieser Frage die Antwort erteilen? Aber
wie dem auch sei, als Entschädigung für den geringen Empfindungs-
bereich hat Mutter Natur unser Auge mit einer Empfindlichkeit
gegen die »Lichtstrahlen« ausgestattet, welche von unseren künstlichen Lichtmessern auch nicht annähernd erreicht wird! Mit
welcher Helligkeit erscheint unserem Auge eine Kerze, deren Wärmestrahlung doch so gering ist, daß die von einer Kerze in 1 m Entfernung ins Auge gesandte Energie über ein Jahr lang aufgespeichert
werden müßte, damit sie 1 g Wasser um 1^0 C erhöht. Nur die
empfindlichsten Bolometer vermögen diese Energie gerade eben
noch nachzuweisen (§ 46).

Aber dieses sichtbare Spektrum umfaßt nur den kleinsten Teil
der von einer Lichtquelle ausgesandten Wellenskala: Sowohl jenseits seines roten als seines blauen Endes treffen Ätherwellen den
weißen Schirm. Dabei übertrifft der unsichtbare Teil des Spektrums,
welcher dem Rot benachbart ist, den sichtbaren Teil an Ausdehnung
um ein Vielfaches. Die Existenz dieses unsichtbaren »ultraroten«
Spektralteiles kann leicht durch empfindliche Wärmemesser
(nächster Paragraph) nachgewiesen werden.

Als W. Herschel[1]) im Jahre 1800 mit Hilfe eines empfindlichen, berußten Thermometers als der Erste diese »neue Art von
Sonnenstrahlen« entdeckte, da war das Aufsehen in der wissenschaftlichen Welt wohl kaum ein geringeres als das, welches in
unserer Zeit die Entdeckung der Röntgenstrahlung und der Radioaktivität hervorrief. Nachdem sich der erbitterte Streit über die
Richtigkeit der Herschelschen Entdeckung zugunsten Herschels
entschieden hatte, bedurfte es noch mehrerer Dezennien und der
Anhäufung zahlreicher Versuche, ehe die Lichtstrahlen und diese
neuen unsichtbaren Wärmestrahlen der Sonne als subjektiv zwar
verschieden empfundene, aber objektiv gleichartige Ätherwellen erkannt und anerkannt wurden.

Und wie die empfindlichen Wärmemesser die Existenz der
»ultraroten« Wärmewellen erkennen ließen, so wurde durch die
Photographie die Existenz der »ultravioletten« Wellen am blauen
Ende des Spektrums aufgedeckt, welche eben wegen ihrer photographischen Wirksamkeit die Bezeichnung »photochemische« Strahlen

---

[1]) Sir William Herschel. ›Investigation of the powers of the pris-
matic coulours to heat and illuminate objects.« Phil. Trans of London, Teil I,
S. 284 bis 326 und 437 bis 538, 1800.

erhielten. Halten wir fest, daß auch diese Strahlen Wellen des Lichtäthers sind, und daß allen Ätherwellen, von den kleinsten »chemischen« über die sichtbaren hinüber bis zu den größten »Wärmewellen«, die eine Eigenschaft gemeinsam ist, ein gewisses Quantum Energie mit sich zu führen, welches beim Auftreffen auf
das berußte Thermometer in Wärme umgewandelt wird. Insofern
sind alle von einem leuchtenden Körper zu uns gelangenden Strahlen
»Wärmestrahlen« oder »Energiestrahlen«, nur daß jede dieser
Strahlensorten sich verschieden verhält, je nachdem sie vom Auge,
von der Hand oder von der photographischen Platte aufgefangen wird.

Diese uns jetzt so geläufige Vorstellung, daß sich die Licht-
und Wärmewellen nur in bezug auf die Wellenlänge und auf die
Größe der von ihnen transportierten Energie unterscheiden, ver-
wirrte lange die besten Köpfe. Man wollte nicht glauben, daß so
verschiedene Qualitäten der Empfindung wie Licht und Wärme
objektiv nur Unterschiede der Quantität seien.

An diesem Loslösen des subjektiven Empfindens vom objektiv
Seienden scheiterte z. B. unser Altmeister Goethe, als er die New-
tonsche Farbenlehre von der Existenz verschieden brechbarer
Strahlen so hartnäckig bekämpfte.

Erhitzen wir einen Temperaturstrahler, z. B. den Kohlefaden
einer Glühlampe, von der Zimmertemperatur an auf immer höhere
Temperaturen, so wird bei subjektiver Beobachtung zunächst die
Rotglut überschritten, dann die Gelbglut und schließlich die Weißglut erreicht. Eine spektrale Zerlegung des ausgesandten weißen
Lichtes lehrt, daß hierbei zu den langwelligen roten Strahlen sich
sukzessive die kurzwelligeren gelben, grünen und blauen Strahlen
gesellen, durch deren Zusammenwirken bekanntlich die Vorstellung
»weißen« Lichtes entsteht. Diese Weißempfindung der Zapfen ist,
wie schon erwähnt, grundverschieden von der Weißempfindung der
Stäbchen im Dunkeln, welche nur in bezug auf die Helligkeit variieren
kann, sonst aber ihren Charakter beibehält. Ganz anders verhält
sich die gewöhnliche Weißempfindung. Wir nennen ein Papier
weiß, welches von der Sonne beleuchtet ist, und nennen es weiß,
auch wenn es von der Kerze beschienen wird — freilich nur so lange,
als beide Weißempfindungen nicht direkt miteinander verglichen
werden. In diesem Falle erscheint das von der Kerze beleuchtete Papier
gelblich und das von der Sonne bestrahlte bläulich. Ähnlich wie die
Sonne wirkt das Licht der Bogenlampe. Je höher temperiert ein
fester Körper ist, um so mehr blaue Strahlen mischen sich zu den

langwelligeren roten, um so »weißer« ist sein Licht und um so größer seine Helligkeit. So bieten sich schon durch die gewöhnliche Erfahrung zwei, allen festen Körpern gemeinsame Strahlungseigenschaften dar:

1. Die Strahlungsenergie (Helligkeit) steigt mit der Temperatur des glühenden Körpers rasch an.

2. Die spektrale Verteilung der Energie (Farbe) ändert sich mit der Temperatur so, daß bei Erhöhung der Temperatur die Intensität der kürzeren Wellen (Violett) schneller zunimmt als die der längeren Wellen (Rot).

Aber erst genauere quantitative Messungen waren erforderlich, um die Unterschiede im Strahlungscharakter der verschiedenen festen Temperaturstrahler nachzuweisen und zahlenmäßig festzustellen. Diese Aufgabe der Strahlungstheorie ist erst als gelöst zu betrachten, wenn für alle Körper bekannt ist, wie sich die Strahlungsenergie von Wellenlänge zu Wellenlänge und für jede Wellenlänge mit der Temperatur ändert.

Um die Energie der sichtbaren und unsichtbaren Strahlung über ein möglichst großes Wellenlängengebiet und sehr genau messen zu können, bedient man sich der in den folgenden Paragraphen beschriebenen Meßeinrichtungen.

§ 46. Das Spektrobolometer. Mit Hilfe des in Fig. 27 abgebildeten Spektrobolometers sind die Messungen von Lummer-Pringsheim im unsichtbaren Spektrum ausgeführt worden, deren Resultate in Gestalt von Emissions- oder Energiekurven in den § 55 und 57 wiedergegeben sind.

Um die Energie von Welle zu Welle messen zu können, bedarf es zuerst der Zerlegung des von einer Lichtquelle kommenden Lichtes in ein Spektrum. Der besondere Zweck der »Spektrobolometer«, die von den einzelnen Wellenlängenbezirken transportierten Energien zu messen, erfordert eine von den gewöhnlichen Spektrometern und Spektralapparaten abweichende Konstruktion.

Zunächst muß sich das Spektrum über alle Wellen erstrecken und sich nicht bloß auf das sichtbare Gebiet beschränken. Als Substanz für Prisma und Linsen muß man also solche Materialien wählen, welche möglichst für alle Wellen »durchsichtig« sind, so daß sie weder die ultravioletten, noch die ultraroten Strahlen schwächen. Linsen und Prismen aus Glas sind daher hier nicht zu benutzen. Vielmehr kommen nur die drei Substanzen Steinsalz, Flußspat und

Sylvin (Chlorkalium) in Betracht, von denen Sylvin noch die Wellen bis zu 20 μ Wellenlänge fast ungeschwächt hindurchläßt.

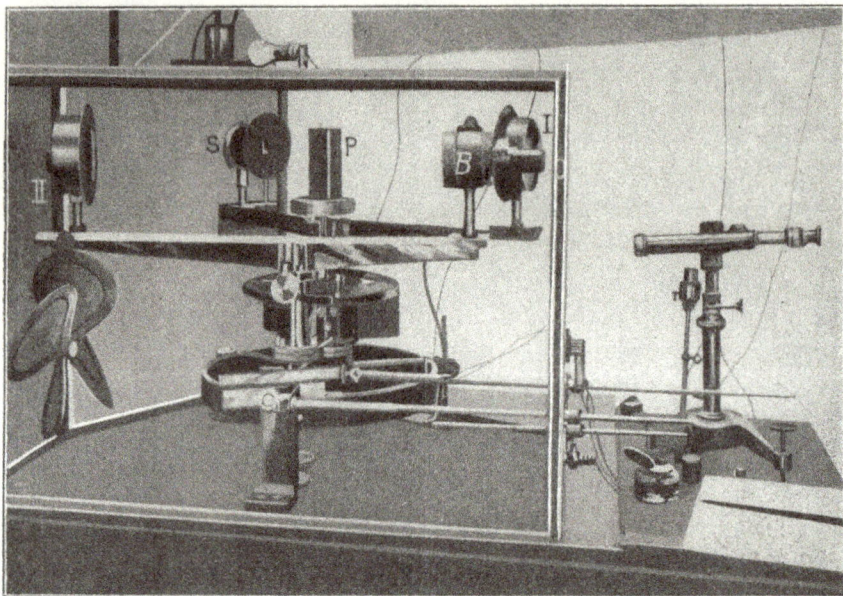

Fig. 27.

Aber auch die Linsen des Kollimators und Fernrohrs sollten aus diesen Substanzen gefertigt sein; tatsächlich hat man »achromatische« Linsenpaare aus Quarz und Flußspat hergestellt, um Messungen im ultravioletten Teile des Spektrums auszuführen. Ganz unabhängig von den Eigenschaften der Substanzen wird man, wenn man nach dem Vorgang von E. Prings-

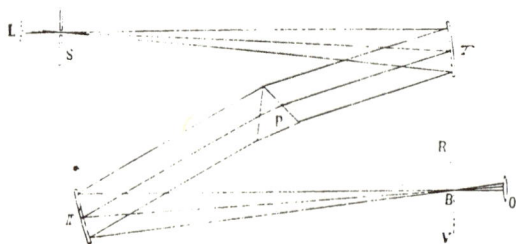

Fig. 28.

heim[1]) die Linsen durch Hohlspiegel aus Silber ersetzt, die durch Versilberung der konkaven Fläche einer Glaslinse gewonnen werden. Der Strahlengang in einem solchen »Spiegelspektrometer« ist in Fig. 28 skizziert.

Die von der einfarbigen Lichtquelle L (Natriumlicht) ausgehenden Strahlen fallen auf den Spalt S, welcher im Brennpunkt

---

[1]) E. Pringsheim, Wied. Ann. **18**, 32 bis 44, 1882 und andere.

des Hohlspiegels *I* steht. Dieser macht die von *S* kommenden Strahlen parallel und sendet sie auf das wärmedurchlässige Prisma *P* (aus Flußspat), von wo die Strahlen auf den zweiten Hohlspiegel *II* fallen, welcher sie wieder zu einem Spaltbild bei *B* vereinigt. Leuchtet *L* mit verschiedenfarbigem Lichte, so kommen vom Prisma *P* verschiedenfarbige Strahlenzylinder, und in der Brennebene *B* des zweiten Spiegels entsteht ein Spektrum, welches man mittels der Lupe *O* beobachten kann.

Will man die Energie an jeder Stelle des Spektrums *RV* messen, so bringt man bei *B* eine lineare Thermosäule[1]) oder ein »Linearbolometer« an[2]), welches die auffallende Energie in Wärme umwandelt und dadurch seine Temperatur erhöht. Diese Temperaturerhöhung wird gemessen. Um verschiedene Teile des Spektrums abtasten zu können, muß das Bolometerrohr (Bolometer einschl. Spiegel *II*) drehbar sein; außerdem muß die Stellung des Bolometerrohrs abzulesen sein, um daraus den Brechungsquotienten für die gemessenen Strahlensorte und aus diesem mit Hilfe der Dispersionskurve die Wellenlänge berechnen zu können.

In Fig. 27 haben die beigefügten Zeichen dieselbe Bedeutung wie die gleichlautenden der Fig. 28. *B* ist das Linearbolometer. Das ganze Instrument ist in einen Kasten eingebaut, dessen Luft von Kohlensäure und Wasserdampf befreit werden kann, um die bei 2,6 μ und 4,3 μ liegenden lästigen Absorptionen dieser Substanzen zu eliminieren. Dazu bringt man Gefäße mit Ätzkali und Phosphorsäureanhydrid in das Innere des Kastens und wirbelt die Luft mit Hilfe des Ventilators ordentlich um.

Der Einbau des Spektrobolometers in den nach außen abgedichteten Kasten bringt es mit sich, daß die Einstellung auf die Wellenlänge und die Verschiebung von Wellenbezirk zu Bezirk usw., kurz alle notwendigen Manipulationen, wie die Figur erkennen läßt, von außen bewirkt werden müssen. Zur Ablesung des Teilkreises dient das Fernrohr, zur Beleuchtung die Glühlampe, die eine Stange zur Einstellung des Prismas, die andere zum Festklemmen des Bolometerarmes, der mittels der dritten Gabel mikrometrisch verschoben werden kann. Man erhält hierdurch die jedem Wellenbezirk des prismatischen Spektrums zukommende Energie.

Die so erhaltene Energieverteilung ist natürlich abhängig von

---

[1]) H. Rubens. Ztschr. f. Instrkde. 18, 65, 1898.
[2]) O. Lummer und F. Kurlbaum. Ztschr. f. Instrkde, 12, 81, 1892. Wied. Ann., 46, 204, 1892. Berl. Ber. 229, 1894.

der Dispersion des Prismas und von der Wahl des Bolometers (bzw.
dem absorbierenden Belag der Bolometerstreifen). Um von der
Art der Prismensubstanz unabhängige Energiekurven zu erhalten,
reduziert man die »prismatischen« Energiekurven auf das »Normalspektrum«, bei welchem die Dispersion direkt proportional der
Wellenlänge ist.

§ 47. Das Kirchhoffsche Gesetz von der Emission und Absorption des Lichtes[1].

Die Aufgabe der Strahlungsmessung ist erst erfüllt,
wenn man für alle Temperaturstrahler die Abhängigkeit der Strahlungsenergie von der Wellenlänge und von der Temperatur kennt.
Bei der großen Zahl der in Betracht kommenden Substanzen wäre
diese Aufgabe kaum lösbar, wenn nicht Gesetzmäßigkeiten aufgefunden worden wären, welche die verschiedensten Strahlungskörper
umfassen und so die große Mannigfaltigkeit der Körperwelt allge-
meineren Prinzipien unterordneten. Das oberste dieser allumfassen-
den Gesetze ist das Kirchhoffsche »Gesetz von der Absorption
und Emission des Lichtes«, bekannt durch die weittragende Bedeutung, welche es für die Spektralanalyse und die Kenntnis der Sonne
und Fixsterne erlangt hat.

Schon vor Kirchhoff hatte man den Grundgedanken von der
Proportionalität von Emission und Absorption erfaßt; ja, Brewster
bzw. Foucault sind der Entdeckung des Kirchhoffschen Gesetzes
sogar sehr nahe gewesen. Aber erst durch Kirchhoff hat dieser
Satz seine richtige Fassung, seine theoretische Begründung für jede
einzelne Strahlengattung, seine Ausdehnung auf die Strahlung in
beliebigen Medien und seine fruchtbringende Bedeutung erhalten.
Die Kirchhoffsche Abhandlung bedeutet einen Markstein in der
Geschichte der Strahlungsgesetze.

Unter Emission oder Emissionsvermögen ($E_{\lambda, T}$) versteht man
die von der Flächeneinheit eines Körpers bei der absoluten Temperatur T für die Welle λ pro Sekunde einseitig seiner Umgebung
zugestrahlte Energie.

Abweichend vom gewöhnlichen Sprachgebrauch, definiert Kirchhoff bei der theoretischen Herleitung seines Satzes das Absorptionsvermögen A_λ einer Fläche für die Wellenlänge λ als das Verhältnis der absorbierten Energie zu der ganzen von außen zuge-
strahlten Energie dieser Wellensorte, d. h. also denjenigen Bruchteil

---

[1] G. Kirchhoff. »Untersuchungen über das Sonnenspektrum und die
Spektren der chemischen Elemente«, Abh. Berl. Akad. 1861; auch Ostwald,
Klassiker der exakten Wissenschaften Nr. 100, III. Leipzig 1898.

der auf den Körper auffallenden Energie, welcher weder reflektiert, noch hindurchgelassen, sondern verschluckt und in Wärme umgewandelt wird.

Der Kirchhoffsche Satz sagt aus: Für Strahlen derselben Wellenlänge und bei derselben Temperatur ist das Verhältnis des Emissionsvermögens zum Absorptionsvermögen bei allen Körpern dasselbe, und zwar gleich dem Emissionsvermögen des absolut schwarzen Körpers.

Liegt die Bedeutung des Kirchhoffschen Satzes für die Spektralanalyse in der für jede Wellenlänge bewiesenen Proportionalität zwischen der Emission und der Absorption, so in bezug auf die Strahlungsgesetze in dem Zusatz, daß deren Verhältnis für alle Substanzen stets gleich der Emission des absolut schwarzen Körpers ist.

Als vollkommen absorbierenden Körper führt Kirchhoff den »absolut schwarzen« ein, der alle auf ihn fallenden Strahlen absorbiert, also Strahlen weder reflektiert, noch solche hindurchläßt«. Ist S_λ das Emissionsvermögen des schwarzen Körpers, E_λ und A_λ das Emissions- und Absorptionsvermögen eines beliebigen Körpers für dieselbe Wellenlänge und dieselbe Temperatur, so lautet der Kirchhoffsche Satz demnach in mathematischer Einkleidung:

$$[E_\lambda/A_\lambda = \text{const.} = S_\lambda]_T \quad \ldots \ldots \quad 9)$$

Die von Kirchhoff bei der Herleitung seines Gesetzes gemachten Annahmen sind nicht alle einwandfrei. Einen einfachen und physikalisch durchsichtigen Beweis hat zuerst E. Pringsheim[1] gegeben. Übrigens gilt das Kirchhoffsche Gesetz nicht nur für jede Wellenlänge, sondern sogar für jede bestimmte Polarisationsrichtung einzeln.

Neuerdings hat Hilbert[2] einen anderen Beweis für den Kirchhoffschen Satz zu geben versucht.

Betont sei besonders, daß der Kirchhoffsche Satz nur für Temperaturstrahler Gültigkeit hat. Stützt sich der Beweis desselben doch auf die Forderung des zweiten Hauptsatzes, daß ein Temperaturstrahler in einer ebensolchen Hülle von gleicher Temperatur infolge gegenseitiger Zustrahlung seine Temperatur bei-

---

[1] E. Pringsheim. »Sur l'Emission des Gaz«, Rapport présenté au Congrès intern. de Paris 1900, Tome II, p. 100—132. Verlag Gauthier-Villars, 1900. Verh. d. Deutsch. Phys. Ges. 3, 81, 1901.

[2] Hilbert, Physik. Z. 13, 1056—1064, 1912. Siehe ebenda die Polemik zwischen Pringsheim und Hilbert 14, 1913.

behält, ohne daß ihm Wärme entzogen oder mitgeteilt wird, so daß die Energie der in gewisser Zeit emittierten Strahlen gleich sein muß der Energie der in derselben Zeit absorbierten Strahlen.

Durch das Kirchhoffsche Gesetz ist das Emissionsvermögen (E_λ) jedes beliebigen Körpers auf dasjenige (S_λ) des vollkommen schwarzen Körpers zurückgeführt. Ist dieses bekannt, so braucht man nur die Absorptionsvermögen der übrigen Körper zu bestimmen, um auch deren Strahlungsgesetze kennen zu lernen. Kirchhoff spricht es auch aus, daß die Gesetze der schwarzen Strahlung unzweifelhaft von einfacher Form sind, wie alle Funktionen es sind, die nicht von den Eigenschaften einzelner Körper abhängen, und fügt hinzu, daß erst, wenn auf experimentellem Wege dieses Gesetz gefunden sei, die ganze Fruchtbarkeit seines Satzes sich zeigen werde.

Wir dürfen heute mit Stolz behaupten, daß der Wunsch Kirchhoffs in Erfüllung gegangen ist, insofern durch die Verwirklichung des in der Natur nicht existierenden »schwarzen Körpers« und die neueren Strahlungsarbeiten uns heute die Gesetze der »schwarzen Strahlung« so gut wie vollkommen bekannt sind; durch die Kenntnis von S_λ für alle Temperaturen ist das Kirchhoffsche Gesetz aber gleichsam aus einem qualitativen zu einem quantitativen erhoben worden.

§ 48. Spektralanalytische Bedeutung des Kirchhoffschen Gesetzes. Ehe der schwarze Körper verwirklicht war (§ 50), hatte man den Schwerpunkt des Kirchhoffschen Gesetzes auf die Proportionalität von Emission und Absorption gelegt, ohne aber bei den hieraus gezogenen wichtigen und überraschenden Folgerungen in bezug auf die Spektralanalyse, die Deutung der Fraunhoferschen Linien im Sonnenspektrum, die Konstitution der Sonne und Fixsterne der Beschränkung eingedenk zu sein, welche die exakte Formulierung des Kirchhoffschen Gesetzes auch hier nach sich zieht. Sehen wir von der Bedeutung der Konstanten ab, so lautet das Gesetz, wenn wir mit E_1, E_2, E_3 usw. die Emissionsvermögen und mit A_1, A_2, A_3 usw. die zugehörigen Absorptionsvermögen der Temperaturstrahler 1, 2, 3 usw. bezeichnen:

$$\left[\frac{E_1}{A_1} = \frac{E_2}{A_2} = \frac{E_3}{A_3} \ldots = \text{const.}\right]_{\lambda,\,T,} \quad \ldots \ldots \; 10)$$

wo die Klammer mit dem Index λ, T bedeutet, daß die Emissions- und Absorptionsvermögen sich auf die gleiche Wellenlänge und die gleiche Temperatur beziehen sollen.

Bei jeder Anwendung dieses Gesetzes muß man vorerst wissen, ob auch die Strahlung lediglich eine Folge der Temperatur ist.

Noch ehe man wußte, ob die gefärbten Flammen der Temperaturstrahlung angehören (§ 110), wandte man gleichwohl das Kirchhoffsche Gesetz auf sie an. In bezug auf diese sagt das Gesetz aus, daß wenn eine gefärbte Flamme nur einige wenige Farbensorten emittiert, sie auch nur diese absorbiert, alle andersfarbigen, auffallenden Strahlen dagegen hindurchläßt. Betrachten wir z. B. die Natriumflamme, welche hauptsächlich nur gelbes Licht der Wellenlänge $0,589\,\mu$ aussendet, so muß sie also auch diese Wellensorte besonders stark absorbieren und umgekehrt. Diese Folgerung wurde schon von Kirchhoff verifiziert.

Aus der Lage der Absorptionslinie kann man also auch auf die Welle der emittierten Strahlen schließen. Diese Identität führte Kirchhoff dazu, aus den dunklen Linien im Sonnenspektrum (Fraunhoferschen Linien) auf die in der Sonne leuchtenden Substanzen zu schließen und wahrscheinlich zu machen, daß die Sonne aus einem weißglühenden Kern besteht, welcher von glühenden Dämpfen fast aller irdischen Stoffe umgeben ist. Befindet sich z. B. Natrium in Dampfform auf der Sonne, dann müssen notwendig die gelben Strahlen des weißleuchtenden Sonnenkerns beim Durchgang durch den Natriumdampf geschwächt werden, falls die Dampfhülle auf niedrigerer Temperatur sich befindet als der Sonnenkern, und es muß im Sonnenspektrum eine dunkle Linie (D-Linie) bei $\lambda = 0,589\,\mu$ auftreten wie bei obigem Experiment (»Umkehrung« der Natriumlinie).

Dies ist tatsächlich der Fall. Es war die Aufgabe der Spektralanalyse, die verschiedenen dunklen Linien im Spektrum mit bekannten Emissionslinien irdischer Stoffe zu identifizieren, um die auf der Sonne in Dampfform leuchtenden Substanzen ausfindig zu machen. Wir wissen heute, daß in der Sonnenatmosphäre fast alle irdischen Substanzen in Gasform vorhanden sind und dürfen weiter vermuten, daß der glühende Sonnenkern diejenige Temperatur noch überschreitet, welche den in der Sonne leuchtenden Gasen zukommt.

Ich sage »vermuten«, da gerade bei der Temperaturbestimmung aus der »Umkehrung der Spektrallinien« nicht vorsichtig genug vorgegangen werden kann. Mit Hilfe des Kirchhoffschen Gesetzes darf man, wie schon erwähnt, Schlüsse auf die Temperatur von farbigen Flammen (z. B. Natriumflamme) und »umkehrenden«

Strahlungsquellen[1]) (z. B. Sonne) nur ziehen, wenn bei ihrer Lichtemission jede Lumineszenz ausgeschlossen ist.

Nur in diesem Falle ist es sicher, daß die umkehrende Strahlungsquelle eine höhere Temperatur hat als die absorbierende Flamme.

Wer wollte aber sagen, daß das farbige Leuchten des Sonnenkerns oder gar der Sonnengase, durch deren Absorption die Fraunhoferschen Linien entstehen, auf reiner Temperaturstrahlung beruht? Sollte hierbei auch die Lumineszenz eine Rolle spielen, so wird der Kirchhoffsche Schluß unsicher, daß die Sonne aus einem feurig-flüssigen Kern besteht, der von einer kälteren Atmosphäre farbig leuchtender Gase oder Dämpfe umgeben ist.

Mit Recht war das Aufsehen gewaltig, welches die Kirchhoffschen Schlußfolgerungen damals in der ganzen wissenschaftlichen Welt hervorriefen, zumal sie allen damaligen Beobachtungen vollkommen gerecht wurden. In der Tat erschien der Befund der spektralanalytischen Sonnenbeobachtung sehr klar und vollkommen eindeutig: die weißglühende Photosphäre — der für gewöhnlich allein sichtbare Sonnenball —, umgeben von der aus leuchtenden Gasen bestehenden Chromosphäre, welche dem bloßen Auge nur bei totalen Sonnenfinsternissen sichtbar wird. Die Gase der Chromosphäre berauben das durch sie hindurchgehende Photosphärenlicht gerade derjenigen Strahlen, welche sie selbst aussenden. Sie fügen ihm dabei zwar Strahlen der gleichen Qualität bei, wie sie ihm nehmen, aber in viel geringerer Intensität. Daher erscheinen die der Eigenstrahlung der chromosphärischen Gase angehörigen Stellen des Sonnenspektrums dunkel auf dem hellen Grunde des ungeschwächten Photosphärenspektrums; wir sehen die Fraunhoferschen Linien dem hellen Sonnenspektrum dunkel aufgeprägt, eine Schrift, in welcher die Gase der Chromosphäre ihre Existenz, ihre chemische Natur und ihre physikalische Beschaffenheit dem irdischen Beobachter verkünden[2]).

Die Untersuchung des Photosphärenlichtes allein, noch ehe es die Chromosphäre passiert hat, dürfte kaum jemals gelingen. Das Licht der Chromosphäre allein bietet die Natur uns selbst dar bei den totalen Sonnenfinsternissen. Im Momente der beginnenden

---

[1]) Bei dem Umkehrungsversuch mit Bogenlampe und Flamme soll erstere als »umkehrende« Strahlungsquelle bezeichnet werden.

[2]) Vgl. E. Pringsheim, »Physik der Sonne«. Verl. von B. G. Teubner, Leipzig u. Berlin 1910. Diesem vortrefflichen Werk sind diese und die folgenden Seiten dieses Paragraphen fast wörtlich entnommen.

und der endenden Totalität, wenn der Mondrand die Photosphäre gerade zu berühren scheint, schneidet der Mond das Photosphären- licht vollkommen ab, während das Licht der über ihn hinausragen- den Chromosphäre ungehindert zu uns gelangt. Daher erscheint in diesen Momenten das blitzartig nur auf ganz wenige Sekunden auf- leuchtende »Flash«-Spektrum, ein aus unzähligen hellen Linien be- stehendes Spektrum leuchtender Gase. Diese Erscheinung wurde von jeher als glänzende Bestätigung der aus den spektralanaly- tischen Beobachtungen folgenden Kirchhoffschen Anschauung von der Konstitution der Sonne angesehen.

Aber diese Kirchhoffsche Theorie bietet eine unseren physi- kalischen Begriffen vollkommen unüberwindliche Schwierigkeit dar. Aus der Farbe des Sonnenlichtes, aus den ungeheuren Energie- mengen, welche die Sonne in den Weltenraum hinausstrahlt, und aus den neueren Strahlungsmessungen geht ohne Zweifel hervor, daß die Temperatur der strahlenden Schichten etwa 6000 Grad beträgt (§ 88). Das ist eine Temperatur, welche für die allermeisten auf der Sonne nachgewiesenen chemischen Elemente oberhalb der- jenigen Grenze liegt, welche man als die »kritische« Temperatur bezeichnet. Bei Temperaturen oberhalb der kritischen kann ein Stoff nicht mehr nebeneinander im flüssigen und im gasförmigen Aggregatzustande bestehen. Hier kann man ein Gas durch einen noch so starken Druck nur soweit komprimieren, daß es der Dichte des flüssigen Zustandes und auch in manchen Beziehungen den Eigen- schaften der Flüssigkeiten sich nähert, aber es tritt niemals ein plötzlicher, sichtbarer Übergang zwischen der gasförmigen und der flüssigen Phase ein, es kann keine räumliche Grenze zwischen Flüssig- keit und Gas, keine Flüssigkeitsoberfläche auftreten. Eine scharfe Grenze zwischen einem flüssigen und einem gasförmigen Teil der Sonne ist daher physikalisch unerklärlich. Diese Schwierigkeit, über welche die Sonnenphysik stillschweigend hinweggegangen ist, wurde beseitigt durch die Schmidtsche Sonnentheorie. Sie erklärt die scharfe Abgrenzung zwischen der weißglühenden Photosphäre und der Chromosphäre unter der physikalisch vollständig verständ- lichen Annahme, daß die Sonne ein leuchtender Gasball mit vom Zentrum nach außen kontinuierlich abnehmender Dichte ist.

Es ist mehr als wahrscheinlich, daß Gase bei großer Dichte, wie sie die inneren Schichten der Sonne haben müssen, ein wenigstens für unsere Dispersionsapparate kontinuierliches Spektrum aus-

senden, wie feste und flüssige Körper von ähnlicher Dichtigkeit
(§ 29). Wegen der von Ort zu Ort variablen Dichte ändert sich auf
der Sonne der Brechungsquotient so, daß er von innen nach außen
hin abnimmt; das von den inneren Schichten ausgehende Licht
wird sich daher nicht geradlinig fortpflanzen, sondern es wird ge-
krümmte Bahnen verfolgen.

Die aus dem Sonnenkern und den mittleren Zonen kommenden
Strahlen werden alle wieder zur Sonne zurückgebogen, so daß aus
diesen Sonnenteilen kein Strahl in tangentialer Richtung nach
außen, also auch nicht zur Erde bzw. in unser Auge gelangt. Eine
Zonenkugeloberfläche, die »kritische Sphäre« in gewissem Abstand
vom Sonnenkern, ist dadurch ausgezeichnet, daß in ihr der
Krümmungsradius tangentialer Lichtstrahlen mit dem Radius der
Sphäre übereinstimmt. Ein einmal genau tangential verlaufender
Strahl würde also diese Sphäre niemals verlassen, sondern dauernd
ihre Peripherie umkreisen. Diese kritische Sphäre ist daher die äußere
Grenze desjenigen Teiles der Sonne, von welchem aus dem Innern
stammende Strahlen nach außen hin noch in nahezu tangentialer
Richtung austreten können.

Die aus den vom Mittelpunkte entfernteren Zonen tangential
austretenden Strahlen stammen nicht mehr aus der inneren Gegend
der Sonne, in welcher weißglühende Gase sich befinden, sondern
aus dem äußeren Teile, welcher von den dünnen Gasen der Chromosphäre erfüllt ist. Die kritische Sphäre bildet also eine scharfe
Grenze zwischen dem Gebiet, aus welchem das Licht des weißleuchtenden Sonneninnern zu uns gelangt, und den Gebieten, aus
welchen nur Licht der ein Linienspektrum aussendenden Chromo-
sphärengase den irdischen Beobachter erreicht. Der scharfe
Sonnenrand, den wir erblicken, ist also nach der Schmidtschen Theorie keine reale Grenze zwischen zwei ganz
verschieden leuchtenden Teilen der Sonne, sondern eine
optische Täuschung, hervorgebracht durch die Strahlenbrechung auf der Sonne.

Infolge der relativ geringen Dispersion der Gase wird der Durchmesser der kritischen Sphäre (scheinbare Sonnenscheibe) für die
verschiedenen farbigen Strahlen nur unmerklich verschieden sein.
So bietet die Schmidtsche Sonnentheorie die Möglichkeit, die
bekannten Erscheinungen aus Annahmen zu erklären, die nir-
gends im Widerspruch zu bekannten physikalischen Erfahrungen
stehen.

Aber ein Gas, dessen Spektrum in Emission und Absorption durch scharfe Linien charakterisiert ist, besitzt nicht für alle Strahlen diese allgemeine geringe Brechung und Dispersion; sondern für solches Licht, dessen Schwingungsdauer derjenigen der Spektrallinien des Gases unmittelbar benachbart ist, können ganz andere Erscheinungen auftreten, nämlich die der anomalen Dispersion. Nachgewiesen ist eine solche bis jetzt bei Na, K, Tl, Li, Ca, Sr usw. Dabei ist die Größe der Dispersion für die verschiedenen Elemente und für verschiedene Linien des gleichen Elements sehr verschieden. So ist schon bei Na deutlich zu sehen, daß die anomale Dispersion bei der Linie D_2 größer ist als bei D_1.

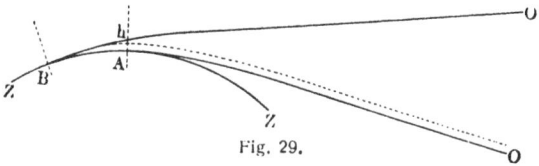

Fig. 29.

Eine von Ort zu Ort veränderliche Dichte in der Sonnenatmosphäre muß ähnlich wie ein Prisma wirken, und zwar muß eine von unten nach oben abnehmende Dichte einem Prisma äquivalent sein, dessen brechende Kante horizontal und oben liegt.

Von der größten Bedeutung für die Sonnenphysik sind die Schlüsse, welche Julius aus der Schmidtschen Sonnentheorie auf Grund der Erscheinungen der anomalen Dispersion zieht.

Sei ZZ in Fig. 29 die kritische Sphäre, so wird im allgemeinen ein Lichtstrahl, der bei A nahe tangential aus ihr austritt, auf dem infolge der allgemeinen Strahlenbrechung schwach gekrümmten Wege AO nach O gelangen, wo der Beobachter sich befinden möge. Ist über A eine glühende Gasmasse, z. B. Na-Dampf von ungleicher Dichte, so wird dasjenige Licht, dessen Schwingungszahl denen der Spektrallinien des Gases sehr nahe liegt, z. B. das den D-Linien benachbarte Licht, infolge der anomalen Dispersion eine stärkere Ablenkung erfahren als das übrige Licht. Es werden also von diesen Wellenlängen Strahlen von h nach O gelangen, welche die kritische Sphäre nahe tangential etwa in B verlassen haben, in einem Punkte, von welchem das gewöhnlich gebrochene Licht nach O' wandert, dem Beobachter in O daher unsichtbar ist. Dieser wird also über dem scheinbar durch die kritische Sphäre ZZ begrenzten Sonnenball ein Gebiet sehen, welches ein helles Linienspektrum zeigt.

Dieses Chromosphärenspektrum ist im allgemeinen desto ärmer an Linien, je weiter wir uns vom Sonnenrande entfernen; am linienreichsten ist das Flash-Spektrum, welches den unmittelbar an den Sonnenrand angrenzenden Teilen zu entstammen scheint. Bei der alten Auffassung, daß es sich ausschließlich um Emissionsspektren leuchtender Gase handelt, mußte man daher annehmen, daß die verschiedenen Substanzen in der Chromosphäre schichtenweise übereinander liegen. Sehen wir dagegen das Chromosphärenlicht wesentlich als durch anomale Dispersion uns zugesandtes Photosphärenlicht an, so können wir uns die gasförmige Sonnenmaterie im wesentlichen als ein chemisch homogenes Gemisch vorstellen, ein Produkt vollkommener Diffusion. Dies erscheint als ein großer Vorzug der Juliusschen Auffassung, gemäß welcher die verschiedenen Linien des Chromosphärenspektrums deswegen in verschiedener Entfernung vom Sonnenrande sichtbar sind, weil sie eine verschieden starke anomale Dispersion in den miteinander gemischten Stoffen ungleicher absoluter Dichtigkeit erleiden.

Die Juliussche Theorie leistet aber noch mehr. Im Spektrum der Chromosphäre, der Protuberanzen und der Sonnenfleckenstellen zeigen die Fraunhoferschen Linien häufig verzerrte Gestalt und ändern in kurzer Zeit ihren Ort. Für diese merkwürdigen Erscheinungen gab es eine einfache und, wie es schien, eindeutige Erklärung durch das »Dopplersche Prinzip«, indem man annahm, daß die Verschiebung der Spektrallinien durch sehr schnelle Bewegungen der leuchtenden Gasmassen auf der Sonne hervorgerufen wurde. Eine auf Grund der Verschiebung angestellte Berechnung ergab für die Protuberanzen Geschwindigkeiten bis zu 500 km in der Sekunde. Diese ungeheuren Zahlen sind der Gegenstand großer Verwunderung gewesen, aber man hat an sie geglaubt und mußte wohl oder übel an sie glauben, solange man keine andere Erklärung für die Verschiebung der Linien hatte. Wollte man diese enorme Geschwindigkeit durch die Annahme plötzlicher Ausdehnung erklären, welche durch gewaltige lokale Temperatursteigerung hervorgebracht wird, so käme man auf Grund der kinetischen Gastheorie zu einer Temperatur von $5\,000\,000^0$ C, falls die Wasserstoffmoleküle den Wert von 200 km/sec erreichen sollen.

Aus der anomalen Dispersion erklären sich die Verschiebungen der Spektrallinien ganz von selbst, und die hellen gekrümmten Linien in unmittelbarer Nähe der Sonnenflecken können ungezwungen als ein Teil desjenigen Lichtes aufgefaßt werden, welches im Spektrum der Sonnenflecken an den Stellen der scheinbar verbreiterten Absorptionslinien fehlt.

Auch das Zeemansche Phänomen (§ 27) konnte durch Hale[1]) auf der Sonne nachgewiesen werden. Schon vorher war vielfach außer der Verbreiterung, Verzerrung usw. der Spektrallinien der Sonnenflecken auch eine Verschiebung des »Schwerpunktes« gegenüber demjenigen der entsprechenden Linien irdischer Substanzen und sogar auch eine Spaltung in mehrere Linien beobachtet worden. Indem Hale den Polarisationszustand und die Intensitätsverhältnisse des Randes und der Mitte dieser eigenartigen »Sonnenlinien« untersuchte, konnte er den Beweis erbringen, daß die Verbreiterung und Spaltung nicht durch das Dopplersche Prinzip und die anomale Dispersion zu erklären, sondern als Äußerung des inversen Zeemanphänomens aufzufassen sei. Es gelang sowohl den Longitudinaleffekt (Sonnen-mitte) als auch den transversalen Effekt (Sonnenrand) festzustellen. Diese Effekte werden durch die Magnetfelder bewirkt, die in den Sonnenflecken durch die Rotation der mit Elektronen behafteten Gasmassen entstehen. Die Größe dieser Magnetfelder müßte zur Erklärung der Beobachtungen etwa 2900 bis 4000 Gauß betragen. Ihre Kraftlinien sind annähernd parallel zum Sonnenradius gerichtet.

Auf dem Gebiete der Sonnenphysik und Spektralanalyse ist also nach unserer heutigen Anschauung die quantitative Anwendung des Kirchhoffschen Gesetzes nicht erlaubt. Um so größer ist heute die »strahlungstheoretische« Bedeutung dieses Gesetzes für die Strahlung der Körper mit kontinuierlichem Spektrum oder die reine Temperaturstrahlung.

§ 49. Strahlungstheoretische Bedeutung des Kirchhoffschen Gesetzes. Verwirklichung des absolut schwarzen Körpers durch Lummer-Wien. Die eigentliche strahlungstheoretische Bedeutung des Kirchhoffschen Gesetzes

$$\left[\frac{E_\lambda}{A_\lambda} = \text{const} = S_\lambda\right]_T \quad . \quad . \quad . \quad . \quad . \quad \text{i1)}$$

liegt in der Einführung des hypothetischen absolut schwarzen Körpers. Dieses Gesetz sagt also nicht nur aus, daß das Verhältnis E_λ/A_λ von Emissions- und Absorptionsvermögen aller Körper bei der gleichen Temperatur T und für die gleiche Wellenlänge λ konstant ist, sondern daß der Wert dieser Konstanten gleich dem Emissions-

---

[1]) G. E. Hale, On the probable existence of a magnetic field in sunspots. Astrophys. Journ. **28**, 315—343, 1908.

vermögen S_λ des schwarzen Körpers für die gleiche Temperatur und Wellenlänge sein muß. Schreiben wir das Gesetz in der folgenden Form:

$$[E_\lambda = A_\lambda \cdot S_\lambda]_T \quad \ldots \ldots \ldots \ldots \quad 12)$$

so folgt, daß das Emissionsvermögen jedes beliebigen Temperaturstrahlers erstens proportional demjenigen des absolut schwarzen Körpers und zweitens stets kleiner sein muß als dieses. Denn nur für den absolut schwarzen Körper ist laut Definition das Absorptionsvermögen A_λ bei allen Temperaturen und für alle Wellensorten gleich Eins, für jeden wirklichen Temperaturstrahler aber kleiner als Eins.

Um die Maximalgesetze aller Temperaturstrahler kennen zu lernen, braucht man also nur diejenigen des schwarzen Körpers zu kennen. Diese Gesetze der schwarzen Strahlung konnten erst ermittelt werden, nachdem es gelungen war, den schwarzen Körper zu verwirklichen und dem Experiment zugänglich zu machen. Bis 1895 bemühte man sich vergeblich, dieses hohe Ziel zu erreichen. Darum versuchte man, sich auf indirektem Wege an die Gesetze der schwarzen Strahlung heranzupürschen, indem man die Körper nach ihrer »Schwärze« ordnete und in scharfsinniger Weise aus dem Verhalten der verschiedensten Strahler auf dasjenige des schwarzen Körpers extrapolierte[1]). Diesen und den meisten früheren Arbeiten kommt aber nur noch ein historischer Wert zu, nachdem es gelungen ist, den schwarzen Körper zu verwirklichen und dem Experimente bis zu den höchsten Temperaturen zugänglich zu machen.

Laut Definition soll dieser ideale Körper Wellen weder reflektieren, noch hindurchlassen, also die ganze auffallende Energie verschlucken und in Wärme umsetzen. Einen solchen Körper gibt es in der Natur schlechterdings nicht, da jeder Körper mehr oder weniger alle Wellen reflektiert. Freilich kommen einzelne Substanzen, wie Kohlenruß und Platinmoor der Definition des schwarzen Körpers schon sehr nahe, da sie die sichtbaren Wellen fast gar nicht reflektieren (daher wir sie als schwarz bezeichnen) und auch die langen Wärmewellen noch recht gut absorbieren. Nur haben diese Substanzen den großen Fehler, daß sie keine hohen Temperaturen aushalten, da Ruß bei etwa 400° C verbrennt und Platinmoor bei etwa 600° C sich in blankes Platin umwandelt. Blankes

---

[1]) F. Paschen. »Über Gesetzmäßigkeiten in den Spektren fester Körper usw.« Götting. Nachr. Nat. Phys. Kl. 1895, Heft 3. Wied. Ann. **58**. S. 455 bis 492, 1896, und Wied. Ann. **60**, S. 662 bis 723, 1897.

Platin und alle edlen Metalle sind aber weit davon entfernt, wie der schwarze Körper zu strahlen. Um diese zu besseren Strahlern zu machen, überzieht man sie mit unverbrennlichen Substanzen, wie Eisenoxyd, Uranoxyd usw., welche die Wellen in geringerem Maße reflektieren und darum besser emittieren. Denn bei allen undurchsichtigen Substanzen, wie Platin usw., gilt:

$$A_\lambda = 1 - R_\lambda,$$

wenn man mit R_λ das Reflexionsvermögen oder den Bruchteil der auffallenden Energie bezeichnet, welcher zurückgeworfen wird. Ist für einen Körper $R_\lambda = 0,9$, d. h. werden $^9/_{10}$ der ankommenden Strahlungsmenge reflektiert, so ist $A_\lambda = 0,1$ und demnach beträgt auch seine Emission nur $^1/_{10}$ derjenigen des schwarzen Körpers. Um also der schwarzen Strahlung nahe zu kommen, muß man Stoffe wählen, für welche R_λ nahe gleich Null und demnach $A_\lambda = 1$, oder $E_\lambda = S_\lambda$ wird.

Zur Illustration dieser Folgerung kann man sich eines elektrisch geglühten Platinblechs bedienen, welches zunächst längs seiner ganzen Oberfläche gleichmäßig glüht und gleichhell erscheint. Unterbricht man den Heizstrom, zieht auf dem erkalteten Blech mit Feder und Tinte einige Striche und schließt den Strom wieder, so verdampft die wässerige Feuchtigkeit, und es bleibt ein Belag von Eisenoxyd zurück; erhitzt man nun das Blech so hoch, daß es leuchtet, so bietet sich eine unerwartete Erscheinung dar: Die Tintenstriche leuchten heller als das blanke Platinblech! Und diese Flammenschrift bleibt auch noch bei hoher Weißglut des Platinblechs weithin sichtbar. Welch merkwürdiger Widerspruch! Im kalten Zustande erscheinen die Tintenstriche dunkler als das blanke Blech, im Glühzustand erscheinen sie heller, obwohl die Temperatur längs der ganzen Platinoberfläche die gleiche ist, wie eine Betrachtung der Rückseite zeigt, welche überall gleichhell erscheint. Nur in der Strahlungseigenschaft des Eisenoxyds muß also die erhöhte Emission begründet sein, und zwar durch das erhöhte Absorptionsvermögen infolge geringeren Reflexionsvermögens. Und so erscheint ein Körper im Glühzustande um so heller, je mehr er absorbiert, je »dunkler« er im allgemeinen dem Auge bei gewöhnlicher Zimmertemperatur erscheint. Freilich darf, streng genommen, nur aus der Absorption im Glühzustande auf seine Emission im gleichen Glühzustande geschlossen werden. Von allen Körpern muß demnach der »schwarze Körper« bei gleicher Temperatur nach Kirchhoff, oder der absorbierende Körper schlechthin am hellsten leuchten.

Um den vollkommen absorbierenden »schwarzen« Körper zu erhalten, muß man einen indirekten Weg einschlagen und auf künstliche Weise bewirken, daß alle auffallende Strahlung absorbiert $(A_\lambda = 1)$ und das Reflexionsvermögen (R_λ) scheinbar gleich Null wird.

Die Lösung dieser Aufgabe ist sogar relativ recht einfach: Man braucht nur dafür zu sorgen, daß die vom Körper durch Reflexion zerstreute Energie ihm wieder zugute kommt, etwa durch Spiegelung

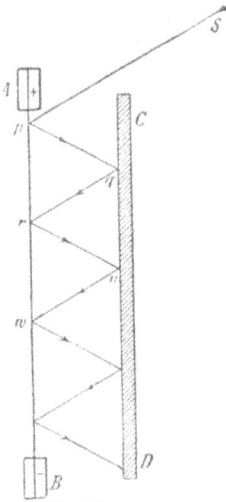 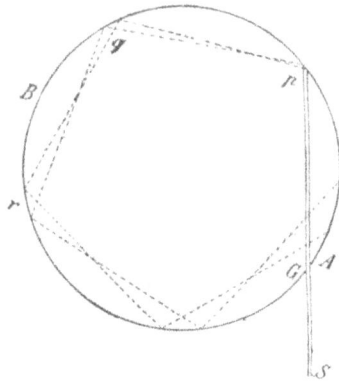

Fig. 30.   Fig. 31.

an einem vollkommenen Spiegel. Es lassen sich verschiedene Methoden verwenden, um gleichsam das Reflexionsvermögen eines Körpers wenigstens in einer Richtung zu unterdrücken. Der theoretisch einfachste Weg ist folgender: Man stellt der elektrisch heizbaren Platinfläche AB (Fig. 30) eine spiegelnde Wand CD gegenüber, welche möglichst vollkommen reflektiert. Es sei CD ein dicker, hochpolierter Silberspiegel; dann ist klar, daß ein bei p längs Sp auffallendes Strahlenbüschel vom Platinblech nur zum Teil absorbiert wird, während der andere Teil längs pq gespiegelt und bei q vom Silberspiegel längs qr vollkommen reflektiert wird. Von diesem Büschel wird bei r wiederum ein Teil vom Platin absorbiert, während der andere Teil längs rvw gespiegelt wird. Hier wiederholt sich derselbe Vorgang wie bei r und p usw., bis nach genügend vielen inneren Reflexionen schließlich die ganze längs Sp eingetretene Energie vom Platin absorbiert worden ist. Dieser Vorgang findet statt, auch wenn das Platinblech beliebig hoch erhitzt wird, also muß gemäß dem Kirchhoffschen Gesetz auch umgekehrt längs *pS* die maximale oder »schwarze« Strahlung austreten! So läuft die Verwirklichung der schwarzen Strahlung auf die Lösung der einfachen Aufgabe hinaus, Anordnungen zu treffen, bei denen auf möglichst einfache Weise die durch Spiegelung im allgemeinen zerstreute Energie dem strahlenden Körper dem ganzen Betrag nach wieder zugeführt wird. Eleganter und praktisch einfacher ist die folgende Anordnung.

Man denke sich aus blankem Platin eine Hohlkugel *ABG* (Fig. 31) geformt, welche bei *AG* eine kleine Öffnung besitzt. Dann wird ein durch diese längs *Sp* eintretendes Strahlenbüschel beliebiger Wellenlänge im Innern mehrmals bei *p, q, r* usw. reflektiert und dadurch vollkommen verschluckt, ehe es die Öffnung wieder erreichen wird. Für die Richtung *Sp* ist der spiegelnde Hohlraum demnach ein schwarzer, da $A_\lambda = 1$ ist, also muß auch umgekehrt längs *pS* die schwarze Strahlung austreten, und zwar von derjenigen Temperatur, welche die Hohlkugel gerade besitzt. Für weniger schiefe Einfallsrichtungen ist die Absorption eine geringere, also ist auch die Emission für diese kleiner als die des schwarzen Körpers. Man erhält eine günstigere Versuchsanordnung, wenn man die innere Oberfläche der Hohlkugel schon an und für sich möglichst absorbierend macht, indem man sie mit Eisenoxyd, Uranoxyd oder für niedere Temperaturen mit Ruß und Platinmoor überzieht. Infolge der diffusen Reflexion dieser Substanzen sendet die Öffnung des Hohlraums dann nach allen Seiten nahe die schwarze Strahlung aus, gleichsam als ob sie mit idealer schwarzer Masse belegt wäre!

Freilich ist bei dieser Art der Verwirklichung des schwarzen Körpers unerläßliche Bedingung, daß die Platinkugel an allen Stellen die gleiche Temperatur hat. Erhitzt man also »eine mit einer kleinen Öffnung versehene Hohlkugel auf eine überall gleichmäßige Temperatur, so dringt aus der Öffnung die dieser Temperatur entsprechende schwarze Strahlung«[1].

Dieser von W. Wien und dem Verf. eingeschlagene Weg erlaubte zum ersten Male die Verwirklichung der schwarzen Strahlung und

---

[1]) W. Wien und O. Lummer. »Methode zur Prüfung des Strahlungsgesetzes absolut schwarzer Körper.« Wied. Ann. **56**, S. 451 bis 456, 1895. — O. Lummer. »Über die Strahlung des absolut schwarzen Körpers und seine Verwirklichung.« Naturw. Rundschau, **11**, S. 65 bis 68, 82 bis 83, 93 bis 95. 1895. — »Geschichtliches zur Verwirklichung der schwarzen Strahlung.« Arch. f. Math. u. Phys. **2**, S. 164, 1901.

zwar mit nahezu theoretischer Vollkommenheit. Es ist merkwürdig, daß man fast 40 Jahre brauchte, ehe man zur Verwirklichung der schwarzen Strahlung gelangte, wenn man bedenkt, daß sie in einer Folgerung implizite enthalten ist, die schon Kirchhoff aus seinem Gesetze gezogen hat. Wegen ihrer Wichtigkeit werde sie wörtlich angeführt. Sie lautet: »Wenn ein Raum von Körpern gleicher Temperatur umschlossen ist, und durch diese Körper keine Strahlen hindurchdringen können, so ist ein jedes Strahlenbündel im Innern des Raumes seiner Qualität und Intensität nach gerade so beschaffen, als ob es von einem vollkommen schwarzen Körper derselben Temperatur herkäme, ist also unabhängig von der Beschaffenheit und Gestalt der Körper und nur durch die Temperatur bedingt.« (Hohlraumtheorie.)

Von dieser Folgerung zur Verwirklichung des schwarzen Körpers war es ein nur winziger Schritt, den aber selbst der Begründer der Hohlraumtheorie übersehen hat, wiewohl er von ihm mit Recht einen großen Fortschritt erwartete.

§ 50. Experimentelle Verwirklichung der schwarzen Strahlung im Temperaturintervall von —180° C bis 2000° C. Die allerersten Messungen in bezug auf die schwarze Strahlung rühren von Lummer und Pringsheim[1]) her. Zur Verwirklichung des schwarzen Körpers für niedere Temperaturen wurden doppelwandige Gefäße (Fig. 32), verwandt, deren Zwischenraum durch den Dampf siedenden Wassers, durch Eis, feste Kohlensäure, flüssige Luft usw. auf überall gleichmäßiger Temperatur erhalten wurde. Das innere Gefäß diente als Strahlungsraum und

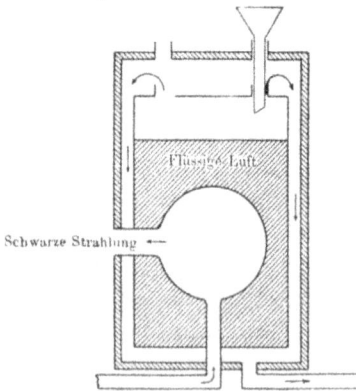

Fig. 32.

kommunizierte durch ein Rohr mit der äußeren Luft. Auf diese Weise erhält man die schwarze Strahlung innerhalb der Temperaturen von 100° bis —180° C.

Zur Erreichung höherer Temperaturen war man auf Salpeterbäder angewiesen, welche bei etwa 230° C beginnen und bestenfalls noch bei 700° C anwendbar sind. Darüber hinaus mußte man zum

---

[1]) O. Lummer und E. Pringsheim. »Die Strahlung eines schwarzen Körpers zwischen 100 und 1300°.« Wied. Ann. **63**, 395—410, 1897.

Schamotteofen greifen, der vermittelst Kohle- oder Gasfeuerung geheizt wird. Abgesehen davon, daß man kaum über eine Temperatur von 1400° C hinauskommt, stellen sich bei dieser Art der Feuerung andere wesentliche Schwierigkeiten ein.

Diese Übelstände wurden durch die Konstruktion des in Fig. 33 abgebildeten »elektrisch geglühten« schwarzen Körpers vermieden[1]).

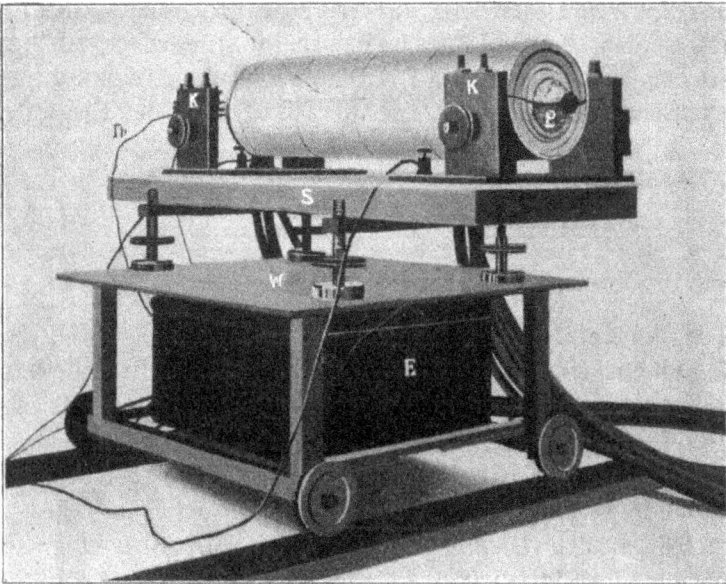

Fig. 33.

Wie schon der Name sagt, dient hier der elektrische Strom zum Heizen des strahlenden Hohlraumes. Ein etwa 0,01 mm dickes Platinblech wird zu einem Zylindermantel von 4 cm Durchmesser und 40 cm Länge geformt, indem die Bänder des Bleches im Knallgasgebläse zusammengeschweißt werden. Damit die Stromlinien parallel der Zylinderachse verlaufen, sind an die Enden des Platinzylinders ringsum dickere Platinbleche angeschweißt. An diese dickeren Rohransätze sind die Zuleitungsbleche bei P geschweißt, die zu den Klemmbacken K des Stativs führen, die auf der Schieferplatte S befestigt sind. und denen der elektrische Strom durch dicke Kabel zugeführt wird.

---

[1]) O. Lummer und F. Kurlbaum. Verh. d. Deutsch Phys. Ges. XVII. Jahrg., Nr. 9.

In diesen Heizmantel aus dünnem Platinblech paßt eng an-
schließend das innere der beiden in Fig. 34 gezeichneten Rohre aus
schwer schmelzbarer Masse, welches die schwarze Strahlung liefern soll.

Dieses Rohr von 2 mm Wandstärke trägt fest eingebrannt in
seiner Mitte eine Querwand und eine Reihe von Diaphragmen, welche
den Strahlungsraum vor allzu starker Abkühlung durch die eindringende Luft schützen sollen. Die Querwand 7 hat zwei Löcher, durch
welche die Drähte des Le Chatelierschen Thermoelementes eingeführt werden, dessen Lötstelle E sich im strahlenden Hohlraum
nahe der Querwand befindet. Die Diaphragmen a, b, c und d tragen
Porzellanröhrchen, und diese enthalten die Drähte des Elements.

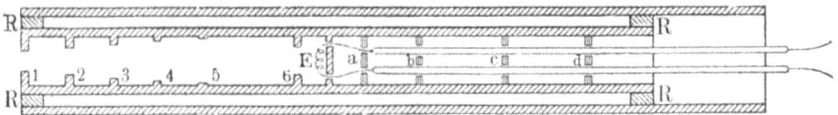

Fig. 34.

Das Innere des Strahlungsrohres ist mittels einer Mischung
aus Chrom-Nickel- und Kobaltoxyd geschwärzt, welche Schwärzung
selbst Temperaturen über 1500° C standhält.

Der Platinheizmantel ist so viel länger als das Strahlungsrohr
daß das hintere Ende flach zusammengedrückt, das vordere Ende
aber konisch verjüngt werden kann, um noch gerade der aus dem
vordersten engsten Diaphragma 1 austretenden Strahlung freien
Durchgang zu gestatten (vgl. Fig. 33).

Die übrigen Rohre und Umhüllungen dienen zum Schutz gegen
den Wärmeverlust durch Ausstrahlung.

Man kann den Hohlraum mit einem Strom von weniger als
100 Amp. auf die höchste zulässige Temperatur von 1520° C bringen.
Oberhalb dieser Temperatur beginnt die verwandte, schwer schmelzbare Porzellanmasse weich zu werden. Die neueren, von W. C. Heräus
gelieferten elektrisch geheizten schwarzen Körper erheischen bedeutend geringere Ströme, arbeiten also viel billiger.

Zur Beurteilung der Temperaturverteilung bedient man sich
mit Vorteil der Helligkeitsverteilung im Innern des strahlenden
Hohlraumes, da kleine Temperaturunterschiede sich als große Helligkeitsunterschiede bemerkbar machen (§ 59). Aus der Gleichheit der
Helligkeit folgt, daß die aus diesem Hohlraum kommende Strahlung
tatsächlich die »schwarze« Strahlung von der Temperatur darstellt,
welche das Thermoelement anzeigt.

Zur Erweiterung der Temperaturskala über 1500⁰ C hinaus[1])
war es erwünscht, die schwarze Strahlung bei möglichst hoher Temperatur zu verwirklichen. Es war von vornherein klar, daß oberhalb
des Platinschmelzpunktes (etwa 1750⁰ C) das Heizrohr zugleich
auch zum Strahlungsrohr gemacht werden mußte. Aus verschiedenen Gründen erschien schließlich die Kohle als das geeignetste
Material zur Konstruktion hochtemperierter schwarzer Körper.

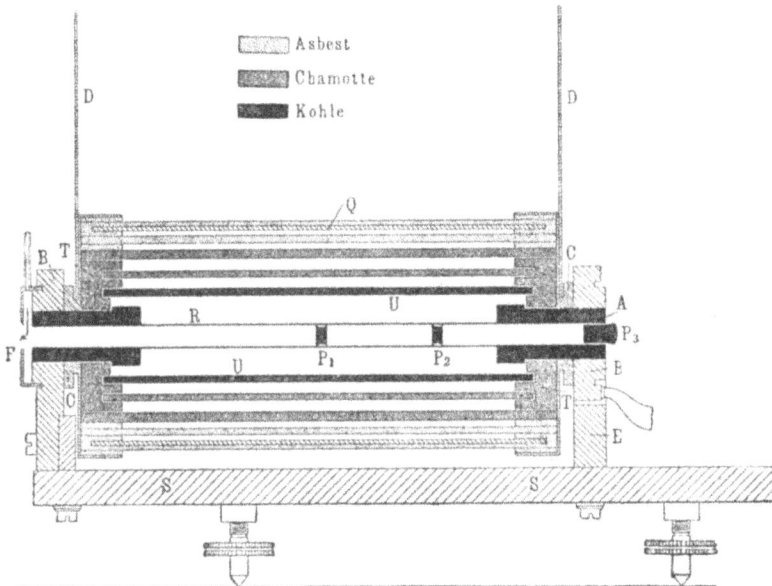

Fig. 35.

Aus der Fig. 35 ist die Konstruktion dieses »schwarzen« Kohlekörpers ohne weiteres ersichtlich. Der strahlende Hohlraum wird
dargestellt durch ein Kohlerohr R von 1,2 mm Wandstärke, 34 cm
Länge und 1 cm innerem Durchmesser. Die Enden des Kohlerohres
sind schwach konisch ausgebildet und galvanoplastisch verkupfert.
Über diese konischen Enden sind dickere, 7 cm lange Kohlezylinder A
mit entsprechender Bohrung übergestülpt, welche innen und außen
verkupfert sind. Diese Ansatzstücke ruhen in starken metallischen
Klemmbacken B, welche die Stromzuführung vermitteln. Die
vordere Klemme B ist auf der Schieferplatte S des Stativs fest

---

[1]) Vgl. O. Lummer und E. Pringsheim. »Die strahlungstheoretische
Temperaturskala etc.« Verhdlgn. d. Deutsch. Physik. Ges. Bd. V, Nr. 1, S. 2
bis 13, 1903.

montiert, die hintere ruht mit einer Gleitfläche auf dem Metall-
klotz E lose auf, so daß das Rohr der Ausdehnung durch die Wärme
frei folgen kann. Die Hinterwand des strahlenden Hohlraumes wird
durch einen Kohlepfropf P_1 gebildet, der in der Mitte des Kohlerohres sitzt und dieses möglichst luftdicht abschließt. Die dieses
strahlende Rohr umgebenden Rohre usw. schützen dasselbe vor
Verbrennung und zu großer Ausstrahlung.

Der Heizstrom wurde von Akkumulatoren geliefert. Bei Anwendung eines Stromes von 160 Amp. wurde eine Temperatur von
etwa 2300° abs. erreicht, auf welcher sich der Körper einige Stunden
ziemlich konstant erhalten ließ.

**§ 51. Gesamtstrahlung des schwarzen Körpers. Stefan-Boltz-
mannsches Gesetz.** Auf Grund des bis 1879 vorliegenden Beobachtungsmaterials hatte Stefan[1]) das nach ihm benannte Strahlungsgesetz aufgestellt, daß die gesamte, von einem Körper ausgesandte
Energie, also seine Gesamtstrahlung, proportional ist der vierten
Potenz seiner absoluten Temperatur. Dieser Satz, von dem Stefan
irrtümlich glaubte, daß er die Strahlungseigenschaften so verschiedener Körper, wie Ruß, Platin, Glas, Kohle usw. darstelle, erlangte
seine wahre Bedeutung erst, als Boltzmann[2]) auf theoretischem
Wege das gleiche Gesetz für den von Kirchhoff definierten »schwarzen« Körper abgeleitet hatte.

Die älteren, an beliebig herausgegriffenen Körpern unter-
nommenen Versuche konnten also unmöglich zu dem Stefanschen
Gesetz führen. Aber lange Zeit hindurch ließ man außer acht, daß
die Strahlungsgesetze notwendig von Körper zu Körper variieren
müssen, und verlangte selbst vom blanken Platin die Erfüllung des
Stefanschen Gesetzes. Man bezweifelte lieber die Richtigkeit der
Versuche und konstruierte künstliche Fehlerquellen (natürlich nur bei
den Versuchen der anderen) als daß man sich von der vorgefaßten
Meinung lossagte und jedem Körper sein individuelles Strahlungsgesetz ließ[3]).

---

[1]) J. Stefan. »Über die Beziehung zwischen der Wärmestrahlung und
der Temperatur.« Wien. Akad. Ber., II. Serie, **79**, II. Abt., S. 391 bis 428,
1879.

[2]) L. Boltzmann. »Ableitung des Stefanschen Gesetzes usw. aus der
elektromagnetischen Lichttheorie.« Wied. Ann. **22**, S. 31 und 291 bis 294, 1884.
Auch: Wiss. Abhdlgn. III, S. 110 bis 121.

[3]) Vgl. O. Lummer. »Le rayonnement des corps noirs.« Rapports au
congr. intern. de phys. **2**, S. 41 bis 99. Paris, Gauthier-Villars, 1900 und Arch.
f. Math. u. Physik.

Dieser Verwirrung machte erst die Verwirklichung des schwarzen Körpers durch W. Wien und O. Lummer ein Ende. Erst die an gleichtemperierten Hohlkugeln angestellten Messungen zeigten, daß tatsächlich die gesamte Energie der schwarzen Strahlung pro-

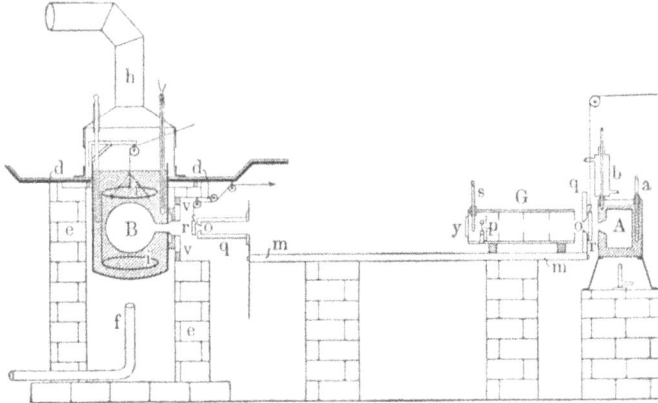

Fig. 36.

portional zur vierten Potenz der absoluten Temperatur fortschreitet, während im Gegensatz hierzu gefunden wurde, daß die Gesamtstrahlung des reinen Platins proportional zur fünften Potenz anwächst und Stoffe wie Eisenoxyd usw. eine dazwischenliegende Potenz befolgen[1]).

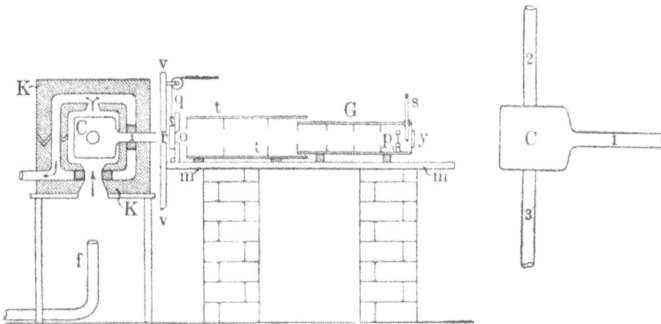

Fig. 37.

Die ersten Messungen der schwarzen Strahlung von Lummer-Pringsheim galten der Prüfung des Stefan-Boltzmannschen Gesetzes. Sie bedienten sich der in Fig. 36 und Fig. 37 skizzierten

[1]) O. Lummer und F. Kurlbaum. »Der elektrisch geglühte, absolut schwarze Körper und seine Temperaturmessung.« Verh. Phys. Ges. Berlin 17, S. 106 bis 111, 1898.

Versuchsanordnungen. Als schwarzer Körper bei 100° C diente der Siedetopf *A* (vgl. auch Fig. 32), der zugleich als »Normale« gebraucht wurde, um die Konstanz der bolometrischen Meßeinrichtung zu prüfen. Das in den Kasten *G* eingebaute Bolometer wurde abwechselnd vor den Salpeterkessel mit dem strahlenden Hohlraum *B* und den Schamotteofen mit dem eisernen Strahlungsgefäß *C* (Fig. 37) gebracht. Die mit Wasser gespülten Diaphragmen *O* und die ebenfalls wassergespülte Klappe *r* schützten das Bolometer vor schädlicher Bestrahlung. Damit bei geschlossener Klappe Bolometer und Galvanometer in Ruhe bleiben, muß die Wasserspülung die gleiche Temperatur haben wie das Bolometer; zur Messung der Bolometertemperatur diente das Thermometer *s*. Das Salpeterbad wurde durch den Rührer *i* (Fig. 36) auf überall gleicher Temperatur gehalten, die mit Hilfe hochgradiger Thermometer und isoliert eingeführter Thermoelemente abgelesen werden konnte. Durch die doppelte Umspülung des Strahlungskörpers *C* (Fig. 37) mittels der aus dem Heizrohr *f* aufsteigenden Verbrennungsgase sollte auch hier eine überall gleiche Temperatur erzielt werden.

Wie genau das Stefan-Boltzmannsche Gesetz von der schwarzen Strahlung erfüllt wird, lehrt folgende Tabelle, welche die von Lummer und Pringsheim erhaltenen Resultate über das Fortschreiten der Gesamtstrahlung wiedergibt.

Tabelle 1.

1.	2.	3.	4.	5.	6.
Schwarzer Körper	Absolute Temperatur beobachtet	Reduzierter Ausschlag	$C \, 10^{10}$	Absolute Temperatur berechnet	T beobachtet $-T$ berechnet
Siedetopf . . .	373,1	156	127	374,6	$-1,5°$
Salpeterkessel .	492,5	638	124	492,0	$+0,5$
»	723,0	3 320	124,8	724,3	$-1,3$
»	745	3 810	126,6	749,1	$-4,1$
Schamotteofen .	810	5 150	121,6	806,5	$+3,5$
»	868	6 910	123,3	867,1	$+0,9$
»	1378	44 700	124,2	1379	-1
»	1470	57 400	123,1	1468	$+2$
،	1497	60 600	120,9	1488	$+9$
»	1535	67 800	122,3	1531	$+4$

Mittel 123,8

Die in Kolumne 2 angegebenen Temperaturen sind bezogen auf die Temperaturskala von Holborn und Day[1]), bei welcher die

[1]) L. Holborn und L. Day. »Über das Luftthermometer bei hohen Temperaturen.« Ann. d. Phys. 2, S. 505 bis 545, 1900.

thermoelektromotorische Kraft des Le Chatelierschen Elementes aus Platin und Platinrhodium an das Stickstoffthermometer angeschlossen ist. Die dritte Kolumne enthält die Strahlungsenergie des schwarzen Körpers bei der beobachteten Temperatur in Gestalt des bolometrisch gemessenen und auf gleiches Maß reduzierten Ausschlags am Galvanometer. Dieser ist notwendig gleich Null, falls der schwarze Körper die gleiche Temperatur wie das Bolometer hat. Diese betrug 17^0 C oder 290^0 absolut. Soll also das Stefansche Gesetz erfüllt sein, so muß gelten:

$$A = \text{konst. } (T^4 - 290^4) = C\,(T^4 - 290^4),$$

falls A den reduzierten Ausschlag und T die absolute Temperatur des schwarzen Körpers bedeuten. Der für jede Temperatur gefundene Wert von C, multipliziert mit 10^{10}, ist in Kolumne 4 angegeben, welche lehrt, wie konstant C für alle Temperaturen ist. Ein noch besseres Kriterium für die Richtigkeit des Stefanschen Gesetzes erhält man, wenn man mit dem Mittelwert von C aus der obigen Gleichung den Wert von T berechnet (vgl. Kolumne 5) und die Differenz zwischen dem beobachteten und berechneten Wert bildet, wie es in der letzten Kolumne geschehen ist. Die Zahlen der Kolumne 6 zeigen, daß sich die Abweichungen der Resultate vom Stefanschen Gesetz schon durch relativ kleine Fehler in der Temperaturbestimmung würden erklären lassen.

Diese Versuche bestätigen somit die genaue Richtigkeit des Stefanschen Gesetzes. Unter Voraussetzung dieses Gesetzes hätten sie sogar dazu dienen können, eine wahrscheinliche Korrektion für die ältere Temperaturskala aufzustellen, welche von Holborn und Wien[1]) durch Anschluß des Le Chatelierschen Thermoelementes an das Luft-Thermometer gewonnen worden war[2]).

Was durch die direkte Messung der Gesamtstrahlung erwiesen ist, wird bestätigt durch die später ausgeführten Beobachtungen im Spektrum. Das Fundamentalgesetz der schwarzen Strahlung lautet also:

Die gesamte Energie der schwarzen Strahlung ist proportional der vierten Potenz der absoluten Temperatur.

---

[1]) L. Holborn und W. Wien. ›Über die Messung hoher Temperaturen.‹ Wied. Ann. **47**, S. 107 bis 134, 1892 und **56**, S. 360 bis 396, 1895.

[2]) O. Lummer und E. Pringsheim. »Notiz zu unserer Arbeit über die Strahlung eines ‚schwarzen‘ Körpers zwischen 100^0 und 1300^0 C.‹ Ann. d. Phys. (4) **3**, S. 159 bis 160, 1900.

Bezeichnen wir mit $S_\lambda\,d\lambda$ das dem Wellenlängenbezirk zwischen der Welle λ und der Welle $\lambda + d\lambda$ zukommende Emissionsvermögen des schwarzen Körpers, so kann das Stefan-Boltzmannsche Gesetz (»Integral-« oder Gesamtstrahlungsgesetz) geschrieben werden:

$$\int_0^\infty S_\lambda\,d\lambda = S = \sigma \cdot T^4 \quad\ldots\ldots\ldots\; 13)$$

wo T die absolute Temperatur des schwarzen Körpers und σ eine Konstante bedeutet, die sog. »Strahlungskonstante« des Stefan-Boltzmannschen Gesetzes oder das »absolute« Strahlungsvermögen des schwarzen Körpers.

§ 52. Absolute Messung der Strahlungskonstanten des Stefan-Boltzmannschen Gesetzes. Die im Lambertschen Grundgesetz der Photometrie (§ 2) eingeführte Strahlungsintensität J eines strahlenden Flächenelementes variiert von Körper zu Körper und ist bei einem Temperaturstrahler lediglich eine Funktion der Wellenlänge und Temperatur; sie werde mit $J_{\lambda T}$ bezeichnet. Das Emissionsvermögen $E_{\lambda T}$ ist die vom Flächenelement bei der Temperatur T für die Welle λ (Bezirk zwischen λ und $\lambda + d\lambda$) in der Sekunde einseitig seiner ganzen Umgebung (Halbkugel) zugestrahlte Energie. Ist die Strahlungsintensität $J_{\lambda T}$ nach allen Richtungen die gleiche, d. h. erfüllt das strahlende Flächenelement das Kosinusgesetz der Ausstrahlung (Lamberts Grundgesetz § 2), so ist das Emissionsvermögen:

$$E_{\lambda T} = \pi \cdot J_{\lambda T} \quad\ldots\ldots\ldots\; 14)$$

Gewöhnlich gibt man das Emissionsvermögen oder die gesamte Emission für den besonderen Fall an, daß die Flächeneinheit eines Körpers von der absoluten Temperatur 1^0 (-272^0 C) einseitig gegen eine Hülle von der Temperatur 0^0 absolut (-273^0 C) strahlt. Dieses im absoluten Maße gemessene Emissionsvermögen werde als das »absolute Emissionsvermögen« bezeichnet.

Da man den Meßapparat nicht auf die absolute Nulltemperatur bringen kann, so ist das absolute Emissionsvermögen eines Körpers auch nicht direkt zu bestimmen. Wohl aber erhält man seine Größe aus der Strahlungsmessung bei beliebiger Temperatur, wenn man das Gesetz kennt, nach dem sich die Emission mit der Temperatur ändert.

Nachdem die Richtigkeit des Stefan-Boltzmannschen Gesetzes für die schwarze Strahlung erwiesen war, konnte für diese auch das absolute Emissionsvermögen experimentell bestimmt werden und damit die Strahlungskonstante σ dieses Gesetzes im absoluten Maßsysteme. Fast gleichzeitig haben K. Angström[1]) und Kurlbaum[2]) unabhängig voneinander das absolute Emissionsvermögen der schwarzen Strahlung gemessen. Kurlbaum verwendet als Empfänger das Lummer-Kurlbaumsche Flächenbolometer (§ 46), dessen einzelne Zweige so konstruiert sind, daß die Gitterstreifen des einen die Zwischenräume des anderen überragen, so daß je zwei Bolometer zusammen eine Bolometerwand bilden, deren strahlende Oberfläche genau ausgemessen werden kann.

Die das eine Mal durch die schwarze Strahlung erzeugte Temperaturerhöhung der Bolometerwand wird das andere Mal erzeugt durch einen elektrischen Strom, der das Bolometer durchfließt und im absoluten Maße gemessen werden kann. Damit dieser »Heizstrom« die Messung der durch ihn erzeugten Temperaturerhöhung des Bolometers nicht stört, bildet dieses als Ganzes wiederum einen Zweig einer Wheatstoneschen Brückenkombination[3]).

Kurlbaum erhielt folgende Werte für die Strahlungskonstante σ:

$$\sigma = 1{,}28 \cdot 10^{-12} \frac{\text{Grammkalorien}}{\text{cm}^2 \cdot \text{sec} \cdot \text{grad}^4} = 5{,}32 \cdot 10^{-12} \frac{\text{Watt}}{\text{cm}^2 \cdot \text{grad}^4}.$$

Inzwischen ist diese wichtige Konstante σ von den verschiedensten Seiten unter Anwendung der verschiedensten Methoden neu bestimmt worden. Auch Kurlbaum hat seine Messungen noch

Tabelle 2.

Beobachter	$\sigma \cdot 10^{12} \dfrac{\text{Watt}}{\text{cm}^2 \cdot \text{grad}^4}$
Féry 1909	6,30
Bauer und Moulin . . . 1909	5,30
Valentiner 1910	5,49
Féry und Drecq 1911	6,51
Shakespear. 1912	5,67
Gerlach 1912	5,80
Westphal 1912	5,54
Kurlbaum 1912	5,45

---

[1]) K. Angström. Phys. Rev. 1, 365, 1893. — Wied. Ann. 67, 533, 1899.
[2]) F. Kurlbaum. Wied. Ann. 51, 591, 1894 und 65, 746, 1898.
[3]) Eine zuerst von A. Paalzow und H. Rubens angewendete Methode.

einmal revidiert.[1]) Dieser Arbeit sind die in Tabelle 2 angeführten Werte der verschiedenen Beobachter entnommen[2]).

Leider stimmen die Resultate untereinander nicht sehr gut überein. Gleichwohl wollen wir den Mittelwert bilden, so daß wir erhalten:

$$\sigma = 5{,}76 \cdot 10^{-12} \ \frac{\text{Watt}}{\text{cm}^2 \cdot \text{grad}^4} = 1{,}38 \cdot 10^{-12} \ \frac{\text{gr-Kal.}}{\text{cm}^2 \cdot \text{sec} \cdot \text{grad}^4} \cdot \quad . \ 15)$$

§ 53. Folgerungen aus der Gültigkeit des Stefan-Boltzmannschen Gesetzes auf die Existenz des Strahlungsdrucks. Theorie der Kometen. Da das Stefansche Gesetz der Gesamtstrahlung theoretisch nur für den schwarzen Körper hergeleitet werden kann und praktisch nur von der schwarzen Strahlung erfüllt wird, so ist die vollkommene experimentelle Bestätigung dieses Gesetzes ein Prüfstein für die Richtigkeit der bei der Herleitung benutzten Hypothesen.

Der Boltzmannsche Beweis beruht erstens auf dem wichtigen Satz der elektromagnetischen Lichttheorie, wonach ein Strahl bei senkrechter Inzidenz auf die Flächeneinheit einen Druck ausübt, welcher gleich ist der in der Volumeneinheit in Gestalt dieser Strahlung enthaltenen Energie, und stützt sich außerdem auf die Gültigkeit des zweiten Hauptsatzes der Wärmetheorie für den Vorgang bei der Strahlung.

Da die Gültigkeit des zweiten Hauptsatzes auch für Strahlungsvorgänge durch die Folgerungen aus dem Kirchhoffschen Gesetz nicht mehr zu bezweifeln ist, so ist durch den experimentellen Beweis des Stefanschen Gesetzes auch die Existenz des Ätherdrucks erwiesen[3]). Daraus folgt wiederum, daß sich die Massen, z. B. der Himmelskörper, nicht nur anziehen kraft des Newtonschen Gravitationsgesetzes, sondern sich infolge der ihnen innewohnenden Temperatur auch abstoßen. Hierdurch ist in die Betrachtung der Naturvorgänge ein ganz neues Moment gekommen, welches geeignet ist, Anomalien zu erklären, die bisher zu den unbeantwortbaren Fragen des Himmels gehörten. Dahin

---

[1]) F. Kurlbaum. Verhdlgn. d. Deutsch. Phys. Ges. 1912, S. 576.

[2]) Anmerkung bei der Korrektur: Inzwischen ist von Gerlach der Wert von σ zu 5,85 bestimmt worden (Ann. d. Phys. 50, 259—269, 1916).

[3]) Übrigens haben später P. Lebedew (Ann. d. Phys. VI, S. 433 bis 458, 1901) und Nichols und Hull (Astroph. Journ. 1901) auf radiometrischem Wege die Existenz des Ätherdruckes infolge Bestrahlung direkt experimentell nachweisen können.

gehört die eigentümliche Gestalt der Kometenschweife[1]), welche stets von der Sonne abgerichtet stehen und in der Sonnennähe eine Ausdehnung bis zu Millionen von geogr. Meilen annehmen. Infolge dieses Strahlungsdruckes übt die Sonne an der Erdoberfläche einen Druck von nur $\frac{1}{2}$ Milligramm pro qm aus, der in bezug auf die ganze Erdkugel aber doch dem stattlichen Gewicht von 75 Mill. kg oder 75000 Tonnen gleichkommt. Freilich ist dieser Druck immer noch verschwindend gegenüber der Kraft, mit welcher die Sonne unsere Erde infolge der Gravitation anzieht, da diese mehr als $6 \cdot 10^{18}$, also 6 Trillionen Tonnen beträgt. Dieses Verhältnis zwischen der Anziehungskraft infolge der Schwere und der Abstoßungskraft infolge der Sonnenstrahlung ist übrigens unabhängig von der Entfernung zwischen dem beeinflußten Körper (z. B. Erde) und der Sonne, so daß es lediglich eine Funktion der Körpergröße und der Art der Substanz ist. So kommt es, daß bei genügender Kleinheit des Körpers die Abstoßung sogar größer als die Anziehung werden kann, so daß der beeinflußte Körper sich dauernd von der Sonne entfernt! Freilich beginnt dieses Überwiegen der Abstoßung über die Anziehung erst bei Körperchen von der winzigen Größe der Wellenlänge des sichtbaren Lichtes (etwa $^{1}/_{2000}$ mm), um mit weiter abnehmender Größe anfangs schnell zuzunehmen und dann wieder zu sinken. Also nur Körperchen eines ganz gewissen »kritischen« Intervalles werden von der Sonne dauernd abgestoßen, alle größeren und kleineren dagegen angezogen.

Ein um die Sonne in elliptischer Bahn kreisender Planet wird also aus dieser Bahn nur dann herausgedrängt werden, wenn sich seine Größe durch irgendwelche Einflüsse ändert. Aber erst wenn er auf die winzige Größe von 1 cm Radius zusammengeschrumpft ist, fängt die Änderung seiner Bahn an, uns bemerkbar zu werden, und erst bei Wellenlängengröße ($^{1}/_{2000}$ mm) und darunter verläßt er seine Bahn tangential, um von der Sonne fortzueilen, bis sein Radius kleiner als $^{1}/_{10000}$ mm geworden ist. Jetzt erst kehrt er um und stürzt wieder zur Sonne nieder!

---

[1]) P. Lebedew. Wied. Ann. **45**, S. 292 bis 297, 1892. Rapports au congrès intern. Bd. II. Paris. Gauthier-Villars, 1900. — Svante Arrhenius. »Über die Ursache der Nordlichter.« Physik. Zeitschr. 2, Heft 6 u. 7, 1900. — K. Schwarzschild. »Der Druck des Lichtes auf kleine Kugeln und die Arrheniussche Theorie der Kometenschweife.« Münch. Akad. Ber. 1901, Heft III, S. 293 bis 338. — O. Lummer. Arch. d. Math. u. Phys. 3, S. 261 bis 281. Juli 1902.

Diese nacheinander folgenden Zustände werden gleichzeitig eintreten, wenn ein Planet oder Komet der Sonne zu nahe kommt und plötzlich in Stücke der verschiedensten Größe zerfällt. Alle Stücke vom Durchmesser größer als 1 cm werden der ursprünglichen Bahn folgen, alle kleineren Stücke aber andere Bahnen einschlagen. Es findet also eine Streuung statt und unter Umständen die Bildung eines Kometen mit Kopf und Schweif, der stets von der Sonne fortgerichtet ist.

Spielend aber erklären sich durch diese Theorie die am fertigen Kometen beobachtbaren Vorgänge, wenn man bedenkt, daß sich in ihm die Masse schon in feinster Verteilung befindet. Denn sobald der Komet in die Nähe der Sonne kommt, erhitzen sich seine einzelnen Körperchen, zerspringen, verdampfen und je nach der Größe schlagen die verschiedenen Teilchen die verschiedensten Bahnen ein oder werden in direkter Richtung von der Sonne abgestoßen. So bildet sich in der Sonnennähe in kurzer Zeit jener unermeßliche Schweif, der stets von der Sonne abgewendet ist, auch wenn der Komet sich wieder von der Sonne entfernt.

Nur die relativ großen Stücke setzen ihren ursprünglichen Weg fort und kehren, falls die Bahn des Kometen eine elliptische ist, auch wieder zur Sonne zurück. Jeder dieser periodischen Kometen aber wird nach jedesmaligem Vorübergang bei der Sonne immer ärmer an Masse und wird sich schließlich ganz auflösen, um jene Sternschnuppenschwärme zu bilden, die wir beobachten, so oft unsere Erdbahn die Bahn des einstigen Kometen schneidet. Es scheint dies der Fall mit dem Bielaschen Kometen zu sein, der alle 6½ Jahre regelmäßig wiederkehrte, sich in zwei Kometen teilte, welche auf gleicher Bahn weiterzogen, um seit 1856 nicht mehr wieder zu erscheinen. Gleichwohl erhalten wir Kunde von seiner früheren, nun vernichteten Existenz durch die reichlichen Sternschnuppenfälle am Ende des Monats November, wo wir die Bahn des einstigen Bielaschen Kometen kreuzen und mit den auf ihr weiterkreisenden Überbleibseln zusammenstoßen!

So lehrt die Anwendung des Ätherdrucks auf die bis dahin rätselhaften Erscheinungen der Kometen wieder einmal recht deutlich, daß die scheinbar rein akademischen Fragen, wie die Gültigkeit des Stefanschen Gesetzes für die schwarze Strahlung, oft die Antwort auf die interessantesten und wichtigsten Fragen bringt. Wie die Spektralanalyse die Art der Substanzen erkennen lehrte, welche die Sonne, Sterne und Kometen bilden, so gibt die Theorie vom

Strahlungsdruck Aufschluß über die bisher rätselhafte Gestalt der Kometen, die Bildung ihres Schweifes und ihre Auflösung in einen Sternschnuppenring. Aber auch über die Entstehung der Sonnenkorona, der Protuberanzen, des Zodiakallichtes und ähnlicher, meist noch unerklärlicher Erscheinungen, vermochte diese Theorie Licht zu verbreiten[1]).

§ 54. Gesamtstrahlung des blanken Platins. Die ersten einwandfreien Versuche über die Gesamtstrahlung des blanken Platins rühren von Lummer und Kurlbaum[2]) her, denen es durch einen Kunst-

Fig. 38.

griff gelang, die wahre Temperatur einer strahlenden Platinfläche einwandfrei zu bestimmen. Es wurde ein 10 μ dickes Platinblech zu einem Hohlraum in Gestalt eines »Platinkastens« (Fig. 38) geformt, dessen vordere ebene freie Oberfläche strahlte und deren Temperatur durch ein isoliert in den Kasten eingeführtes Thermoelement nach Le Chatelier gemessen wurde. Eine Berechnung lehrte, daß bis 1700° abs. die Temperatur der strahlenden äußeren

---

[1]) Svante Arrhenius. »Über die Ursachen der Nordlichter.« Phys. Zeitschr. S. 1 bis 87 und 97 bis 105, 1900.

[2]) O. Lummer und F. Kurlbaum. Verhdlg. d. Deutsch. Phys. Ges. **17**, 106 bis 111, 1898.

Platinfläche bis auf etwa 2⁰ mit der Hohlraumtemperatur übereinstimmt.

Zum Vergleich wurde abwechselnd die Gesamtstrahlung des blanken Platins und diejenige des schwarzen Körpers gemessen. Die so erhaltenen Resultate sind in der Tabelle 3 wiedergegeben, wobei die Annahme gemacht wurde, daß auch Platin die 4. Potenz der abs. Temperatur befolge. Sind T_2 bzw. T_1 die abs. Temperatur des jedesmaligen Strahlungskörpers bzw. des benutzten Flächenbolometers, und ist E die von diesem gemessene und auf gleiches Maß reduzierte Strahlungsmenge, so wurde der Quotient

$$C = \frac{E}{T_2{}^4 - T_1{}^4}$$

gebildet. Während dieser für den schwarzen Körper nahe konstant ist, variiert er für Platin ganz beträchtlich, ein Zeichen, daß die Gesamtstrahlung des blanken Platins nicht proportional zur vierten Potenz der absoluten Temperatur fortschreitet.

Tabelle 3.

Absol. Temp.		$C = E/(T_2{}^4 - T_1{}^4)$	
T_2	T_1	Schw. Körper	Blank. Platin
372,8	290,5	108,9	—
492	290,0	109,0	4,28
654	290,0	108,4	6,56
795	290,0	109,9	8,14
1108	290,0	109,0	12,18
1481	290,0	110,7	16,69
1761	290,0	—	19,64
		109,3 (Mittelwert)	

Mit Hilfe dieses Beobachtungsmaterials kann man das Gesamtstrahlungsgesetz des Platins ermitteln[1]) und erhält

$$E = \int\limits_0^\infty E_\lambda \, d\lambda = 0{,}000\,140 \cdot 10^{-12} \cdot T^5 \, \frac{\text{gr-Kal.}}{\text{cm}^2 \cdot \text{sec} \cdot \text{grad}^4} \cdot \quad \cdot 16)$$

Es schreitet also die gesamte Strahlung des Platins zur fünften Potenz der absoluten Temperatur fort. Natürlich gilt dieses Gesetz streng nur innerhalb des beobachteten Temperatur-

---

[1]) O. Lummer. »Wärmeerzeugung des elektrischen Stromes« in Graetz »Handbuch der Elektrizität und des Magnetismus«, Band II. Leipzig 1914.

intervalls. Auch sieht man ohne weiteres ein, daß es nicht bis zu beliebig hohen Temperaturen gelten kann, da die gesamte Strahlung des blanken Platins stets kleiner sein muß als die Gesamtstrahlung des schwarzen Körpers, welche nur zur vierten Potenz der absoluten Temperatur fortschreitet (§ 51).

Diese Darlegungen, insbesondere die Hohlraumtheorie Kirchhoffs, geben auch Aufschluß über die Frage, warum Drapers Versuche zu dem falschen Resultat führen mußten, daß alle Körper bei der gleichen Temperatur anfangen rotglühend zu werden. Draper beobachtete nämlich den Beginn der Rotglut, indem er die zu untersuchenden Substanzen in einem unten geschlossenen Flintenlauf im Kohlefeuer erhitzte. Dieser Ofen ist ein nahezu gleichtemperierter Hohlraum, in dem notwendig alle Temperaturstrahler gleich hell erscheinen und bei der gleichen Temperatur über die Schwelle schreiten müssen, genau wie die mit Tinte bestrichenen und die nicht bestrichenen Stellen eines Tiegelbodens. Das Drapersche Gesetz ist also durch die Draperschen Versuche nicht erwiesen. Auch aus dem Kirchhoffschen Satze kann es nicht gefolgert werden, wie Kirchhoff geglaubt hat, da es mit diesem Satze direkt im Widerspruch steht[1]).

§ 55. Energieverteilung im Normalspektrum des schwarzen Körpers. Unter Benutzung des in § 46 abgebildeten Spektrobolometers und eines Flußspatprismas haben Lummer und Pringsheim[2]) als erste auch die Energie für die verschiedenen Spektralbezirke im Spektrum des schwarzen »elektrisch geglühten« Körpers (Fig. 33, § 50) gemessen. Die experimentell gefundenen Emissionsvermögen für die verschiedenen Wellen von 0,5 μ bis etwas über 6 μ wurden vom Dispersionsspektrum auf das Normalspektrum umgerechnet, bei welchem die Ablenkung proportional der Wellenlänge ist.

In Fig. 39 sind die Resultate einer Versuchsreihe in Gestalt von Emissionskurven wiedergegeben, welche erkennen lassen, wie sich das Emissionsvermögen S_λ des schwarzen Körpers mit der Wellenlänge λ und der abs. Temperatur T ändert. In ihr sind als Abszissen (horizontale Entfernung von Null) die Wellenlängen λ, ausgedrückt in $1/1000$ mm $= 1 \mu$, aufgetragen, während die dazu ge-

---

[1]) O. Lummer. ›Über die Gültigkeit des Draperschen Gesetzes.‹ Arch. f. Math. u. Phys. III. Reihe, 1, S. 77 bis 90, 1901.

[2]) O. Lummer und E. Pringsheim. »Die Energieverteilung im Spektrum des schwarzen Körpers«, Verh. d. Deutsch. Phys. Gesellsch. 1, 23 bis 41, 1899.

hörigen Emissionsvermögen S_λ als Ordinaten eingezeichnet sind.
Die zu jeder Wellenlänge λ zugehörige Energie erhält man, wenn

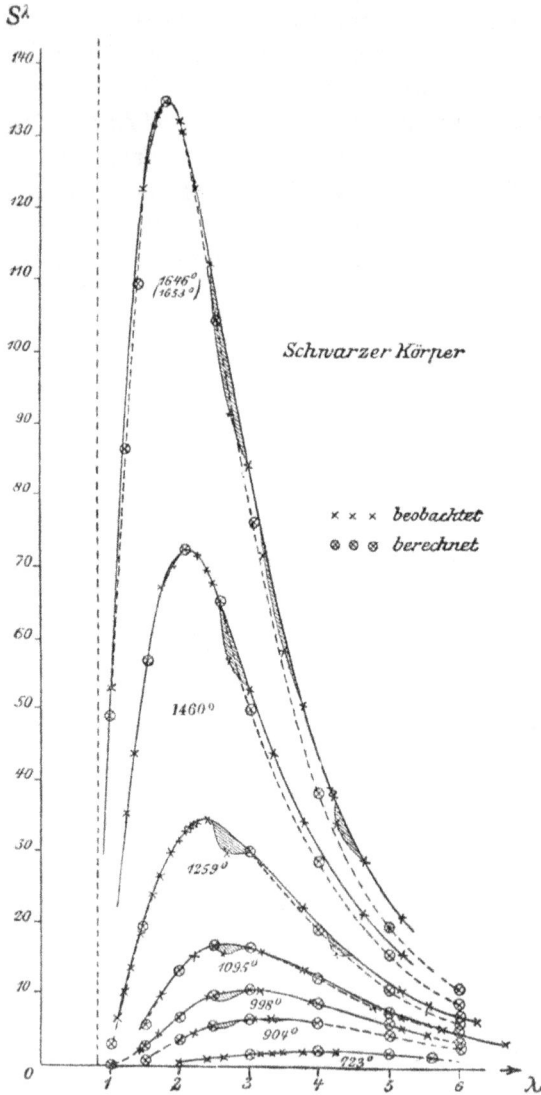

Fig. 39.

man das zum Bezirk zwischen λ und $\lambda + d\lambda$ gehörige mittlere
Emissionsvermögen $S\lambda$ mit $d\lambda$ multipliziert. Die in Fig. 39 gezeichneten Kurven sind also bis auf einen konstanten Faktor auch identisch mit den Energiekurven und stellen daher auch den Verlauf

der Energie von Welle zu Welle richtig dar, der uns hier ganz speziell interessiert.

Das sichtbare Spektrum reicht von der Wellenlänge 0,4 μ bis höchstens 0,8 μ, wo in der Figur eine vertikale, gestrichelte Linie eingezeichnet ist. Rechts von diesem vertikalen Strich liegt diejenige Energie, welche wir nicht als Licht empfinden, links davon die sichtbare Energie. Diese ist so klein, daß sie trotz der empfindlichsten Strahlungsmesser kaum für die höheren Temperaturen gemessen werden konnte.

Schon der oberflächliche Anblick der in Fig. 39 abgebildeten Kurvenschar zeigt, daß mit steigender Temperatur die Energie jeder Wellensorte anwächst, daß aber die Energievermehrung um so größer ist, je kleiner die Wellenlänge ist. Die Messungen bestätigen also das Resultat der bekannten Beobachtung, wonach die Körper mit der Rotglut zu glühen anfangen und bei allmählicher Temperatursteigerung in Weißglut übergehen. Aber die Kurven lassen nicht nur erkennen, wie die Energie für jede Welle mit der Temperatur wächst, sondern sie sagen auch aus, wie sich das Energiemaximum seiner Größe und Lage nach mit wachsender Temperatur verändert. Wir wollen das Resultat vorausnehmen. Bezeichnet man mit λ_m die Wellenlänge, bei der die Energie ihr Maximum besitzt, mit S_m die Größe dieser maximalen Energie und mit T die absolute Temperatur der betreffenden Energiekurve, so gelten die folgenden wichtigen Beziehungen:

$$\lambda_m T = \text{const.} \quad . \quad . \quad . \quad . \quad . \quad . \quad . \quad 17)$$

und

$$S_m T^{-5} = \text{const.} \quad . \quad . \quad . \quad . \quad . \quad . \quad 18)$$

Diese sagen aus:

1. Das Produkt aus der absoluten Temperatur und der Wellenlänge, bei welcher die Energie ihr Maximum hat, ist konstant.

2. Die maximale Energie ist proportional der fünften Potenz der absoluten Temperatur.

In der folgenden Tabelle 4 finden sich die der Kurvenschar entnommenen Daten, welche lehren, wie genau die beiden genannten Gesetze erfüllt sind. Die mit dem Mittelwert des Produktes $\lambda_m T$ berechneten Temperaturen der letzten Spalte zeigen auch hier, daß die kleinen Abweichungen recht wohl durch Fehler in der Temperaturmessung zu erklären sind.

Tabelle 4.

T absolut	λ_m	E_m	$\lambda_m T$	$\dfrac{E_m}{T^5}$	T berechnet	Differenz Grad
1646	1,78	270,6	2928	2246	1653,5	+ 7,5
1460,4	2,04	145,0	2979	2184	1460	− 0,4
1259	2,35	68,8	2959	2176	1257,5	− 1,5
1094,5	2,71	34,0	2966	2164	1092,3	− 2,2
998,5	2,96	21,50	2956	2166	996,5	− 2,0
908,5	3,28	13,66	2980	2208	910,1	+ 1,6
723	4,08	4,28	2950	2166	721,5	− 1,5
621,2	4,53	2,026	2814	2190	621,3	+ 0,1
		Mittel	2940	2188		

Auch diese beiden auf das Energiemaximum bezüglichen Gesetze sind auf theoretischem Wege für die schwarze Strahlung noch vor ihrer experimentellen Verifikation hergeleitet worden[1]).

Unter Benutzung des Stefan-Boltzmannschen Gesetzes gelang es W. Wien, indem er das Dopplersche Prinzip auf die an einem bewegten Spiegel reflektierten Strahlen übertrug, das nach ihm benannte »Verschiebungsgesetz« herzuleiten, welches die beiden Gesetze (17) und (18) umfaßt. Beide Gesetze gelten gemäß der Theorie nur für die schwarze Strahlung. Es sei erwähnt, daß das erste der beiden Gesetze schon vor W. Wien, sowohl von H. F. Weber als auch von Köveslighety durch, wenn auch nicht einwandsfreie theoretische Betrachtungen hergeleitet und durch F. Paschens Messungen an nichtschwarzen Körpern für den schwarzen Körper wahrscheinlich gemacht worden war.

Die Messungen von Lummer und Pringsheim bestätigten die Wiensche Theorie in erfreulichster Weise und lieferten zugleich den Wert der Konstanten des Wienschen Verschiebungsgesetzes ($\lambda_m \cdot T =$ konst.) zu 2940, wenn man λ_m in $\mu = 0,001$ mm ausdrückt. Die überraschende Einfachheit der drei theoretisch und experimentell ermittelten Fundamentalgesetze der schwarzen Strahlung:

$$S = \int_0^\infty E_\lambda \, d\lambda = \sigma T^4 \quad . \quad . \quad . \quad . \quad . \quad 19)$$

$$\lambda_m T = 2940 \quad . \quad . \quad . \quad . \quad . \quad . \quad 20)$$

---

[1]) W. Wien. »Eine neue Beziehung der Strahlung schwarzer Körper zum zweiten Hauptsatz der Wärmetheorie.« Berl. Akad. Ber. 1893, S. 55 bis 62. Wied. Ann. **52**, S. 132 bis 165, 1894. Vgl. auch M. Thiesen: »Über das Gesetz der schwarzen Strahlung.« Verhandl. d. Deutsch. Phys. Ges. **2**, S. 65 bis 70, 1900.

$$E_m\, T^{-5} = \text{const.} \quad \ldots \ldots \ldots \ldots \quad 21)$$

gibt der erwähnten Prophezeiung **Kirchhoffs** recht, »daß die Funktion, welche die Energie des schwarzen Körpers in Beziehung zur Wellenlänge und Temperatur setzt, unzweifelhaft von einfacher Form ist, wie alle Funktionen es sind, die nicht von den Eigenschaften einzelner Körper abhängen«. Es ist höchst wahrscheinlich, daß diese Gesetzmäßigkeiten für alle Wellen und bis zu den höchsten denkbaren Temperaturen gelten, also **Naturgesetze** in des Wortes weitester Bedeutung sind (§ 67).

Zur Illustration der drei Fundamentalgesetze diene ein Zahlenbeispiel. Wächst die Temperatur des schwarzen Körpers von 1000^0 abs. auf 2000^0 abs., d. h. im Verhältnis von 1 auf 2, so steigt die Gesamtstrahlung S von 1 auf $2^4 = 16$, die maximale Strahlung S_m von 1 auf $2^5 = 32$ und diese verschiebt sich von der Wellenlänge:

$$\lambda_m = \frac{2940}{1000} = 2{,}94\,\mu$$

nach

$$\lambda_m = \frac{2940}{2000} = 1{,}47\,\mu,$$

also nach den kürzeren Wellen hin. Erst bei 5345^0 abs. kommt das Energiemaximum in den gelbgrünen Teil des Spektrums ($\lambda_m = 0{,}55\,\mu$) zu liegen, für welche die Zapfen unseres Auges am empfindlichsten sind (§ 37).

§ 56. Plancksche Spektralgleichung der schwarzen Strahlung.

Die in Fig. 37 dargestellte Kurvenschar liefert auch das experimentelle Material zur Aufstellung einer Spektralgleichung für die Energieverteilung, welche aussagt, wie sich bei einer jeden beliebigen Temperatur die Energie von Wellenlänge zu Wellenlänge ändert. Der erste, welcher die Energieverteilung im Spektrum verschiedener Körper, namentlich der Sonne, bolometrisch feststellte, war S. P. Langley[1].

Gleich nachdem Langley seine epochemachenden Resultate publiziert hatte, versuchte man[2] diese auch auf theoretischem Wege, freilich unter der Voraussetzung etwas gewagter gaskinetischer

---

[1] S. P. Langley. Ausführliche Mitteilung in Ann. Chim. et Phys., 6. Serie, 9, S. 433 bis 506, 1886.
[2] W. Michelson. Journ. de phys. (2. Ser.) 3, S. 467 bis 479, 1887.

Hypothesen, herzuleiten, um so zu einer allgemein gültigen Spektralgleichung zu gelangen. Seitdem hat sich bis in die neueste Zeit die Theorie lebhaft mit der Frage beschäftigt, die Spektralgleichung der schwarzen Strahlung sowohl auf Grund der thermodynamischen[1]), wie der elektromagnetischen Anschauungen herzuleiten. Diese Bestrebungen bis zum Jahre 1900 sind vom Verf. in »Le rayonnement des corps noirs« (Anm. S. 96) ausführlich besprochen worden.

Es entbehrt nicht des Interesses, die gegenseitige Befruchtung der Theorie und des Experimentes ganz kurz zu beleuchten. Die genannten theoretischen Spekulationen führten zu der Spektralgleichung:

$$S_{\lambda T} = \frac{c_1 \cdot \lambda^{-5}}{e^{c_2/\lambda T}} \quad . \quad . \quad . \quad . \quad . \quad . \quad . \quad 22)$$

die zuerst von W. Wien[2]) aufgestellt war. Darin bedeutet λ die Wellenlänge, T die absolute Temperatur, e die Basis der natürlichen Logarithmen, c_1 und c_2 sind zwei Konstanten. Die nach dieser Formel berechneten Werte $S_{\lambda T}$ geben die in Fig. 39 gestrichelt gezeichneten Energiekurven. Diese weichen also von den Lummer-Pringsheimschen in systematischer Weise ab, und zwar wachsen die Differenzen zwischen Beobachtung und Rechnung mit wachsenden Werten von λT; sie liegen innerhalb der Genauigkeit der Beobachtung, solange $\lambda T < 3000$ ist, d. h.: Für Wellenlängen des sichtbaren Spektrums stellt die Wiensche Spektralgleichung die schwarze Strahlung bis über 5000⁰ dar. Später ist in Übereinstimmung damit die Richtigkeit der Wienschen Spektralgleichung im kurzwelligen sichtbaren Spektralgebiet und im ultravioletten Gebiet bis etwa 0,33 μ durch photometrisch-photographische Versuche erwiesen worden (E. Baisch, Ann. d. Phys. **35**, 543—590, 1911).

Um die Realität der Diskrepanz noch schlagender zu erweisen, dehnten Lummer und Pringsheim[3]) ihre Versuche bis zu Wellenlängen von 18 μ aus und bedienten sich hierbei eines Sylvin-Prismas.

Durch diese Versuche war die Richtigkeit der Wienschen Spektralgleichung widerlegt. Ebensowenig passen sich die beobachteten

---

[1]) W. Wien. ›Über die Energieverteilung im Emissionsspektrum des schwarzen Körpers.« Wied. Ann. **58**, 662 bis 669, 1896.

[2]) W. Wien. Wied. Ann. **58**, 662 bis 669, 1896.

[3]) O. Lummer und E. Pringsheim. Verhdlg. d, Deutsch. Phys. Ges. **2**, 163 bis 180, 1900.

Energiewerte der von Lord Rayleigh[1]) aufgestellten Spektralgleichung:

$$S_{\lambda, T} = \frac{c \cdot k \cdot T}{\lambda^4}. \qquad \ldots \ldots 22a)$$

an, wo k die universelle Konstante ist, von der noch später (S. 114)
die Rede sein wird.

Eine eingehende Kritik[2]) der theoretischen Herleitung W. Wiens
ergab, daß dieser Theorie keine genügende Kraft innewohnt, da
die ihr zugrunde liegenden Hypothesen unwahrscheinlich und nicht
streng durchgeführt sind. Aber auch die Plancksche[3]) Herleitung
der Wienschen Gleichung auf elektromagnetischer Grundlage in
Verbindung mit dem Entropiesatz war nicht eindeutig und ein-
wandsfrei. [4])

Daher entschloß sich Planck[5]) seine Herleitung zu modifi-
zieren, und er gelangte dadurch zu der folgenden Gleichung:

$$S_{\lambda, T} = \frac{c_1 \lambda^{-5}}{e^{c_2 / \lambda T} - 1} \qquad \ldots \ldots 23)$$

welche in die Wiensche für kleine Werte des Produktes von λT
und in die Rayleighsche[6]) für große Werte von λT übergeht. Tatsächlich umfaßt diese Gleichung trotz ihrer Einfachheit alle bekannten
Beobachtungen, auch die von Rubens und Kurlbaum[7]) angestellten Versuche.

Später ist es Planck gelungen[8]), durch Einführung des Begriffs
der »natürlichen Strahlung« bzw. der »elementaren Unordnung«
und mit Hilfe der »Wahrscheinlichkeit« eines beliebigen Strah-
lungszustandes eine allgemeine Beziehung zwischen der Entropie
eines in einem durchstrahlten Hohlraum befindlichen Resonators

---

[1]) Lord Rayleigh, Phil. Mag. 49, 539, 1900.
[2]) O. Lummer und E. Jahnke. Ann. d. Phys. (4) 3, 283 bis 297, 1900,
— E. Jahnke, O. Lummer und E. Pringsheim. Ann. d. Phys. 4, 225,
1901. — O. Lummer und E. Pringsheim. Ann. d. Phys., 4. Folge 6, 192
bis 210, 1901.
[3]) M. Planck. Sitzungsber. d. Berl. Akad. 1897, S. 57, 715 und 1122;
1898, S. 449 u. 1899, S. 440—480. Ann. d. Phys. 1, 69 bis 122 u. 719 bis 737, 1900.
[4]) O. Lummer. »Le rayonnement des corps noirs« a. a. O., S. 96.
[5]) M. Planck. »Über eine Verbesserung der Wienschen Spektralgleichung.«
Verhdlgn. d. Deutsch. Phys. Ges. 2, 202 bis 204, 1900.
[6]) Lord Rayleigh l. c. 1900.
[7]) H. Rubens und F. Kurlbaum. Berl. Akad. Ber. 1900, 929 bis 941.
Ann. d. Phys. 4, 649 bis 666, 1901.
[8]) M. Planck. Ann. d. Phys. 4, 553 bis 566, 1901.

(elektrischen Oszillators) und der »Wahrscheinlichkeit« dieses Strah-
lungszustandes aufzustellen. Durch Berechnung dieser »Wahrscheinlichkeit« kommt Planck ebenfalls zu dem Ausdruck (23) für
die Energieverteilung der schwarzen Strahlung und zwar in der Form:

$$S_{\lambda T} = \frac{hc^2}{\lambda^5} \cdot \frac{1}{e^{\frac{h}{k} \cdot \frac{c}{\lambda T}} - 1} \quad \ldots \ldots \ldots 23a)$$

wo die universellen Konstanten h und k durch die folgenden
Beziehungen mit den experimentell bestimmten Konstanten σ, c_2
und $b = \lambda_m \cdot T$ zusammenhängen:

$$\frac{ch}{k} = c_2, \quad h = \frac{\sigma b^4 \beta^4}{12\,\pi a c^2} \quad \text{und} \quad k = \frac{\sigma b^3 \beta^3}{12\,\pi a c}, \quad \ldots 24)$$

in denen c die Lichtgeschwindigkeit bedeutet und die Größen α
und β die Zahlenwerte 1,0823 bzw. 4,9651 besitzen.

Wie schon erwähnt, schmiegt sich die Plancksche Spektralgleichung (23) bzw. (23a) sehr gut den Versuchen über die schwarze
Strahlung an. Somit dürfte die Plancksche Spektralgleichung bis
auf weiteres als der wahre Ausdruck der schwarzen Strahlung zu
betrachten sein.

Die von Planck gegebene theoretische Herleitung kann als
originell und geistreich, wenn auch nicht als physikalisch einwandfrei bezeichnet werden. Denn einerseits werden die Gesetze
der Elektrodynamik, andererseits eine damit im Widerspruch stehende
Hypothese eingeführt. Diese besteht in der Voraussetzung, daß die
Strahlungsenergie von den emittierenden Teilchen (Resonatoren) nicht
kontinuierlich, sondern diskontinuierlich (in »Quanten«) abgegeben wird. Diese Quanten (E) haben nicht die gleiche Größe,
sondern sind proportional der Schwingungszahl (ν) der Strahlung,
die das betreffende Teilchen gerade emittiert. Der Proportionalitäts-
faktor ist gerade die oben eingeführte universelle Konstante h, so
daß gilt:

$$E = h \cdot \nu \quad \ldots \ldots \ldots \ldots 25)$$

So fremdartig diese Hypothese auch erscheinen mag, so hat sie
nicht nur zur wahren (Planckschen) Spektralgleichung geführt,
sondern auch auf anderen Gebieten der Physik reiche Früchte
getragen. Hingewiesen sei auf die Bedeutung dieser Elementarquanta für die Theorie der spezifischen Wärme[1]), des photoelek-

---

[1]) A. Einstein. Ann. d. Phys. **22**, 180 bis 190, 1907. P. Debye. Ann. d.
Phys. **39**, 789 bis 839, 1912. W. Nernst u. Lindemann. Berl. Ber. 1910, S. 26.
Z. S. f. Elektrochemie 1911, S. 817.

trischen Effekts[1]) und für die Konstruktion von Atommodellen, auf die wir im § 28 und 29 kurz hingedeutet haben.

Unter Benutzung des Kurlbaumschen Wertes für das absolute Emissionsvermögen und des Lummer-Pringsheimschen Wertes in CGS-Einheiten $\lambda_m T = 0,294$ cm · grad, haben die Konstanten der obigen Gleichung folgende Werte:

$$h = 6,55 \cdot 10^{-27} \frac{\text{gr} \cdot \text{cm}^2}{\text{sec}} = \text{erg} \cdot \text{sec}$$
$$k = 1,346 \cdot 10^{-16} \frac{\text{gr} \cdot \text{cm}^2}{\text{sec}^2 \cdot \text{grad}} = \frac{\text{erg}}{\text{grad}} \qquad \left. \right\} \quad \ldots 26)$$
$$c = 3 \cdot 10^{10} \text{ cm/sec (Lichtgeschwindigkeit)}$$

Unter Benutzung dieser Werte kann man also folgendes Resultat aussprechen:

Ist $S_{\lambda T}\,d\lambda$ die Energiemenge, welche in einer Sekunde von 1 cm² der schwarzen Oberfläche ausgestrahlt wird, wobei S_λ in Erg und λ in Zentimetern ausgedrückt ist, so wird $S_{\lambda T}$ durch die Formel 23a) dargestellt, wenn man h, k und c die in Gleichung (26) stehenden Werte beilegt.

Nimmt man zu diesen Konstanten der schwarzen Strahlung noch die Konstante f der Gravitation

$$f = 6,69 \cdot 10^{-8} \frac{\text{cm}^3}{\text{gr} \cdot \text{sec}^2}, \qquad \ldots \ldots 27)$$

so erhält man nach Planck[2]) »natürliche Einheiten« für die Länge, Masse, Zeit und Temperatur, wenn man die vier Konstanten h, k, c und f gleich 1 setzt.

Aus den Gleichungen (24) erkennt man, daß die vier Konstanten h, k, σ und c_2 voneinander abhängig sind. Kennt man σ und c_2, so sind die Werte von h und k bestimmt und umgekehrt. Nun ist sowohl das Konstantenpaar σ und c_2, als auch h und k experimentell zu ermitteln; ersteres ergibt sich aus den Messungen der schwarzen Strahlung, letzteres z. B. aus den Messungen des photoelektrischen Effekts in Verbindung mit dem Werte des Elementarquantums. Da außerdem die nach verschiedenen Methoden experimentell bestimmten Werte von h und k unter sich genauer übereinstimmen[3]) als die Werte von σ, so wollen wir erstere als Ausgangspunkt wählen,

---

[1]) A. Einstein. Ann. d. Phys. **20**, 199 bis 206, 1905.
[2]) M. Planck. Ann. d. Phys. **4**, 353 bis 363, 1901. Siehe auch seine »Vorlesungen über die Theorie der Wärmestrahlung«, Leipzig 1906 und 1913.
[3]) Vgl. z. B. R. Pohl, Jahrb. d. Radioaktiv. u. Elektr. **8**, 406, 1911.

um aus ihnen die Strahlungskonstanten rechnerisch zu ermitteln.
Das Wirkungsquantum h hat nach den neuesten photoelektrischen Versuchen den Wert: $h = 6,58 \cdot 10^{-27}$ erg·sec[1]); das Elementarquantum der Elektrizität beträgt nach den neuesten Messungen:

$$e = 4,77 \cdot 10^{-10} \text{ elektrost. Einh.},$$

hiernach wird

$$k = 2,868 \cdot 10^{-7} \cdot e = 1,368 \cdot 10^{-16} \text{ erg/grad.}$$

Unter Benutzung dieser Zahlenwerte erhalten wir aus den Gleichungen (24) für die Strahlungskonstanten:

$$\sigma = 5,60 \cdot 10^{-12} \text{ Watt/cm}^2 \cdot \text{grad}^4$$
$$c_2 = 1,4440 \text{ cm} \cdot \text{grad.}$$

In beide Werte ist die Größe des Elementarquantums e eingegangen, so daß sie jetzt in gewisse Abhängigkeit voneinander geraten sind. Diese Abhängigkeit springt bei ihrer experimentellen Bestimmung aus den Strahlungsmessungen nicht heraus, da sie nach voneinander unabhängigen Methoden gefunden werden. Es ist überraschend, wie genau das experimentell gefundene Wertepaar σ und c_2 mit den berechneten übereinstimmt. Für den Mittelwert von σ war gefunden (S. 102):

$$\sigma = 5,76 \cdot 10^{-12} \text{ Watt/cm}^2 \cdot \text{grad}^4,$$

und für den Mittelwert von c_2 ergibt sich aus allen Messungen:

$$c_2 = 1,4400 \text{ cm} \cdot \text{grad.}$$

Da in viele Berechnungen gleichzeitig σ und c_2 eingehen, so darf man wegen des Zusammenhangs mit h und k oder, anders ausgedrückt, wegen der gemeinschaftlichen Abhängigkeit vom Elementarquantum e nicht einen beliebigen der experimentell bestimmten Werte von σ mit einem beliebigen der Werte von c_2 kombinieren. Welche Werte zueinander gehören, ergibt sich aus der folgenden Tabelle[2]). In ihr sind die für die verschiedenen experimentell ermittelten Werte von σ und c_2 berechneten Werte von h und e mitgeteilt.

Aus der Tabelle ersieht man, daß die experimentell gefundenen Wertepaare:

1. $\sigma = 5,45 \cdot 10^{-12}$ und $c_2 = 1,4500$
2. $\sigma = 5,58 \cdot 10^{-12}$ und $c_2 = 1,4400$
3. $\sigma = 5,32 \cdot 10^{-12}$ und $c_2 = 1,4600$

[1]) R. A. Millikan, Phys. Review **7**, 18, 1916.
[2]) Vgl. auch H. Kohn, Ann. d. Phys. **53**, 1917.

Tabelle 5.

Beobachter von σ	$\sigma \cdot 10^{12}$ Watt/cm² · grad⁴	c_2 Beobachter	1,4200 Holborn und Valentiner[9]		1,4350 Holborn und Valentiner		1,4370 Warburg usw.[10]		1,4400		1,4500 Paschen[11]; Wanner[12]		1,4600 Lummer und Pringsheim[13]	
			$e \cdot 10^{10}$ elektrostat. Einh.	$h \cdot 10^{27}$ erg·sec	$e \cdot 10^{10}$ elektrostat. Einh.	$h \cdot 10^{27}$ erg·sec	$e \cdot 10^{10}$ elektrostat. Einh.	$h \cdot 10^{27}$ erg·sec	$e \cdot 10^{10}$ elektrostat. Einh.	$h \cdot 10^{27}$ erg·sec	$e \cdot 10^{10}$ elektrostat. Einh.	$h \cdot 10^{27}$ erg·sec	$e \cdot 10^{10}$ elektrostat. Einh.	$h \cdot 10^{27}$ erg·sec
Bauer u. Moulin[1] 1909	5,30		—	—	—	—	—	—	—	—	—	—	—	—
Kurlbaum[2] . . 1898	5,32		4,34	5,89	4,48	6,14	4,51	6,18	4,53	6,23	4,62	6,40	4,72	6,58
Kurlbaum . . . 1912	5,45		4,45	6,03	4,59	6,29	4,61	6,33	4,64	6,38	4,73	6,56	4,83	6,74
Westphal[3] . . 1912	5,54		—	—	—	—	—	—	—	—	—	—	—	—
Valentiner[4] . . 1910	5,58		4,55	6,18	4,70	6,44	4,72	6,48	4,75	6,53	4,85	6,72	4,95	6,90
Shakespear[5] . . 1911	5,64		—	—	—	—	—	—	—	—	—	—	—	—
Gerlach[6] . . . 1916	5,85		4,77	6,48	4,92	6,76	4,95	6,79	4,98	6,85	5,08	7,04	5,19	7,24
Féry[7] 1909	6,30		5,13	6,98	5,30	7,27	5,33	7,32	5,36	7,38	5,47	7,58	5,59	7,80
Féry und Drecq[8] 1911	6,51		—	—	—	—	—	—	—	—	—	—	—	—

1) E. Bauer u. M. Moulin, Journ. d. Phys. 9, 468, 1910.
2) F. Kurlbaum. Wied. Ann. 65, 746, 1898 und Verhandlg. d. Deutsch. Phys. Ges. 14, 576, 1912.
3) W. H. Westphal. Verhdlg. d. Deutsch. Phys. Ges. 14, 987, 1912.
4) S. Valentiner. Ann. d. Phys. 31, 275, 1910.
5) G. A. Shakespear. Proc. Roy. Soc. 86 A, 180, 1911.
6) W. Gerlach. Ann. d. Phys. 50, 259, 1916.
7) Ch. Féry, Bull. Soc. Franc. Phys. (2) 4, 1909.
8) Ch. Féry u. M. Drecq. Journ. d. Phys. V (1), 551, 1911.
9) L. Holborn u. S. Valentiner. Ann. d. Phys. 22, 1, 1907.
10) E. Warburg, G. Leithäuser, E. Hupka u. C. Müller. Ber. d. Berl. Akad. II, 35 bis 43, 1913; s. a. Ann. d. Phys. 1913.
11) F. Paschen. Ber. d. Berl. Akad., 405 u. 959, 1899.
12) H. Wanner. Ann. d. Phys. 2, 141, 1900.
13) O. Lummer u. E. Pringsheim, Verhandlg. d. Deutsch. Phys. Ges. 3, 36—46, 1901.

am besten mit den gleichfalls experimentell gefundenen Werten
von e und h (S. 116) bzw. k übereinstimmen. Diese Kombinationen
sind in der Tabelle durch Unterstreichen hervorgehoben; das Wertepaar Nr. 1 von σ und c_2 ist den weiteren Berechnungen in den
folgenden Paragraphen zugrunde gelegt worden. Außer den Werte-
paaren Nr. 1 bis Nr. 3 sind in der Tabelle durch Fettdruck diejenigen Kombinationen von σ und c_2 kenntlich gemacht, die zu
Werten von h und k führen, welche noch recht gut mit dem Experiment in Einklang stehen.

**§ 57. Energieverteilung im Normalspektrum des blanken Platins
(Minimalgesetze der Temperaturstrahler).** Um die Ökonomie der
verschiedenen Lichtquellen mit derjenigen des schwarzen Körpers
vergleichen zu können und ein Urteil zu gewinnen, inwieweit die in
ihnen leuchtenden Substanzen sich dem schwarzen Strahler nähern,
müssen wir außer ihren Energiekurven auch noch ihre wahren Temperaturen kennen. Diese Aufgabe war bis vor kurzem schlechterdings so gut wie unlösbar. Auf relativ einfache Weise konnten
Lummer und Pringsheim[1]) in bezug auf diese Fragen wenigstens einen
Gesamtüberblick gewinnen, indem sie außer dem schwarzen Körper
auch noch das blanke Platin genau untersuchten und der schwarzen Strahlung die blanke Platinstrahlung gegenüberstellten: Wir
können dadurch eine ganze Anzahl von Strahlungskörpern zwischen
zwei Grenzen einschließen. Denn kraft seiner vorzüglichen Re-
flexionseigenschaften absorbiert blankes Platin von allen festen
und feuerbeständigen Substanzen am wenigsten, so daß also auch
seine Emission auf ein Minimum reduziert ist. Tatsächlich strahlt
blankes Platin bei der Rotglut noch nicht den zehnten Teil der
Energie des schwarzen Körpers und auch bei den höchsten Temperaturen immer noch weniger als die Hälfte. Selbst im geschmolzenen Zustande reflektiert Platin gleich einem Quecksilberspiegel.
Behufs Reproduktion der Violleschen Lichteinheit brachte der Verf.
einst mehrere Kilogramm Platin im Magnesiatiegel mittels Akkumu-
latorenstromes von über 5000 Amp. zum Schmelzen[2]) und beobachtete dabei, daß sich die »Ufer des Platinsees« auf der Oberfläche des
geschmolzenen Platins, bei genügender Abblendung natürlich, wie
in einem Quecksilberspiegel spiegelten!

---

[1]) O. Lummer und E. Pringsheim. Verhdlgn. der Deutsch. Phys. Ges.
1, 215 bis 235, 1899.
[2]) Vgl. Bericht über die Tätigkeit der Physik.-Techn. Reichsanstalt (1892
bis 1894), abgedruckt in der Z. S. f. Instrkde **14**, 268.

Aus diesen Gründen sind verschiedene Vorsichtsmaßregeln zu erfüllen, um bei strahlendem Platin auch wirklich die reine Platinstrahlung zu messen. Es muß das Platin stets vorher bei der höchsten

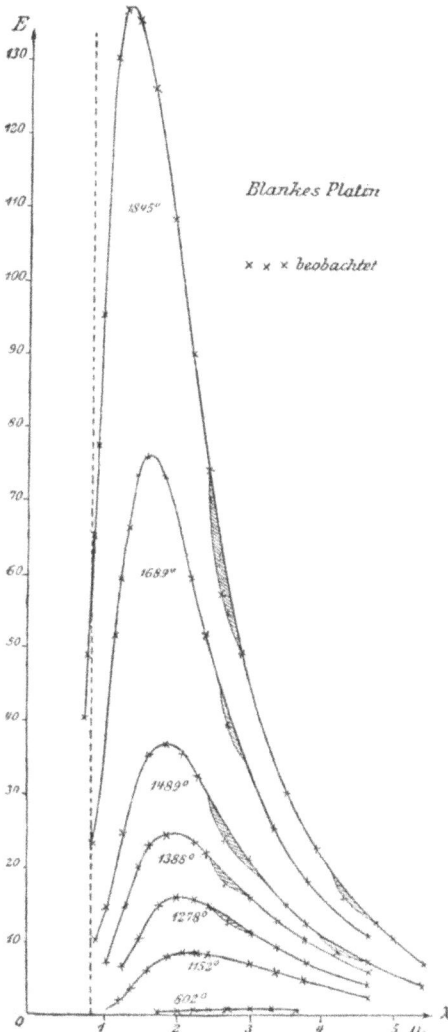

Fig. 40.

Temperatur ausgeglüht werden, um es von den oberflächlichen Verunreinigungen zu befreien; ferner muß mit großer Sorgfalt darauf geachtet werden, daß nur Eigenstrahlung des Platins, keine »erborgte« Strahlung zum Bolometer gelangt. Um eine genaue

Temperaturmessung zu erzielen, wurde der Lummer-Kurlbaum-sche Platinkasten als Strahlungsquelle benutzt (§ 54).

In Fig. 40 sind die Resultate der blanken Platinstrahlung in derselben Weise aufgetragen wie zuvor beim schwarzen Körper (Fig. 39), nur ist der Maßstab der Ordinaten hier ein anderer, da die Platinstrahlung sehr viel geringer ist. Die Platinkurven lehren, daß auch beim Platin der Hauptanteil der Energieflächen bis zu den höchsten Temperaturen im Unsichtbaren gelegen ist. Die vertikale Trennungslinie des sichtbaren vom unsichtbaren Wellenlängengebiet bei 0,8 μ ist wieder punktiert gezeichnet.

Aus diesen Emissionskurven lassen sich die beiden Gesetze ableiten:

$$\lambda_m \cdot T = \text{const.} = 2630 \quad \ldots \ldots \ldots \text{28)}$$

und

$$E_m \cdot T^{-6} = \text{const.} \quad \ldots \ldots \ldots \text{29)}$$

wo E_m die maximale Energie bei der abs. Temperatur T und λ_m die Wellenlänge (gemessen in μ) bedeutet, bei welcher die maximale Energie im Normalspektrum liegt.

Wie genau diese beiden Gesetze erfüllt sind, geht aus den Zahlen der folgenden Tabelle hervor, in denen die aus den Kurven abgelesenen zugehörigen Werte von E_m und λ_m verzeichnet sind. Mit Hilfe des Mittelwertes von $E_m \cdot T^{-6}$ sind die in der 6. Kolumne stehenden Temperaturen berechnet worden.

Tabelle 6.

Absolute Temperatur	λ_m	E_m	$A = \lambda_m \cdot T$	$B = E_m \cdot T^{-6}$	$T = \sqrt{E_m / B}$ mittel	Differenz
802	(3,20)	0,94	(2566)	$3544 \cdot 10^{-21}$	804,6	+ 2,6
1152	2,25	8,40	2592	$3595 \cdot 10^{-21}$	1158	+ 6,0
1278	2,02	15,79	2582	$3624 \cdot 10^{-21}$	1287	+ 9,0
1388	1,90	24,41	2637	$3414 \cdot 10^{-21}$	1387	— 1,0
1489	1,80	36,36	2680	$3336 \cdot 10^{-21}$	1479	— 10,0
1689	1,59	75,96	2685	$3348 \cdot 10^{-21}$	1672	— 17,0
1845	1,40	137,0	2581	$3473 \cdot 10^{-21}$	1844,7	— 0,3
			2626	$3476 \cdot 10^{-21}$		
				(Mittel)		

Die geringen Abweichungen zwischen den berechneten und den beobachteten Temperaturen liegen innerhalb der Beobachtungsfehler bei der Temperaturbestimmung.

Diese Versuche ergeben also in Verbindung mit den Versuchen über die Gesamtstrahlung des blanken Platins (§ 54) folgende Gesetze für die Platinstrahlung:

1. Die Gesamtstrahlung ist proportional der fünften Potenz der absoluten Temperatur.

2. Das Produkt aus maximaler Wellenlänge und absoluter Temperatur ist konstant und hat den Zahlenwert 2630.

3. Die maximale Energie schreitet proportional zur sechsten Potenz der Temperatur fort.

Natürlich gelten auch diese Gesetzmäßigkeiten nur innerhalb des Temperaturintervalls, in welchem beobachtet worden ist. Es darf als ein glücklicher Gedanke von großem praktischen Nutzen bezeichnet werden, dem maximalen Strahler oder dem schwarzen Körper, den minimalen Strahler oder das blanke Platin gegenübergestellt und die Gesetze für beide Substanzen genau bestimmt zu haben. Denn während diese beiden Körper dem Experiment leicht zugänglich sind und bei ihnen die Temperaturbestimmung keine Schwierigkeiten bereitet, ist dies beides nicht der Fall bei den gebräuchlichen Leuchtsubstanzen. Wohl aber darf man mit einigem Recht behaupten, daß viele von diesen technisch wichtigen Körpern, was ihre Reflexions- und damit auch ihre Strahlungseigenschaften anlangt, vom schwarzen Körper auf der einen und vom blanken Platin auf der anderen Seite eingeschlossen werden (§ 64).

§ 58. Spektralgleichung des blanken Platins und der reinen Metalle. Aschkinaßsche Theorie der Metallstrahlung. Bei der Wichtigkeit, welche die Gesetze der Platinstrahlung neuerdings für die Temperaturbestimmung gewonnen haben (§ 70 u. 71), ist es notwendig, auch für das blanke Platin eine Formel zu suchen, welche die Energieverteilung im Normalspektrum zu berechnen erlaubt. Auf Grund der experimentellen Ergebnisse stellten zuerst Lummer und Jahnke[1]) eine solche Spektralgleichung auf, welche die Beobachtungen im großen und ganzen recht gut wiedergibt.

Rein empirisch gelang es Lummer und Pringsheim[2]), eine Regel zu finden, welche erlaubt, die von ihnen beobachtete Ener-

---

[1]) O. Lummer und E. Jahnke. loc. cit. S. 113, 1900.
[2]) O. Lummer und E. Pringsheim. Verhdlgn. d. Deutsch. Physik. Ges. **1**, 215 bis 235, 1900.

gieverteilung im Normalspektrum des blanken Platins durch diejenige
des schwarzen Körpers wiederzugeben.

a) Lummer-Pringsheimsche Regel. Die Plancksche Spektralgleichung stellt die Energieverteilung im Normalspektrum des
schwarzen Körpers für jede Temperatur T dar (§ 56). Setzt man
in ihr statt dieser die Temperatur

$$T' = 1,11\, T$$

ein, so stellt sie die beobachtete Energieverteilung des blanken Platins
für die Temperatur T des strahlenden Platins innerhalb des ganzen
gemessenen Temperaturintervalls dar. Der Faktor 1,11 ist nichts
anderes als der Quotient aus den Konstanten des Verschiebungsgesetzes für beide Strahlungskörper (2940/2630 = 1,11, § 55 u. 57). Es
sei darauf hingewiesen, daß dieser Regel auch noch außerhalb des
beobachteten Temperaturintervalls eine gewisse Bedeutung zuzu-
kommen scheint (§ 98).

b) Aschkinaßsche Metalltheorie.[1]) Diese Theorie ist insofern von großer Wichtigkeit, als sie erlaubt, die Gesetze der Strahlung und insbesondere die Energieverteilung für alle reinen Metalle
zu berechnen, wenn man ihren spezifischen elektrischen Widerstand
und dessen Temperaturkoeffizienten kennt. Auf Platin angewandt,
führt sie zu den durch die Beobachtung ermittelten Platingesetzen.

Die Aschkinaßsche Theorie geht von dem für alle wärme-
undurchlässigen Temperaturstrahler gültigen Kirchhoffschen
Gesetz aus:

$$\left[E_\lambda = \frac{100 - R_\lambda}{100} \cdot S_\lambda \right]_T \quad \cdot \quad \cdot \quad \cdot \quad \cdot \quad \cdot \quad 30)$$

in welchem R_λ das in Prozenten angegebene Reflexionsvermögen
des Metalles und E_λ bzw. S_λ das Emissionsvermögen des Metalls
bzw. des schwarzen Körpers bedeuten, sämtliche Größen bezogen
auf die gleiche Wellenlänge λ und die gleiche Temperatur T.

Die relative Einfachheit der gefundenen Platingesetze ließ vermuten, daß bei ihm auch R_λ in einfacher Beziehung zu λ und T
stehen muß. In der Tat haben Hagen und Rubens[2]) durch exakte
und umfangreiche Untersuchungen gefunden, daß für das Reflexionsvermögen der Metalle die folgende einheitliche Beziehung zur Wellen-

---

[1]) E. Aschkinaß. Ann. d. Phys. **17**, 960, 1905.
[2]) Hagen und Rubens. Verh. d. Deutsch. Phys. Ges. **5**, 113 bis 145, 1903;
Ann. **11**, 873, 1903.

länge und Temperatur besteht, wie sie von der elektromagnetischen Theorie[1]) gefordert wurde.

Diese lautet:

$$100 - R_\lambda = \frac{36{,}5}{\sqrt{k\lambda}}, \quad \ldots \ldots \quad 31)$$

wenn mit k der reziproke Widerstand des Metalles von 1 m Länge und 1 mm² Querschnitt bezeichnet wird.

Die Hagen-Rubensschen Versuche lehren freilich, daß diese Beziehung nur für alle Wellen größer als 4 μ als gültig anzusehen ist, während sie für kleinere Wellen vollständig versagt: Für die sichtbaren Wellen scheint nämlich nach den vielen vorliegenden Versuchen das Reflexionsvermögen von der Temperatur so gut wie unabhängig zu sein.

Nimmt man gleichwohl mit Aschkinaß die Hagen-Rubenssche Beziehung (31) als allgemein gültig an, so erhält man durch Verbindung der Beziehungen (30) und (31) die Gleichung:

$$\left[E_\lambda = \frac{100 - R_\lambda}{100} S_\lambda = \frac{0{,}365}{\sqrt{\lambda \cdot k}} S_\lambda \right]_T \quad \ldots \ldots \quad 32)$$

und wenn man den Wert von $S_{\lambda T}$ aus der Planckschen Spektralgleichung für die schwarze Strahlung einsetzt:

$$E_{\lambda T} = \frac{0{,}365}{\sqrt{\lambda \cdot k}} \cdot c_1 \cdot \lambda^{-5} \frac{1}{e^{\frac{c_2}{\lambda T}} - 1} \quad \ldots \ldots \quad 33)$$

wo c_1 und c_2 die Konstanten der Planckschen Spektralgleichung sind (§ 56).

Statt der Größe k wollen wir den spezifischen Widerstand des Metalls einführen und seinen Wert bei der abs. Temperatur T mit s_T bezeichnen. Dann wird nach Aschkinaß die Strahlung reiner Metalle allgemein durch die Gleichung dargestellt:

$$E_{\lambda T} = c_1 \cdot 0{,}365 \sqrt{s_T} \, \lambda^{-5{,}5} \cdot \frac{1}{e^{\frac{c_2}{\lambda T}} - 1} \quad \ldots \ldots \quad 34)$$

Bildet man $\partial E / \partial \lambda = 0$, so erhält man für die Wellenlänge λ_m des Energiemaximums E_m das »Verschiebungsgesetz«:

$$\lambda_m \cdot T = \text{Konstans} = \frac{c_2}{5{,}477} \quad \ldots \ldots \quad 35)$$

---

[1]) P. Drude. Phys. d. Äthers, 1894, S. 574 Formel 66 und M. Planck. Berl. Ber. 1903, S. 278.

Nach den Versuchen von Lummer-Pringsheim ist der Wert der Konstanten c_2 der Planckschen Spektralgleichung gleich 14600[1]), so daß man erhält:

$$\lambda_m \cdot T = \frac{14600}{5,477} = 2666 \quad \ldots \ldots \quad 35a)$$

während Lummer und Pringsheim experimentell für Platin $\lambda_m \cdot T$ = 2630 gefunden hatten (§ 57). Theorie und Beobachtung stehen also über Erwarten gut miteinander im Einklang.

Aber noch mehr: Macht man die Annahme, daß die reinen Metalle in bezug auf den Temperaturkoeffizienten die Beziehung erfüllen:

$$s_T = s_0 \cdot \frac{T}{273}, \quad \ldots \ldots \ldots \quad 36)$$

wo s_0 bzw. s_T der spezifische Widerstand bei 0^0 Cels. bzw. der abs. Temperatur T Grad bezeichnen, so führt die Aschkinaßsche Theorie zu den folgenden Strahlungsgleichungen der reinen Metalle:

$$\text{I)} \qquad E_{\lambda T} = c_1 \cdot 0,0221 \sqrt{s_0\, T\, \lambda^{-5,5}} \cdot \frac{1}{e^{\frac{c_2}{\lambda\, T}} - 1} \quad \ldots \ldots \quad 37)$$

$$\text{II)} \qquad E_m = c_1 \cdot 1,334 \cdot 10^{-23} \sqrt{s_0 \cdot T^6} \quad \ldots \ldots \quad 38)$$

$$\text{III)} \qquad \int_0^\infty E_\lambda\, d\lambda = c_1 \cdot 4,936 \cdot 10^{-20} \sqrt{s_0 \cdot T^5} \quad \ldots \ldots \quad 39)$$

wo wiederum c_1 und c_2 die Konstanten der Planckschen Spektralgleichung sind. Tatsächlich stehen die Gesetze II und III, nach denen die maximale Strahlung zur sechsten und die Gesamtstrahlung zur fünften Potenz fortschreiten soll, im Einklang mit den Beobachtungen am reinen Platin. Wie Aschkinaß gezeigt hat, gibt die Spektralgleichung (37) für den Platinwert $s_0 = 0,108$ auch die freilich nur im unsichtbaren Spektralgebiet beobachtete Energieverteilung im Spektrum des Platins recht genau wieder. Erfreulich ist auch die weitere Tatsache, daß diese Theorie auch das von Lummer-Kurlbaum beobachtete Verhältnis der Gesamtstrahlung zwischen dem schwarzen Körper und dem blanken Platin quantitativ richtig wiedergibt (§ 54).

Selbstverständlich kommt auch der Aschkinaßschen Theorie keine allgemeine Gültigkeit zu, da sie zu unmöglichen Konsequenzen führt: Denn es folgt aus ihr, daß das blanke Platin bei Temperaturen

---

[1]) Über die neueren Bestimmungen des Wertes von c_2 siehe § 56.

über 8800° abs. eine größere Strahlungsmenge pro Flächeneinheit emittieren würde als der schwarze Körper dieser Temperatur. In Wirklichkeit kann dies bei keiner noch so hohen Temperatur eintreten.

Die überraschend gute Übereinstimmung für blankes Platin zwischen Beobachtung und Theorie berechtigt uns, aus ihr auch die Strahlungskonstante μ des Gesamtstrahlungsgesetzes:

$$E = \mu \cdot T^5$$

aller Metalle im absoluten Maße zu berechnen.

Nach Aschkinaß gilt für die Gesamtstrahlung eines beliebigen Metalls:

$$E = \int_0^\infty E_\lambda \, d\lambda = \frac{T \sqrt{s_0}}{2895} \cdot \int_0^\infty S_\lambda \, d\lambda \quad \ldots \ldots 40)$$

oder mit Hilfe des Stefan-Boltzmannschen Gesetzes für die schwarze Strahlung:

$$\int_0^\infty E_\lambda \, d\lambda = \frac{\sqrt{s_0}}{2895} \cdot \sigma T^5 \quad \ldots \ldots 41)$$

Also wird das Gesetz für die Gesamtstrahlung des reinen Platins $(s_0 = 0,108)$:

$$\int_0^\infty E_\lambda \, d\lambda = 0,0001135 \cdot \sigma \cdot T^5 \quad \ldots \ldots 42)$$

und indem wir für die Strahlungskonstante σ des schwarzen Körpers den Mittelwert der bisherigen Beobachtungen (§ 52) einsetzen:

$$\int_0^\infty E_\lambda \, d\lambda = 0,000157 \cdot 10^{-12} \cdot T^5 \, \frac{\text{gr-Kal}}{\text{cm}^2 \, \text{sec} \cdot \text{grad}^4} \quad \ldots 43)$$

Aus später mitgeteilten direkten Beobachtungen ergibt sich für μ der Wert $0,000158 \cdot 10^{-12}$ (§ 71), so daß die Aschkinaßsche Theorie wohl geeignet ist, um aus ihr die Gesamtstrahlungsgesetze auch der übrigen Metalle zu ermitteln, für welche der spezifische Widerstand s_0 bekannt ist und keine experimentellen Beobachtungen vorliegen.

VII. Kapitel.

Beziehung zwischen Flächenhelligkeit und Temperatur.

§ 59. Experimentelle Bestimmung dieser Beziehung für den schwarzen Körper und blankes Platin. Als Erste haben Lummer und Kurlbaum[1]) das Fortschreiten der Flächenhelligkeit mit der Temperatur experimentell ermittelt, und zwar für blankes Platin. Um die Helligkeit auch bei der untersten Stufe des Glühens messen zu können, wählten sie die in Fig. 41 skizzierte Versuchsanordnung, in welcher H den elektrisch geglühten Platinkasten bedeutet (§ 54). Den zwei Seiten des Lummer-Brodhunschen Photometerwürfels standen die Linsen L_1 und L_2 gegenüber. Vor der Linse L_1 stand ein elektrisch geglühtes Platinblech P, von dem ein Bild in der Ebene der Öffnung O entworfen wurde, so daß für das beobachtende Auge O stets die Pupille ganz ausgefüllt war und die Linse L_1, abgesehen von Reflexionsverlusten, mit der Flächenhelligkeit des Platinbleches P leuchtete. Ebenso fiel das Bild der ebenen, gleichmäßig glühenden Vorderfläche des Platinkastens H auf die Öffnung O, so daß beide Platinflächen durch Stromregulierung leicht auf gleiche Helligkeit gebracht werden konnten. Dann wurde die Temperatur des Platinkastens abgelesen, seine Flächenhelligkeit durch den in der Figur weggelassenen Lummer-Brodhunschen rotierenden Sektor (§ 10) um einen bestimmten Bruchteil geschwächt und durch Steigerung seiner Temperatur wieder photometrische Gleichheit hergestellt.

Sind H_1 und H_2 die beiden Flächenhelligkeiten des Platinkastens und T_1 und T_2 die beiden zugehörigen absoluten Temperaturen, so kann gesetzt werden:

Fig. 41.

---

[1]) O. Lummer u. F. Kurlbaum. »Über das Fortschreiten der photometrischen Helligkeit mit der Temperatur.« Verh. d. Deutsch. Phys. Ges. **2**, 89 bis 92, 1900.

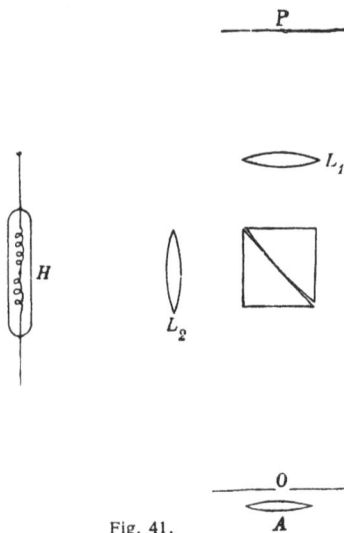

$$\frac{H_1}{H_2} = \left(\frac{T_1}{T_2}\right)^x, \quad \ldots \ldots \ldots \quad 44)$$

wobei x nur innerhalb des kleinen benutzten Temperaturintervalles gültig ist. So wurden, bei verschieden hohen Temperaturen beginnend, die in der folgenden Tabelle 7 angegebenen Werte von x gefunden.

Tabelle 7.

$T_{abs.}$	900	1000	1100	1200	1400	1600	1900
x	30	25	21	19	18	15	14

Aus ihr erkennt man, wie rapid die Flächenhelligkeit mit der Temperatur ansteigt und ein wie scharfes Kriterium die Gleichheit der Helligkeit, z. B. innerhalb des schwarzen Körpers für die Temperaturgleichheit bildet.

Auch für den schwarzen Körper liegt einiges Beobachtungsmaterial vor. Nach Messungen von Lummer-Pringsheim[1]) strahlt der schwarze Körper pro mm² Fläche die in folgender Tabelle angegebenen, in horizontaler Richtung gemessenen Hefnerkerzen aus:

Bei 1448⁰ abs. etwa 0,0042 Hefnerkerzen.
» 1600⁰ » » 0,0220 »
» 1708⁰ » » 0,0635 »

Aus diesen Daten folgt, daß bei 1550⁰ abs. $x = 16,9$ und bei 1620⁰ abs. $x = 15,9$ ist.

Nach neueren Versuchen[2]) strahlt der schwarze Körper pro mm² Fläche:

Bei 1295⁰ abs. 0,0006 Hefnerkerzen.
» 1588⁰ » 0,0200 »
» 1735⁰ » 0,0771 »

Extrapoliert man diese Resultate nach einem auf der Formel 44) beruhenden Extrapolationsverfahren, so erhält man für 2000⁰ abs. 0,511 HK, während sich aus den Lummer-Pringsheimschen Versuchen 0,480 ergibt.

---

[1]) O. Lummer und E. Pringsheim. Tätigkeitsber. d. Phys. Techn. Reichsanstalt 1900.

[2]) Diese Versuche wurden im Bresl. Physik. Inst. ausgeführt. H. Kohn, l. c. S. 116.

§ 60. Theoretische Herleitung dieser Beziehung für den schwarzen Körper und das blanke Platin. Auf dem Vorschlage von Lummer-Kurlbaum, das Fortschreiten der Flächenhelligkeit mit der Temperatur auf rechnerischem Wege zu ermitteln, fußt die Berechnung von Eisler[1] für den schwarzen Körper. Neuerdings haben Lummer und Kohn[2] diese Beziehung unter Benutzung neuerer Daten und bis zu sehr viel höheren Temperaturen nochmals berechnet, und zwar nicht nur für den schwarzen Körper, sondern auch für das blanke Platin.

Unter der gesamten Flächenhelligkeit oder auch photometrischen Flächenhelligkeit eines Körpers werde die Intensität der Lichtempfindung verstanden, die die von der Flächeneinheit des glühenden Körpers ausgehende Strahlung in unserm Auge hervorruft; um sie zu berechnen, muß die Wirkung jeder einzelnen von der Lichtquelle ausgehenden Farbe oder Wellenlänge bekannt sein, ferner das Gesetz, nach dem diese Einzelwirkungen sich im Auge zusammensetzen. Ist ε_λ die Helligkeitsempfindlichkeit der Netzhautzapfen, $S_\lambda\, d\lambda$ die Strahlungsintensität der Lichtquelle, so ist die Wirkung für diesen Wellenlängenbezirk $d\lambda$ durch die Gleichung

$$H_\lambda\, d\lambda = \varepsilon_\lambda \cdot S_\lambda\, d\lambda \quad . \quad . \quad . \quad . \quad . \quad . \quad 45)$$

gegeben. Macht man mit Eisler die Annahme, daß die Einzelwirkungen sich zu der Gesamtwirkung einfach addieren, so wird die gesamte Flächenhelligkeit durch die Bildung des Integrals

$$H = \int_{\lambda\,\text{viol.}}^{\lambda\,\text{rot}} H_\lambda\, d\lambda = \int_{\lambda\,\text{viol.}}^{\lambda\,\text{rot}} \varepsilon_\lambda\, S_\lambda\, d\lambda \quad . \quad . \quad . \quad . \quad . \quad 46)$$

über das ganze sichtbare Spektrum gewonnen. Die Werte für ε_λ entnehmen wir der Benderschen[3] Helligkeitsempfindlichkeitskurve für die Zapfen (Zapfenkurve) des farbentüchtigen Auges ($\varepsilon_\lambda = 100$ im Maximum).

---

[1] H. Eisler. E. T. Z. **25**, 188 bis 190, 1904. Vgl. auch E. Rasch, Ann. d. Phys. (4) **14**, 192 bis 203, 1904.

[2] O. Lummer und H. Kohn. Jahresber. d. Schles. Ges. f. Vaterl. Kultur 1915. Sitzg. v. 29. Juli 1915. Siehe auch Beibl. **40**, 1, 1916, S. 84.

[3] H. Bender. Diss. Breslau 1913, s. a. Ann. d. Phys. (4) **45**, 105 bis 132, 1914. Die gleichen Berechnungen wurden inzwischen von Pirani und Miething (Verh. d. Deutsch. Physik. Ges. **17**, 219, 1915), für den schwarzen Körper aber unter Zugrundelegung der von Ives bestimmten Empfindlichkeitskurve angestellt.

Die Energiewerte S_λ werden für den schwarzen Körper nach der Planckschen Spektralgleichung berechnet, für das blanke Platin nach der Aschkinaßschen Spektralgleichung in der Form

$$S_\lambda = 0{,}221\, c_1 \cdot \sqrt{s_0\, T \cdot \lambda}\ ^{5{,}5} \cdot \frac{1}{e^{\frac{c_2}{\lambda T}} - 1} \quad \cdots \quad 47)$$

wo für den spezifischen Widerstand des Platins (bei 0° C) der Wert $s_0 = 0{,}108$ eingesetzt ist. Die Integration erfolgt graphisch (Genauigkeit $\pm 2^\circ{}_0$). Als Grenzen sind diejenigen Wellenlängen anzusehen, bei welchen die zugehörige monochromatische Flächenhelligkeit $\varepsilon_\lambda \cdot S_\lambda\, d\lambda$ merklich gleich 0 ist. Bei der Berechnung wurden die Werte $c_1 = 3{,}5 \times 10^{-5}$ erg $\cdot$ cm^2 und $c_2 = 1{,}45$ cm $\cdot$ grad zugrunde gelegt[1]).

In dieser Weise wurde für die schwarze Strahlung die Flächenhelligkeit als Funktion der Temperatur im Intervall von 800 bis 8000° abs. berechnet, für das blanke Platin im Intervall von 800 bis 7000° abs. Es sei nochmals betont, daß die den Berechnungen für das blanke Platin zugrunde liegende Aschkinaßsche Theorie experimentell selbstredend nur bis zum Schmelzpunkt des Platins geprüft und die Verwendung bei den hohen Temperaturen daher als eine starke Extrapolation zu betrachten ist.

Tabelle 8. Schwarzer Körper.		Tabelle 9. Blankes Platin.	
Absolute Temperatur T	Flächen- helligkeit H	Absolute Temperatur T	Flächen- helligkeit H
800°	$2{,}748$	800°	$0{,}718$
1000	$9{,}850 \cdot 10^2$	1000	$2{,}878 \cdot 10^2$
1500	$2{,}946 \cdot 10^6$	1500	$1{,}098 \cdot 10^6$
2000	$1{,}856 \cdot 10^8$	2000	$7{,}925 \cdot 10^7$
2500	$2{,}330 \cdot 10^9$	2500	$1{,}133 \cdot 10^9$
3000	$1{,}291 \cdot 10^{10}$	3000	$6{,}829 \cdot 10^9$
4000	$1{,}135 \cdot 10^{11}$	4000	$6{,}851 \cdot 10^{10}$
5000	$4{,}245 \cdot 10^{11}$	5000	$2{,}940 \cdot 10^{11}$
6000	$1{,}016 \cdot 10^{12}$	6000	$7{,}735 \cdot 10^{11}$
7000	$1{,}948 \cdot 10^{12}$	7000	$1{,}562 \cdot 10^{12}$
8000	$3{,}233 \cdot 10^{12}$		

[1]) Anmerkung bei der Korrektur: Gemäß den Beziehungen, die zwischen den Strahlungskonstanten bestehen (§ 56) hätte zum Wert $c_2 = 1{,}45$ der Wert $c_1 = 3{,}68 : 10^{-5}$ genommen werden müssen. Das Resultat hätte sich dadurch nicht geändert, da es hier nur auf relative Werte ankommt.

In den Tabellen 8 und 9 sind die für die schwarze bzw. Platin-strahlung erhaltenen Werte der Flächenhelligkeit verzeichnet. Um den Helligkeitsanstieg für die beiden Strahlungen vergleichen zu können, wurden in Tabelle 10 die Helligkeitswerte für den schwarzen Körper und für das blanke Platin zusammengestellt und schließlich in der dritten Kolumne der Tabelle einige Werte angegeben, die man für die Flächenhelligkeit des blanken Platins erhält, wenn man in Gleichung 46) die Platinenergie $S_\lambda\, d\lambda$ nach dem Kirchhoffschen Gesetz unter Einführung der von Hagen-Rubens[1]) gemessenen Werte für das Absorptions- bzw. Reflexionsvermögen des Platins berechnet. Bei 800⁰ sind willkürlich alle Werte gleich 1 gesetzt. Nach der Aschkinaßschen Theorie verläuft der Anstieg beim blanken Platin etwas anders als nach der Berechnung unter Be-nutzung des Kirchhoffschen Gesetzes. Beide weichen im gleichen Sinne von dem Anstieg der Flächenhelligkeit beim schwarzen Körper ab. In Anbetracht dessen aber, daß man es mit dem Maximal- und dem Minimalstrahler zu tun hat, müssen die Unterschiede im Anstieg der Flächenhelligkeit des schwarzen Körpers und des blanken Platins als relativ gering angesehen werden, wenigstens in allen Fällen, in denen aus der Flächenhelligkeit auf die Temperatur geschlossen wird (vgl. § 75). Daß die Zahlenwerte der Flächenhelligkeit für das Platin größere als für den schwarzen Körper sind, resultiert lediglich daraus, daß bei 800⁰ alle Werte willkürlich gleich 1 gesetzt wurden und im weiteren Verlauf der Anstieg der Helligkeit beim Platin etwas größer als beim schwarzen Körper ist.

Tabelle 10

Absolute Temperatur	Flächenhelligkeit des blanken Platins		Flächenhelligkeit des schwarzen Körpers
	(Aschkinaß)	(Hagen-Rubens)	
800⁰	1	1	1
1000	$4,008 \cdot 10^2$	$0,354 \cdot 10^2$	$3,584 \cdot 10^2$
1500	$1,529 \cdot 10^6$	$1,135 \cdot 10^6$	$1,072 \cdot 10^6$
2000	$1,104 \cdot 10^8$	$7,331 \cdot 10^7$	$6,754 \cdot 10^7$
2500	$1,578 \cdot 10^9$	$9,210 \cdot 10^8$	$8,440 \cdot 10^8$
3000	$9,511 \cdot 10^9$	$5,016 \cdot 10^9$	$4,698 \cdot 10^9$
4000	$9,542 \cdot 10^{10}$		$4,130 \cdot 10^{10}$
5000	$4,094 \cdot 10^{11}$		$1,545 \cdot 10^{11}$
6000	$1,083 \cdot 10^{12}$		$3,697 \cdot 10^{11}$
7000	$2,175 \cdot 10^{12}$		$7,089 \cdot 10^{11}$

[1]) E. Hagen und W. Rubens. Ann. d. Phys. 1, 352 bis 375, 1900.

Das in der Tabelle 10 mitgeteilte Material ist zur Konstruktion der in Fig. 42 reproduzierten Kurven benutzt worden, von denen sich die Kurve AB auf den schwarzen Körper und Kurve AC auf das blanke Platin bezieht.

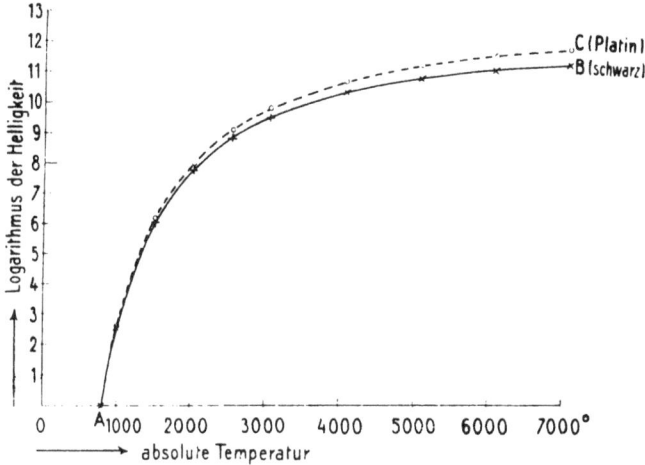

Fig. 42.

Aus diesen Resultaten wurden die Werte von x des Lummer-Kurlbaumschen Potenzgesetzes (§ 59):

$$\frac{H_1}{H_2} = \left(\frac{T_1}{T_2}\right)^x$$

ermittelt; sie sind in den Tabellen 11 und 12 mitgeteilt.

<table>
<tr><td colspan="3" align="center">Tabelle 11.
Schwarzer Körper.</td><td colspan="3" align="center">Tabelle 12.
Blankes Platin.</td></tr>
</table>

Abs. Temp. T	Potenz x	$x \cdot T$	Abs. Temp. T	Potenz x	$x \cdot T$
804⁰	29,9	24 043	804⁰	30,4	24 400
1005	25,1	25 276	1005	25,3	25 383
1508	17,0	25 684	1508	17,2	25 942
2010	12,6	25 437	2010	12,8	25 702
2513	10,5	26 329	2512	10,6	26 616
4000	6,57	26 280	3015	8,78	26 472
5000	5,34	26 700	4020	6,83	27 433
6000	4,48	26 880	5025	5,59	28 080
7000	3,84	26 880	6030	4,88	29 410
7960	3,45	27 465	6965	4,03	28 036

9*

Bei tieferen Temperaturen steigt die Helligkeit mit einer sehr hohen Potenz der Temperatur, bei 800° etwa mit der 30., an, während bei den jetzt erreichten hohen Temperaturen (vgl. § 94) der Anstieg nur noch mit der vierten Potenz und darunter erfolgt. Die Bildung des Produktes $x \cdot T$, dessen Werte für den schwarzen Körper in der Kolumne 3 der Tabelle 11 verzeichnet sind, für das blanke Platin in Tabelle 12, führte zu einem im wesentlichen mit den von Rasch[1]) bei niedrigen Temperaturen erhaltenen Resultaten in Einklang stehendem Ergebnis. Innerhalb gewisser Grenzen ist das Produkt als konstant anzusehen; doch scheint der kleine Anstieg seines Wertes

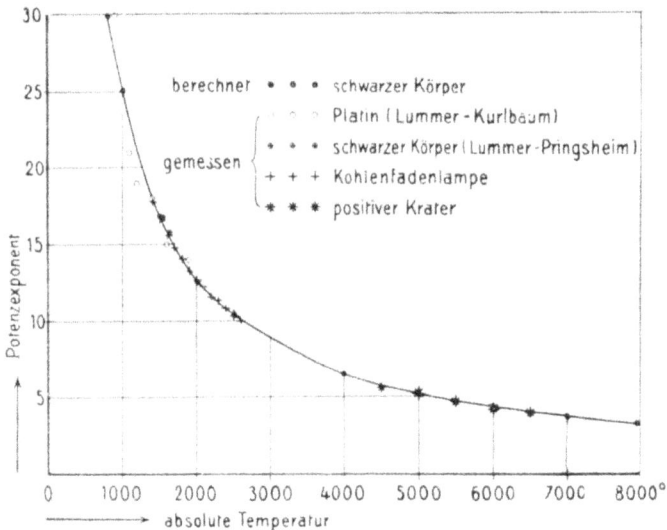

Fig. 43.

mit wachsender Temperatur nicht mehr innerhalb der Fehlergrenzen zu liegen[2]).

Die einander zugehörigen Wertepaare von x und T sind in Fig. 43 in Gestalt einer Kurve aufgetragen, die wir als »x-Kurve« bezeichnen wollen. Die Punkte beziehen sich auf den schwarzen Körper, die Kreise auf die von Lummer-Kurlbaum experimentell für Platin ermittelten Werte (§ 59) und die Kreise mit Kreuzen auf die Beobachtungen von Lummer-Pringsheim am schwarzen Körper. Die für Platin berechneten x-Werte sind nicht eingetragen, da sie bei tiefen Temperaturen gar nicht, bei hohen nur wenig von

---

[1]) E. Rasch, l. c. 1904.
[2]) Vgl. Pirani und Miething l. c. 1915.

den für den schwarzen Körper berechneten abweichen: So verschieden emittierende Substanzen, wie der schwarze
Körper und das blanke Platin, besitzen also fast die
gleiche x-Kurve.

Da tatsächlich die Beziehung zwischen der Flächenhelligkeit
und der Temperatur für beide Substanzen eine etwas andere ist
(vgl. Tabelle 10), so folgt, daß die x-Darstellung unempfindlicher
gegen kleine Unterschiede dieser Beziehung ist. Dies geht schon daraus hervor, daß x im Exponenten steht.

Die in die x-Kurve (Fig. 43) außerdem eingetragenen Werte
von x für die Glühlampen- und Bogenlampenkohle sind experimentell
gefunden worden. Davon handeln die folgenden Paragraphen.

**§ 61. Experimentelle Bestimmung der x-Kurve für Glüh-
lampen- und Bogenlampenkohle.**

In den Glühlampen wurden U-förmig gebogene Fäden verwendet, deren Temperaturen nach der Lummer schen Methode (§ 73),
aus der der Lampe zugeführten Energie (in Watts) bei genauer Bestimmung der Fadenoberfläche und unter Benutzung der Lummerschen Kohlekonstante (μ) bestimmt wurden. Die Helligkeiten in den

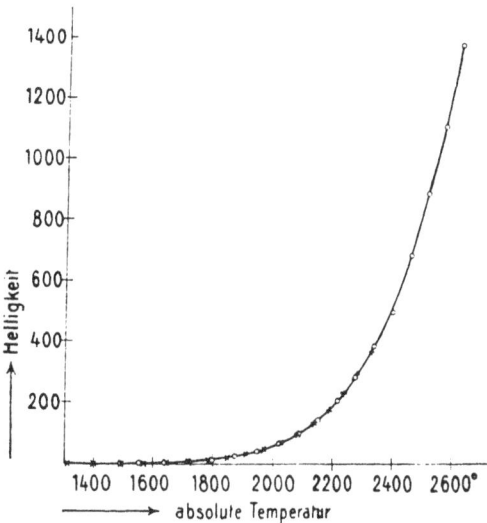

Fig. 44.

verschiedenen Glühzuständen wurden mit dem Lummer schen
Interferenzwürfel (§ 8) gemessen. Tabelle 13 und Fig. 44 zeigen die
zusammengehörigen Temperatur- und Helligkeitswerte nach Messun-

gen von Lummer und Kohn[1]) bei zwei Lampen, und zwar wurde die Helligkeit bei der Temperatur von 2087⁰ abs. willkürlich gleich 100 gesetzt. Die nach der Kurve in Fig. 44 berechneten x-Werte sind in der Kolumne 2 der folgenden Tabelle 14 mitgeteilt, in welcher außerdem die für das blanke Platin experimentell erhaltenen Werte und die für den schwarzen Körper berechneten angegeben sind. Diese x-Werte für die Glühlampenkohle sind durch $+++$ in die Fig. 43 eingetragen. Die Anpassung an die Kurve ist vorzüglich. Dies war zu erwarten, da durch anderweitige Versuche nachgewiesen ist, daß die Glühlampenkohle wie ein grauer Körper strahlt (§ 78).

Tabelle 13.

Absolute Temperatur	Helligkeit	Absolute Temperatur	Helligkeit
1311⁰	0,10	1492⁰	0,73
1401	0,31	1552	1,55
1494	0,88	1638	3,78
1570	2,11	1720	7,60
1646	4,33	1798	15,31
1717	7,91	1873	26,08
1787	13,37	1949	42,26
1849	21,77	2921	66,00
1911	33,92	2087	100,0
1972	50,38	2154	143,6
2030	72,55	2217	208,4
2084	99,00	2282	202,9
2139	135,4	2345	384,6
2190	177,1	2408	399,0
2241	231,0	2469	684,3
2288	292,9	2529	887,1
2338	365,3	2588	1105,4
		2644	1371,8

Tabelle 14.

Absolute Temperatur	x gemessen		x berechnet für den schwarzen Körper
	Kohle	Platin	
900⁰		30	27,5
1000		25	25,0
1100		21	23,3
1200		19	21,2
1400	17,8	18	18,0
1500	16,7		16,8
1600	15,6	15	15,7
1700	14,8		14,8
1800	14,1		14,1
1900	13,3	14	13,4
2000	12,7		12,6
2100	12,3		12,2
2200	11,6		11,7
2300	11,4		11,2
2400	10,9		10,9
2500	10,4		10,5
2600	10,1		10,1

Nachdem es gelungen war, die Flächenhelligkeit des positiven Kraters der Bogenlampe mit Erhöhung des äußeren Druckes zu steigern (§ 94) und nachdem nachgewiesen war, daß der positive Krater der in freier Luft (bei 1 Atm. Druck) brennenden Bogenlampe eine konstante Flächenhelligkeit besitzt (§ 92), konnte auch für die Bogenlampenkohle (Reinkohle) die Beziehung zwischen Flächenhelligkeit und Druck gemessen werden. Die Helligkeitsmessungen

---

[1]) O. Lummer und H. Kohn, l. c. S. 128.

des positiven Kraters der unter verschiedenen Drucken brennenden Bogenlampe wurden ebenfalls mit dem Lummerschen Interferenzwürfel ausgeführt. Die zu den verschiedenen Drucken gehörigen wahren Temperaturen wurden nach der im § 80 beschriebenen Methode bestimmt. Dabei ergab sich die Temperatur des positiven Kraters der in freier Luft brennenden Bogenlampe zu 4287° abs. Setzt man willkürlich seine Flächenhelligkeit gleich 100, so führen diese Messungen zu den in Tabelle 15 und in Fig. 45 mitgeteilten Resultaten. Die aus

Tabelle 15.

Druck	Flächen-Helligkeit	Krater-Temperatur
1	100	4287 abs.
2	167	4749 »
3	272	5143 »
6	585	6009 »
9	924	6654 »

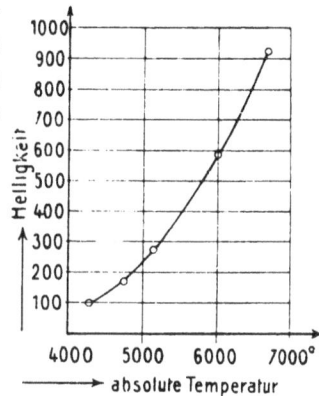

Fig. 45.

ihnen ermittelten Werte der Potenz x sind als Sterne in Fig. 43 eingetragen; sie schließen sich der x-Kurve für den schwarzen Körper ganz vorzüglich an, zumal wenn man bedenkt, daß die Helligkeitsmessungen bei der unter hohem Druck brennenden Bogenlampe recht schwierig sind.

§ 62. Temperatur und Flächenhelligkeit einzelner Spektralbezirke (Farben). Logarithmische Isochromaten. Um für eine einzelne Farbe das Fortschreiten der Flächenhelligkeit mit der Temperatur zu ermitteln, bedient man sich des Spektralphotometers. Am geeignetsten hierfür ist das Spektralphotometer von Lummer-Brodhun (Fig. 15, § 17), da es zwei getrennte Kollimatorrohre besitzt. Vor dem Spalt des einen Rohrs befindet sich die zu untersuchende Lichtquelle, z. B. der schwarze Körper, vor dem Spalt des anderen Rohrs eine konstante Vergleichslichtquelle, z. B. eine von einer Glühlampe beleuchtete Mattscheibe. Bei einer gewünschten Wellenlänge vergleicht man dann die Helligkeit des schwarzen Körpers bei verschiedenen Temperaturen mit der konstanten Helligkeit der Vergleichslichtquelle und erhält so das Fortschreiten der Helligkeit dieser Wellenlänge mit der Temperatur.

Solche Messungen sind zuerst von W a n n e r und P a s c h e n [1])
bzw. W a n n e r [2]) ausgeführt worden, und zwar für den schwarzen
Körper. Trägt man nach ihrem Vorgang als Abszisse die reziproke
abs. Temperatur und als Ordinate den Logarithmus der zugehörigen
Flächenhelligkeit auf, so erhält man eine sog. »logarithmische iso-
chromatische Kurve«.
Die auf diese Weise von L u m m e r - P r i n g s h e i m [3]) für den
s c h w a r z e n   K ö r p e r gewonnenen logar. Isochromaten sind in Fig. 46
wiedergegeben. Aus ihnen erkennt man, daß auch die Helligkeit

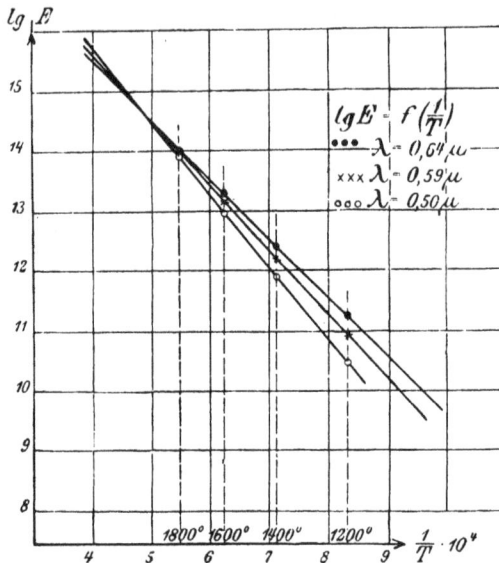

Fig. 46.

für eine einzelne Farbe sich sehr schnell mit der Temperatur ändert.
Gemäß der logarithmischen Isochromate für gelbes Natriumlicht
($\lambda = 0{,}589\,\mu$) v e r d o p p e l t   s i c h   d i e   H e l l i g k e i t ,   w e n n   s i c h   d i e
T e m p e r a t u r   d e s   s c h w a r z e n   K ö r p e r s   n u r   v o n   1800°   a u f
1875° abs., d. h. u m   n u r   4 % erhöht. Noch schneller wächst die
Helligkeit im blauen Teile des Spektrums, während sie um so lang-
samer mit der Temperatur ansteigt, je weiter die Welle nach dem
Ultrarot liegt. Ähnlich verhält es sich beim blanken Platin (§ 57).

---

[1]) H. W a n n e r und F. P a s c h e n. Berl. Akad. Ber. 1899, S. 5 bis 11.
[2]) H. W a n n e r. Ann. d. Phys. 2, 141 bis 157, 1900.
[3]) O. L u m m e r und E. P r i n g s h e i m. Verhdlg. d. Deutsch. Phys. Ges.
3, 36, 1901.

Daß die Isochromaten des schwarzen Körpers, aufgetragen in der Form logarithmischer Isochromaten:

$$\log S_\lambda = \text{Funktion} \ (1/T)$$

einen geradlinigen Verlauf zeigen, spricht für die Gültigkeit der Planckschen Spektralgleichung auch im sichtbaren Gebiet. Es ist dies wichtig, weil im sichtbaren Gebiet keine spektrobolometrischen Versuche vorliegen.

Hierdurch ist die Grundlage der photometrischen Temperaturbestimmung unter Benutzung der »schwarzen« Isochromaten sichergestellt (§ 62).

VIII. Kapitel.

Messung schwarzer Temperaturen.

§ 63. Schwarze Temperatur. Sowohl die auf die Strahlungsenergie sich beziehenden Gesetze, als auch die für die Flächenhelligkeit gefundenen Gesetzmäßigkeiten des schwarzen Körpers können als Grundlage dienen, um aus der Strahlung eines schwarzen Körpers unbekannter Temperatur dessen wahre Temperatur zu ermitteln (§ 67).

Kennt man aber die Strahlungseigenschaften des Temperaturstrahlers nicht, dessen unbekannte Temperatur bestimmt werden soll, so erhält man bei Anwendung der Gesetzmäßigkeiten der schwarzen Strahlung nicht die wahre Temperatur, sondern die sog. »schwarze« Temperatur des Strahlungskörpers, d. h. diejenige, die ihm als wahre Temperatur zukommen würde, wenn er wie der schwarze Körper strahlen würde, d. h. wenn er selbst ein schwarzer Körper wäre.

§ 64. Benutzung des Wienschen Verschiebungsgesetzes. Unter Verwendung des experimentell gefundenen Wertes der Konstante lautet das Wiensche Verschiebungsgesetz für den schwarzen Körper (§ 55):

$$\lambda_m \cdot T = 2940$$

wo λ_m diejenige in μ gemessene Wellenlänge ist, bei der das Energiemaximum im Normalspektrum des schwarzen Körpers von der absoluten Temperatur T liegt. Die Ersten, welche diese Methode zur Temperaturbestimmung gebräuchlicher Lichtquellen benutzten, waren Lummer und Pringsheim[1]). Ist λ_m für die maximale Strahlungsenergie einer zur Temperaturstrahlung gehörigen Lichtquelle gefunden, so ist deren schwarze Temperatur zu berechnen aus der Gleichung:

$$T^0_{abs} = \frac{2940}{\lambda_m} \quad \ldots \ldots \quad 48)$$

Die so gefundenen schwarzen Temperaturen der von Lummer und Pringsheim untersuchten Lichtquellen sind unter T_{max} in der Tabelle 16 mitgeteilt.

Zu einer Zeit, als man über die Strahlungseigenschaften dieser Lichtquellen noch nichts wußte, war es ein glücklicher Gedanke, außer jener schwarzen maximalen Temperatur auch noch diejenige minimale Temperatur zu bestimmen, die diesen Lichtquellen zukommen würde, wenn sie nicht wie der schwarze Körper, sondern wie blankes Platin strahlen würden. Sie ergibt sich aus dem Verschiebungsgesetz für blankes Platin (§ 57):

$$\lambda_m \cdot T = 2630$$

zu

$$T^0_{abs} = \frac{2630}{\lambda_m} \quad \ldots \ldots \ldots \quad 49)$$

wo λ_m ebenfalls in μ zu messen ist. Diese »Platintemperaturen« sind in Tabelle 16 unter T_{min} eingetragen. Mit Recht schlossen Lummer und Pringsheim, daß die wahre Temperatur der untersuchten Lichtquellen zwischen den Grenzwerten T_{max} (schwarze Temperatur) und T_{min} (Platintemperatur) liegen müsse, soweit deren Strahlungseigenschaften zwischen denen des schwarzen Körpers und des blanken Platins liegen. Solche Lichtquellen sollen als zur Klasse: »Schwarzer Körper — Blankes Platin« gehörig definiert werden.

Tabelle 16.

	λ_m	T_{max}	T_{min}
Bogenlampe . . .	0,7 μ	4200⁰ abs.	3750⁰ abs.
Nernstlampe . . .	1,2	2450	2200
Auerlampe . . .	1,2	2450	2200
Glühlampe . . .	1,4	2100	1875
Kerze	1,5	1960	1750
Argandlampe . .	1,55	1900	1700

[1]) O. Lummer und E. Pringsheim. Verhdlgn. d. Deutsch. Phys. Ges. **1**, 230 bis 235, 1899.

Nach der gleichen Methode ist auch die Temperatur der Azetylenflamme bestimmt und zwischen die Grenzen 2700⁰ und 3000⁰ eingeschlossen worden[1]), während man sie unter Anwendung des Thermoelements früher auf 1800⁰ bestimmt hatte[2]).

Um ein Urteil zu gewinnen, ob die gemachte Voraussetzung über die Strahlungseigenschaften der in Tabelle 16 verzeichneten Lichtquellen erlaubt sei, wurde folgendermaßen verfahren. Hat

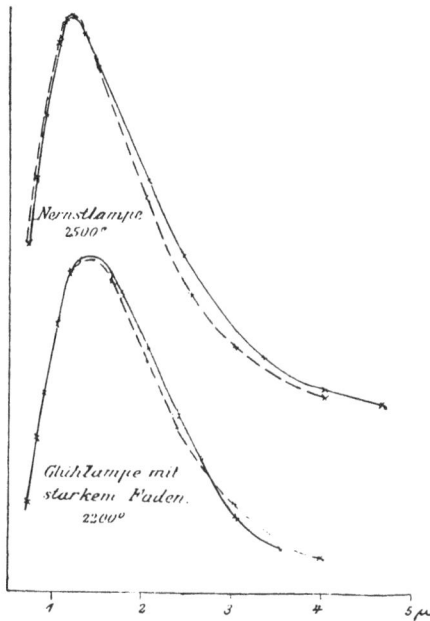

Fig. 47.

man die Temperatur einer Lichtquelle gefunden, so kann man mittels der allgemeinen Spektralgleichung für diese Temperatur die Energieverteilung der schwarzen Strahlung berechnen und mit ihr die beobachtete vergleichen. Dazu bringt man beide Kurven mit ihren Maximis künstlich zur Deckung. Dies wurde für die Nernstlampe und die gewöhnliche Glühlampe durchgeführt, und es finden sich in Fig. 47 die beobachteten Kurven stark, die berechneten Kurven dagegen gestrichelt gezeichnet. Wenn man aus der guten Übereinstimmung beider Kurven auch nicht schließen darf, daß

---

[1]) G. W. Stewart. »Die Energieverteilung im Spektrum der Azetylenflamme.« Physic. Rev. **14**, 257 bis 282, 1901.

[2]) E. L. Nichols. »Über die Temperatur der Azetylenflamme.« Phys. Rev. **10**, 234 bis 252, 1900.

die hier in Frage kommenden Glühsubstanzen »schwarze« bzw. »graue« Körper sind, so folgt daraus doch mit Sicherheit, daß sie zur Klasse: »Schwarzer Körper — Blankes Platin« gehören. Bei der Glühlampe schneiden sich die beiden Kurven etwa bei 2,8 μ, da bei dieser Wellenlänge die Absorption der Glasbirne einsetzt, insofern Glas alle Wellen von 3 μ aufwärts so gut wie ganz absorbiert.

Unter der Voraussetzung, daß die Kohle der Glühlampe und der Bogenlampe als g r a u e r Körper anzusprechen ist, für welche die Beziehung $\lambda_m \cdot T = 2940$ des schwarzen Körpers gilt, sind die unter T_{max} angegebenen Temperaturen (2100° abs. und 4200° abs.) die w a h r e n Temperaturen für die Glühlampe und die Bogenlampe. Diese Schlußfolgerung wird für die Glühlampenkohle durch die direkten Methoden der wahren Temperaturbestimmung bestätigt (§ 73 u. 78). Inwieweit dagegen die in einer frei brennenden Flamme leuchtenden Kohlestoffteilchen zur Klasse »Schwarzer Körper — Blankes Platin« gehören, muß erst noch durch genauere Untersuchungen festgestellt werden.

Nach den von F. K u r l b a u m [1]), R. L a d e n b u r g [2]) und A. B e k - k e r [3]) ausgeführten Temperaturmessungen an l e u c h t e n d e n Flammen sollen diese s e l e k t i v e r als blankes Platin strahlen, so daß ihre auf obige Weise bestimmten Temperaturen zu h o c h wären.

Im Widerspruch damit steht das Resultat von A m e r i o [4]), daß eine kohlehaltige Flamme wie ein g r a u e r Körper strahlt. M. E. muß eine leuchtende Gasflamme je nach der G r ö ß e der leuchtenden Kohlepartikelchen ganz verschiedene Strahlungseigenschaften zeigen. Versuche und Berechnungen in dieser Richtung sind im Gange.

§ 65. Benutzung der logarithmischen Isochromaten. Hat man diese für den schwarzen Körper bestimmt, so kann man mit dem gleichen Aufbau, mit welchem sie beobachtet worden sind, die schwarze Temperatur eines beliebigen Temperaturstrahlers auf spektralphotometrischem Wege ermitteln. Ohne am Aufbau etwas zu ändern, ersetzt man den schwarzen Körper durch die zu untersuchende Lichtquelle unbekannter Temperatur und mißt ihre Flächenhelligkeit für die gleichen Wellenlängen, für welche die

---

[1]) F. K u r l b a u m. ›Über eine einfache Methode, die Temperatur leuchtender Flammen zu bestimmen.‹ Phys. Zeitschr. III, S. 187, 1902.

[2]) R. L a d e n b u r g. Phys. Zeitschr. 7, 696, 1906.

[3]) A. B e c k e r. Ann. d. Phys. 28, 1017 bis 1031, 1909.

[4]) A l e s s a n d r o A m e r i o. »Sul potere emissivo del carbone.« Cim. (5) 12, 163—171, 1906. Fortschr. d. Physik 62. Jahrg. II. Abtlg. 1907 S. 442—443.

schwarzen logarithmischen Isochromaten bestimmt worden sind. Die Logarithmen dieser photometrisch gemessenen Intensitäten trägt man als Ordinaten in die zugehörigen, genügend verlängerten Isochromaten der schwarzen Strahlung ein und erhält so für jede Wellenlänge die schwarze Temperatur der untersuchten Lichtquelle.

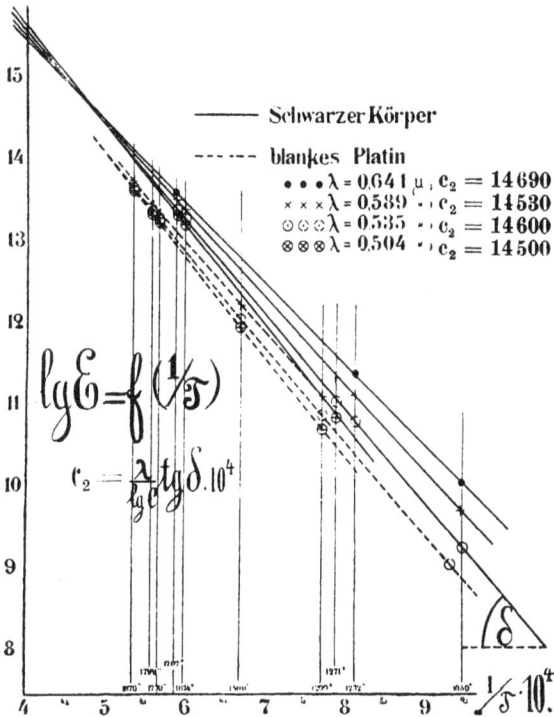

Fig. 48.

Die so erhaltenen schwarzen Temperaturen sind kleiner als die wahren Temperaturen; ferner sind sie im allgemeinen verschieden für die verschiedenen Wellenlängen.

Um ein Urteil über die Fehlergrenze dieser Methode zu gewinnen, haben Lummer und Pringsheim[1]) auch hier das blanke Platin dem schwarzen Körper gegenübergestellt.

In Fig. 48 sind die mit dem gleichen Aufbau beobachteten logarithmischen Isochromaten des schwarzen Körpers und des blanken Platins als ausgezogene und gestrichelte Kurven eingetragen. Trägt

---

[1]) O. Lummer und E. Pringsheim. Verhdlgn. d. Deutsch. Phys. Ges. 3, 36 bis 46, 1901.

man die gemessene Helligkeit des Platins (es wurde der Platinkasten benutzt, Fig. 38, § 54) in die gestrichelte Kurve ein, so erhält man die wahre Temperatur des Platinkastens, trägt man sie in die ausgezogene schwarze Kurve ein, so erhält man seine schwarze Temperatur. In der folgenden Tabelle sind die Differenzen beider Temperaturen für die verschiedenen Wellenlängen bei zwei Temperaturen mitgeteilt, wobei unter $T_{beob.}$ die aus den Platin-Isochromaten gefundene wahre Temperatur, unter $T_{ber.}$ die aus den schwarzen Isochromaten ermittelte schwarze Temperatur zu verstehen ist.

Tabelle 17.

$T_{beob.} = 1100^0$ abs.

λ	0,641	0,589	0,535	0,504
$T_{ber.}$	1051^0	1055^0	1058^0	1068^0
$T_{beob.} - T_{ber.}$	49	45	42	32

$T_{beob.} = 1876^0$ abs.

λ	0,641	0,589	0,535	0,504
$T_{ber.}$	1748^0	1770^0	1767^0	1773^0
$T_{beob.} - T_{ber.}$	128	106	109	103

Daß diese Methode selbst für einen so wenig schwarzen Körper wie blankes Platin annähernd richtige Werte liefert, liegt lediglich an dem außerordentlich schnellen Fortschreiten der photometrischen Helligkeit mit der Temperatur (§ 59). Dieses Fortschreiten ist beim Platin noch größer als beim schwarzen Körper, da die isochromatischen Kurven von Platin eher steiler als die schwarzen Isochromaten verlaufen.

Die Fehler dieser Temperaturmessung sind bei allen anderen Körpern der Klasse »Schwarzer Körper — Blankes Platin« natürlich kleiner als beim Platin. Dagegen gibt diese Methode auch für den grauen Körper nicht die wahre Temperatur, weil bei gleichen Temperaturen dieser stets weniger strahlt als der schwarze Körper.

§ 66. Optische Pyrometrie. Pyrometer von Holborn-Kurlbaum[1]).
Die heute gebräuchlichen Instrumente, die schwarze Temperatur eines Temperaturstrahlers zu messen, beruhen auf der Erkenntnis

---

[1]) L. Holborn und F. Kurlbaum. »Über ein optisches Pyrometer.« Berl. Akad. Ber. 1901, 712 bis 719.

des schnellen Fortschreitens der Flächenhelligkeit mit der Temperatur, sei es der gesamten Helligkeit, sei es der Helligkeit einer Farbe. In bezug auf die letztere Methode bilden die im vorigen Paragraphen gewonnenen Resultate eine Gewähr, daß man in bezug auf die zur Klasse »Schwarzer Körper — Blankes Platin« gehörigen Temperaturstrahler keine Fehler über 1% bei der Temperaturbestimmung macht. Dort haben wir auch kennen gelernt, daß jedes zur Messung der schwarzen Isochromaten geeignete Spektralphotometer, nach Ausführung dieser Messungen für gewisse Wellenlängen, unmittelbar als »optisches Pyrometer« zu benutzen ist. Natürlich wird man für technische Temperaturmessungen das Spek-

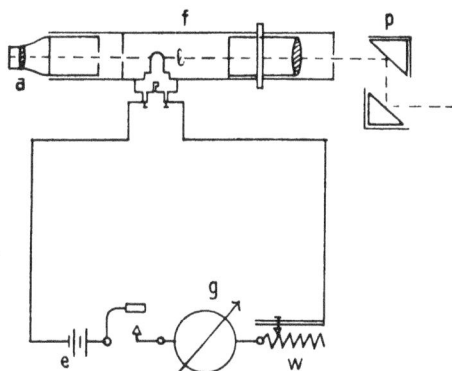

Fig. 49.

tralphotometer und seine Meßeinrichtung möglichst einfach und kompakt zu gestalten suchen. Dies ist der Fall beim Wannerschen[1]) Spektralpyrometer.

Für sehr viele Zwecke hat sich das von Holborn-Kurlbaum konstruierte Pyrometer bewährt, und da auch wir später von demselben Gebrauch machen, so wollen wir seine Konstruktion näher kennen lernen. Um die Flächenhelligkeit des Leuchtkörpers zu messen, bedient man sich eines Vergleichskörpers, am besten des Kohlefadens einer Glühlampe. Diese ist, wie Fig. 49 zeigt, bei l im Fernrohr f angebracht, durch welches die zu messende Leuchtfläche betrachtet wird. Man stellt so ein, daß der Glühlampenfaden zugleich mit dem Abbild der Leuchtfläche deutlich gesehen wird. Dann reguliert man den Strom der Glühlampe, bis ihr Glüh-

---

[1]) H. Wanner. »Über einen Apparat zur photometrischen Messung hoher Temperaturen.« Phys. Zeitschr. **3**, 105 bis 128, 1901.

faden auf dem Abbild verschwunden ist und liest die Stromstärke an einem genauen Milliamperemeter g ab. Aus einer dem Instrument beigegebenen Tabelle entnimmt man für die gemessene Stromstärke die schwarze Temperatur des Glühfadens und damit der Leuchtfläche. Ist diese eine schwarzstrahlende, so gibt die Ablesung ihre w a h r e Temperatur. Mit Hilfe eines schwarzen Körpers kann somit auch die Eichung der Glühlampe erfolgen. Denn kennt man die Temperatur des anvisierten schwarzen Körpers, so kann man bei verschiedenen Glühzuständen (Temperaturen) des schwarzen Körpers den Glühlampenfaden zum Verschwinden bringen und die zu dieser Temperatur notwendige Stromstärke notieren. Diese Eichung wird übrigens von der Physikalisch-Technischen Reichsanstalt ausgeführt.

In Fällen, in denen die zu messende Temperatur höher liegt, als sie dem Kohlefaden zugemutet werden darf, verwendet man die dem Instrumente beigegebene Abschwächungsvorrichtung. Diese besteht aus zwei Prismen p, an deren Hypotenusenflächen eine zweimalige Spiegelung der Lichtstrahlen stattfindet, ehe sie in das Instrument eintreten. Die der Stromstärke entsprechenden Temperaturen sind auf dem beigegebenen Ablesestreifen (befestigt am Fernrohr) mit r o t e r Farbe verzeichnet. Es muß darauf geachtet werden, daß der Glühfaden nicht über die zulässige Temperatur beansprucht wird. Um die Richtigkeit der Angaben prüfen zu können, ist daher eine zweite Reservelampe beigegeben. Zur Speisung der Lampe kann jeder zweizellige Akkumulator dienen.

§ 67. Strahlungstheoretische Temperaturskala bis rund 2300⁰abs.[1])
Wegen der Wichtigkeit der schwarzen Strahlungsgesetze für die Bestimmung der schwarzen Temperatur war es erwünscht, deren Gültigkeit bis zu möglichst hohen Temperaturen zu prüfen. Die Richtigkeit der mit schwarzen Körpern bekannter Temperatur ermittelten Strahlungsgesetze ist nur innerhalb des Temperaturintervalls verbürgt, für welches die direkte Temperaturmessung richtig ist. Die Angaben des Thermoelements sind nur soweit als sicher anzusehen, als sie durch den Vergleich mit dem Gasthermometer gestützt sind. Mit diesem liegen bisher aber exakte Messungen nur bis 1822⁰ abs. (Palladiumschmelzpunkt) vor[2]).

---

[1]) O. Lummer und E. Pringsheim. »Die strahlungstheoretische Temperaturskala bis rund 2300⁰ abs.« Verh. d. Deutsch. Physik. Ges. 1903, S. 3—13.
[2]) Arthur Day und Robert Sosmann. Sill. Journ. (4) 29, 93, 1910; s. a. »La mesure des températures élevées par le thermomètre à gaz«. Journ. d. Phys. (5) 2, 727 bis 749, 831 bis 844, 899 bis 911, 1912.

Ob die Gesetze der schwarzen Strahlung auch oberhalb der Grenze gelten, bis zu welcher die direkten luftthermometrischen Messungen reichen, ist eine sehr wichtige Frage, deren Beantwortung auf direktem Wege wenigstens vorläufig unmöglich erscheint. Setzt man aber voraus, daß sie wahre Naturgesetze vorstellen und somit für alle Temperaturen gültig sind, dann muß sich für die Temperatur eines schwarzen Körpers nach allen den verschiedenen Methoden der gleiche Wert ergeben, wie hoch diese Temperatur auch sein mag.

Zur Verwirklichung der schwarzen Strahlung bei möglichst hoher Temperatur diente bei den Versuchen von Lummer-Pringsheim der in Fig. 35 § 50 abgebildete elektrisch geglühte Kohlekörper.

Die zugrunde gelegten Methoden der Temperaturbestimmung bildeten:

1. Das Stefan-Boltzmannsche Gesetz, gemäß welchem die absolute Temperatur proportional ist der vierten Wurzel aus der Gesamtstrahlung. (Wegen des Proportionalitätsfaktors siehe im § 52.)

2. Das Wiensche Gesetz, gemäß welchem die absolute Temperatur proportional ist der fünften Wurzel aus der maximalen Energie im Spektrum (§ 55).

3. Die spektralphotometrische Methode oder die Beziehung zwischen der Helligkeit einer Farbe und der Temperatur, wie sie durch die logarithmischen Isochromaten des schwarzen Körpers festgelegt ist.

Zur Messung der Gesamtstrahlung diente das Lummer-Kurlbaumsche Flächenbolometer (bei A auf Tafel I), welches meßbar verschiebbar war, um das Entfernungsgesetz jederzeit prüfen zu können. Die Lage λ_m des Energiemaximums bzw. dessen Strahlungsintensität wurde mittels des in Fig. 27 § 46 abgebildeten Spektrobolometers (bei D auf Tafel I) bestimmt. Die spektralphotometrische Methode der Temperaturbestimmung wurde mit Hilfe des Lummer-Brodhunschen Spektralphotometers bzw. mit der gleichen im § 17 beschriebenen Versuchsanordnung ausgeführt, mit welcher wir die schwarzen Isochromaten beobachtet hatten. Diese Anordnung ist bei C Tafel I abgebildet. Aus den Erläuterungen dieser Tafel sind auch die zur Ausführung dieser komplizierten Messungen benötigten Hilfsapparate ersichtlich. Ferner zeigt die Tafel I, daß der schwarze Kohlekörper fahrbar montiert war, so daß seine Strahlung schnell hintereinander mittels des Flächenbolometers, des Spektrobolometers und des Spektralphotometers gemessen werden konnte, welche mit Hilfe des elektrisch geglühten schwarzen Körpers (vgl. Fig. 33 § 50) von bekannter Temperatur geeicht worden waren.

In der Tabelle 18 sind die Resultate einer Beobachtungsreihe in zeitlicher Aufeinanderfolge mitgeteilt.

Tabelle 18.

Reihen-folge	Methode	Abs. Temp.	90 cm	60 cm	0,62 μ	0,59 μ	0,55 μ	0,51 μ	0,49 μ
1.	Helligkeit	2310	—	—	2294	2315	2309	2312	2320
2.	Gesamtstrahlung . .	2325	2317	2335	—	—	—	—	—
3.	Helligkeit	2320	—	—	2307	2307	2315	2331	2339
4.	Gesamtstrahlung . .	2330	2330	2330	—	—	—	—	—
5.	Energiemaximum . .	2330	—	—	—	—	—	—	—
6.	Helligkeit	2330	—	—	2325	2327	2325	2339	2333
7.	Gesamtstrahlung . .	2345	2348	2339	—	—	—	—	—
8.	Energiemaximum . .	2320	—	—	—	—	—	—	—

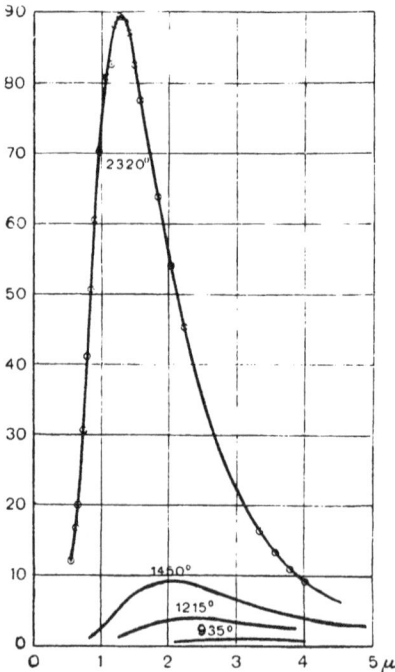

Fig. 50.

Die spektralphotometrisch gewonnenen Temperaturen sind in den Zeilen 1, 3 und 6 enthalten, wobei der unter »Temperatur« angegebene Wert der Mittelwert aus den für die verschiedenen Wellenlängen gefundenen und in der Tabelle aufgeführten Zahlen ist. Die Zeilen 2, 4 und 7 enthalten die mit dem Flächenbolometer gewonnenen Temperaturen als Mittel der für die beiden Entfernungen 90 cm und 60 cm gesondert angegebenen Zahlen. Die Zeilen 5 und 8 geben die aus der Intensität des Energiemaximums erhaltenen Temperaturen wieder.

In Fig. 50 ist die Energiekurve des Kohlekörpers für die so bestimmte absolute Temperatur 2320⁰ wiedergegeben, wobei die beobachteten Punkte durch Kreise bezeichnet und einige zur Eichung des Spektrobolometers benutzte Energiekurven von nie-

drigerer Temperatur eingetragen sind, welche mit dem elektrisch
geglühten schwarzen Körper gewonnen wurden.

Die Übereinstimmung der nach den verschiedenen Methoden
gefundenen Temperaturen ist eine so gute, daß damit die Gültigkeit
der zugrunde gelegten Strahlungsgesetze bis 2300° abs. experimentell
erwiesen und damit die exakte Temperaturmessung ebenfalls bis zu
2300° abs. ermöglicht ist, also weit über die durch das Gasthermometer gegebene Grenze erweitert worden ist.

Geht man aber weiter und definiert die absolute Temperatur
direkt durch die schwarze Strahlung, etwa indem man die Temperatur als eine bestimmte Funktion der Gesamtstrahlung definiert,
so gewinnt man eine neue »absolute«, strahlungstheoretische
Temperaturskala. Wählt man als diese Funktion die vierte
Wurzel aus der Gesamtstrahlung und nimmt man ferner die kon-
ventionelle Festsetzung hinzu, daß die Temperaturdifferenz zwischen
dem Siedepunkt und dem Gefrierpunkt des Wassers 100° beträgt,
so stimmen die Angaben der neuen Skala auch mit denen der gas-
thermometrischen Skala überein.

IX. Kapitel.

Bestimmung wahrer Temperaturen.

§ 68. Zweck der Bestimmung wahrer Temperaturen. Weiß
man, daß die Strahlung einer leuchtenden Substanz Temperaturstrahlung ist und kennt man ihre wahre Temperatur, so braucht
man nur auf spektrobolometrischem Wege die Energieverteilung im
Normalspektrum zu messen, um Aufschluß über ihre Strahlungseigenschaften relativ zu denen des schwarzen Körpers und des blanken
Platins zu erhalten, da die Energieverteilung dieser Substanzen
für alle Temperaturen durch deren Spektralgleichungen zu berechnen
ist (§ 56 u. 58). Erst wenn man die wahre Temperatur der in einer
Lichtquelle leuchtenden Substanz kennt, kann man sich auch ein
Urteil über ihre Leistungsfähigkeit und Ökonomie (Kap. XII) im
strahlungstheoretischen Sinne bilden. Erst in letzter Zeit ist es
gelungen, dieses Ziel zu erreichen, und zwar sowohl für die verschiedenen Arten von Glühlampen, als auch für die Bogenlampe
bei verschieden hohem Druck. Darüber soll in diesem Kapitel
berichtet werden.

§ 69. Experimentelle Bestimmung der wahren Temperatur des Glühfadens einer Platinglühlampe. Dieser Methode[1]) liegt folgendes einfache Prinzip zugrunde. Man stellt sich aus dem Fadenmaterial der Glühlampe einen geschlossenen Hohlraum her, dessen Temperatur man genau messen kann, etwa durch ein isoliert eingeführtes Thermoelement. Vor die äußere Fläche dieses Hohlraums bringt man die zu messende Glühlampe und ändert die Temperatur des Hohlraums so lange, bis seine Flächenhelligkeit gleich der des Glühfadens geworden ist. In diesem Moment des »Verschwindens« besitzt der Glühfaden die gleiche Temperatur wie der Hohlraum.

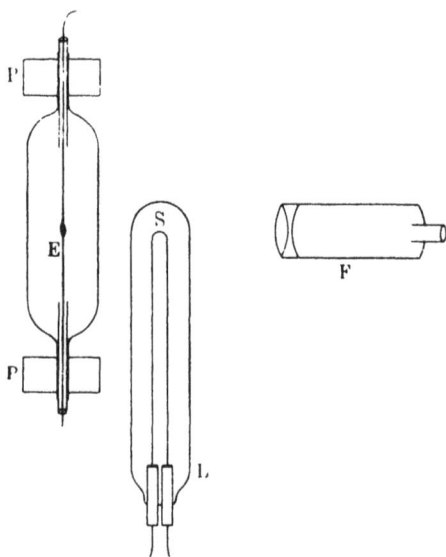

Fig. 51.

Zur experimentellen Bestimmung der wahren Temperatur des Platinfadens einer Platinglühlampe diente die in Fig. 51 skizzierte Versuchsanordnung. *PP* ist der Lummer-Kurlbaumsche elektrisch geglühte Platinkasten, dessen Temperatur durch das isoliert eingeführte Thermoelement *E* gemessen wird. *L* ist die Platinglühlampe mit einem U-förmig gebogenen Platinglühfaden *s* in zylindrischer Glasbirne[2]). Diese ist so orientiert, daß der Platinfaden *s* sich bei Betrachtung durch das schwach vergrößernde Fernrohr *F* auf die ebene gleichmäßig glühende Wand des Platinkastens projiziert. Für jede gewünschte Strombelastung des Fadens wurde der Heizstrom des Platinkastens so lange variiert, bis sich der Glühfaden von der Kastenwand nicht mehr abhob. Die am Thermoelement *E* des Kastens abgelesene Temperatur ist dann gleich

---

[1]) O. Lummer. »Neue Methode zur Beobachtung und Berechnung der wahren Temperatur des in einer Glühlampe elektrisch glühenden Fadens.« Vorgetragen in der naturw. Sektionssitzg. v. 28. Mai 1913. Siehe auch Handbuch d. Elektriz. u. d. Magnet., herausgegeben von L. Graetz, 2, S. 451, 1914.

[2]) Die Deutsche Auer-Gasglühlichtgesellschaft in Berlin hatte die Liebenswürdigkeit, solche Lampen in großer Zahl und mit verschieden dicken Platindrähten für mich herzustellen, wofür ich ihr und ganz besonders Herrn Direktor Remané auch an dieser Stelle meinen besten Dank aussprechen möchte.

derjenigen des Glühfadens zu setzen, wenn von den Reflexionsverlusten abgesehen wird.

Die den verschiedenen Strombelastungen zukommenden Temperaturen sind in Tabelle 19 S. 151 verzeichnet, zugleich mit den nach der folgenden Methode berechneten Temperaturen.

§ 70. Berechnung der Temperatur des Glühfadens einer Platinglühlampe. Diese Methode[1]) stützt sich auf die Tatsache, daß die einem elektrisch geheizten Glühfaden zugeführte Joulesche Wärme oder elektrische Energie im stationären Zustande nach außen durch Strahlung und Leitung abgegeben wird. Bei den im hohen Vakuum glühenden Fäden der Glühlampen kann man die äußere Wärmeleitung vernachlässigen. Es werde zunächst aber auch von der inneren Wärmeleitung des Glühfadens zu den Zuleitungsdrähten abgesehen. Unter den gemachten Annahmen wird die Joulesche Wärme durch den Glühfaden nur in ausgestrahlte Energie umgesetzt. Kennt man das Gesetz der Gesamtstrahlung der Leuchtsubstanz, die Dimensionen des Glühfadens und die bei einem Glühzustand benötigte elektrische Energie, so kann man durch Gleichsetzen der Jouleschen Wärmemenge und der gesamten ausgestrahlten Wärmemenge die diesem Glühzustande zukommende unbekannte wahre Temperatur berechnen. Es befolge die Substanz des Fadens das Gesamtstrahlungsgesetz:

$$E = \int_0^\infty E_\lambda \, d\lambda = \mu \cdot T^c \quad \ldots \ldots \ldots \text{50)}$$

wo μ in absolutem Maße, z. B. in Watts oder in Grammkalorien pro cm^2 und sec gegeben sei. Ist F die Oberfläche des zylindrisch angenommenen Glühfadens, J die Amperezahl, V die Voltzahl an den Enden des Fadens und T_2 bzw. T_1 die absolute Temperatur des Fadens bzw. der Glocke, so muß gelten:

$$V \cdot J = \mu \cdot F \cdot (T_2^c - T_1^c) \quad \ldots \ldots \ldots \text{51)}$$

wenn μ in Watt, und:

$$0{,}2388 \cdot V \cdot J = \mu \cdot F (T_2^c - T_1^c) \quad \ldots \ldots \text{52)}$$

wenn μ in Grammkalorien pro cm^2 und sec gegeben ist. Voraussetzung dabei ist, daß die strahlende Substanz das Lambertsche Kosinusgesetz der Ausstrahlung erfüllt, wie es z. B. eine absolut schwarze Fläche tut und angenähert wohl auch für blankes Platin, Kohle usw. angenommen werden kann.

---

[1]) O. Lummer a. a. O. S. 148.

Um die Glühtemperatur T aus der Gleichung 51) bzw. 52) bequem berechnen zu können, wollen wir noch die Annahme machen, daß T_1'' gegenüber T_2'' zu vernachlässigen sei. Diese Annahme ist sicher bei den relativ hohen Temperaturen T_2 der Glühfäden in den normal gebrannten Glühlampen berechtigt. Auch kann man nach Berechnung von T_2 unter Vernachlässigung von T_1'' nachher mit Verwendung der vollständigen Gleichung 51) oder 52) den genaueren Wert von T_2 berechnen. Wir sehen im folgenden hiervon ab und benutzen zur Berechnung der wahren Temperatur T des im hohen Vakuum und bei hoher Temperatur gebrannten Glühfadens also folgende Gleichung:

$$0{,}2388\ V \cdot J = \mu \cdot F \cdot T^\alpha \quad \frac{\text{gr Kal}}{\text{cm}^2 \cdot \text{sec} \cdot \text{grad}^4} \cdot \quad \cdots \quad 53)$$

Im § 54 ist das Strahlungsgesetz des blanken Platins und seine Konstante im absoluten Maßsystem angegeben:

$$E = \int_0^\infty E_\lambda\, d\lambda = 0{,}000140 \cdot 10^{-12} \cdot T^5 \frac{\text{gr Kal}}{\text{cm}^2 \cdot \text{sec} \cdot \text{grad}^4} \cdot \quad \cdot \quad 54)$$

so daß wir zur Berechnung der unbekannten abs. Temperatur T des leuchtenden Platinfadens die Gleichung erhalten:

$$0{,}2388 \cdot V \cdot J = 0{,}000140 \cdot 10^{-12} \cdot F \cdot T^5 \quad \cdots \quad 55)$$

wo V in Volt, J in Ampere und die Oberfläche F des Fadens in cm² zu messen sind.

Es bleibt zu erörtern, ob die Wärmeableitung im Faden zu den Zuleitungen unser Resultat fälscht. Wäre diese gleich Null und der Faden von genau zylindrischer Gestalt, so müßte der Platinfaden auf seiner ganzen Länge die gleiche Temperatur und Flächenhelligkeit besitzen. Dies ist nicht der Fall, sondern der Faden glüht an seiner Mitte s heller als an den Befestigungsstellen. Ist der Faden aber genügend lang, so daß die innere Wärmeleitung sich nicht bis zur Mitte des Fadens erstreckt, und stellt man auf das Verschwinden der Fadenmitte ein, so muß die berechnete Temperatur die wahre Temperatur der Fadenmitte sein.

Die Länge des Fadens war von der Fabrik zu genau 100 mm gewählt worden. Tatsächlich stimmte die nachgemessene Länge damit überein, soweit eine solche Messung genau auszuführen ist. Die Dicke des Fadens wurde an mitgelieferten Probestücken unter dem Mikroskop bestimmt. Nach den Messungen wurde die Lampe zerstört und die Dicke des geglühten Fadens direkt gemessen. Der

Unterschied zwischen beiden Dickenbestimmungen lag innerhalb
der Genauigkeit der Beobachtung (etwa $^1/_{1000}$ bis $^2/_{1000}$ mm). Die
Dicke betrug 0,111 mm, so daß sich die Oberfläche des Glühfadens
zu $F = 0,330$ cm^2 berechnet. Mit Hilfe dieses Wertes sind die Temperaturen gemäß Formel 55 für die gleichen Glühzustände berechnet
worden, für welche die Temperaturen nach der im vorigen Paragraphen dargelegten Methode experimentell bestimmt wurden und
in Tabelle 19 zusammengestellt. Unter Temperatur »beobachtet« sind
die direkt abgelesenen Temperaturen angegeben, unter Temperatur
»reduziert« sind erstere wegen der verschieden großen Reflexionsverluste korrigiert worden. Denn während die Lichtstrahlung des Platinkastens zwei Wände der Glashülle der Platinlampe zu durchlaufen
hat, erleidet die Lichtstrahlung des Platinfadens Reflexionsverluste
nur an einer Glaswand.

Tabelle 19.

| Volt | Ampere | Temperatur | | Temperatur berechnet | Temperatur-differenz |
		beobachtet	reduziert		ber. beob.
2,105	0,3765	1273	1268	1304	$+36$
2,990	0,4835	1451	1445	1472	$+27$
3,670	0,5577	1562	1554	1573	$+19$
4,625	0,6535	1689	1680	1705	$+25$
5,460	0,737	1791	1781	1805	$+24$

Die Übereinstimmung zwischen Beobachtung und Berechnung
dürfte als genügend zu betrachten sein, wenn man bedenkt, daß
die Größe von μ nur auf einige Prozent genau bestimmt ist, und daß
auch sonst manche Vernachlässigungen eingeführt worden sind.
Jedenfalls lassen die Resultate erkennen, daß diese Methode geeignet ist, bei Kenntnis der genauen Strahlungsgleichung und der
numerischen Größe der Strahlungskonstanten eines Körpers seine
wahre Temperatur direkt aus den elektrischen Größen recht genau
zu ermitteln.

**§ 71. Indirekte Ermittelung der Strahlungskonstanten des Ge-
samtstrahlungsgesetzes von Platin aus den experimentell bestimmten
Temperaturen des Platinglühfadens.** Die im vorigen Paragraphen
erläuterte Methode, die Temperatur des Platinglühfadens zu berechnen,
setzt die genaue Kenntnis des Gesamtstrahlungsgesetzes von Platin
und der Strahlungskonstanten μ im absoluten Maße voraus. Mit Hilfe

der experimentell gemessenen Temperatur des Platinglühfadens
(§ 70) kann man anderseits unter Kenntnis des Gesamtstrahlungsgesetzes von Platin ($E = \mu \cdot T^5$) die numerische Größe der Strahlungskonstanten μ ermitteln. Jede experimentelle Bestimmung der Temperatur eines Glühzustandes liefert laut Gleichung 55) einen Wert
von μ; weichen die so gefundenen Werte von μ für alle untersuchten
Glühzustände nicht allzusehr voneinander ab, so kann man den
Mittelwert aller μ als den wahren Wert von μ betrachten und
prüfen, ob dieser die Beobachtungen darstellt. Dementsprechend sind
die Beobachtungen der vorigen Tabelle verwertet; die Resultate sind
in der folgenden Tabelle angeführt.

Tabelle 20.

Volt	Ampere	Temperatur beob.	Temperatur reduz.	$\mu \cdot 10^{12} \frac{\text{g Kal}}{\text{cm}^2 \cdot \text{sec} \cdot \text{grad}^4}$	Temperatur berechnet	Temperatur ber. -- reduz.
2,105	0,3765	1273	1268	0,000165	1280°	+ 12°
2,990	0,4835	1451	1445	0,000157	1443°	— 2°
3,670	0,5577	1562	1554	0,000154	1547°	— 7°
4,625	0,6535	1689	1680	0,000154	1673°	— 7°
5,460	0,737	1791	1781	0,000161	1788°	+ 7°

Mittelwert $0,000158 \cdot 10^{-12}$.

In Kolumne 4 ist der aus jeder Beobachtung berechnete Wert
von $\mu \cdot 10^{12}$ angegeben, während die mit Hilfe des Mittelwertes von
μ berechneten Temperaturen in Kolumne 5 mitgeteilt sind. Man
erkennt, daß tatsächlich die Differenzen zwischen den beobachteten
und berechneten Temperaturen (Kolumne 6) innerhalb der unver-
meidlichen Beobachtungsfehler liegen, so daß gemäß dieser Beobachtungsreihe und für das hierbei benutzte technisch reine Platin
das Gesamtstrahlungsgesetz lautet:

$$E = \mu \cdot T^5 = 0,000158 \cdot T^5 \frac{\text{gr Kal}}{\text{cm}^2 \cdot \text{sec} \cdot \text{grad}^4} \quad \cdot \quad \cdot \quad \cdot \quad 56)$$

und somit die Formel zur Berechnung der wahren Temperatur des
Platinfadens:

$$0,2388 \cdot V \cdot J = 0,000158 \cdot 10^{-12} \cdot F \cdot T^5 \frac{\text{gr Kal}}{\text{cm}^2 \cdot \text{sec} \cdot \text{grad}^4} \cdot \quad \cdot \quad 57)$$

Die mit Hilfe der Lummer-Kurlbaumschen Beobachtungen
und des Wertes von σ des Stefan-Boltzmannschen Gesetzes ermittelte Strahlungskonstante ergab sich zu $0,000140 \cdot 10^{-12}$ (§ 54).

Es ist daher interessant, mit beiden Werten die Konstante zu vergleichen, zu welcher die Aschkinasssche Metalltheorie führte (§ 58). Diese ergab sich zu $0{,}000157 \cdot 10^{-12}$. Die Aschkinasssche Theorie liefert also lediglich mit Hilfe des spezifischen Widerstandes des Platins einen brauchbareren Wert für die Strahlungskonstante

Fig. 52.

des Gesamtstrahlungsgesetzes für Platin als die Lummer-Kurlbaumschen Versuche. Es ist daher geboten, diese Versuche möglichst genau zu wiederholen, zumal zu erwarten ist, daß aus ihnen in Verbindung mit den Versuchen an den Platinglühlampen indirekt der Wert der Strahlungskonstanten σ im Stefan-Boltzmannschen Gesetz der schwarzen Strahlung genauer zu ermitteln ist, als auf dem bisher eingeschlagenen direkten Wege (§ 52).

§ 72. Experimentelle Bestimmung der Temperatur des Leucht-fadens der Kohlefaden-Glühlampe. Hier wird der ringsum geschlossene »Hohlraum« durch das elektrisch geheizte Kohlerohr K (Fig. 52) gebildet, dessen Temperatur durch das isoliert eingeführte Le Chatelier sche Thermoelement gemessen wird. Die hier auftretenden Schwierigkeiten der Isolation wurden dadurch überwunden, daß das ganze im Kohlerohr befindliche Stück des Thermoelementes mit einem dünnen Röhrchen aus Quarzglas überzogen wurde. Zum Schutze gegen Luftströmungen dient die Glasglocke, welche mit einem ebenen Glasfenster versehen ist. Um der Ausdehnung der Luft Rechnung zu tragen, ist ein Manometer angebracht, dessen U-Schenkel mit Wasser gefüllt sind.

Der Messung wurden eigens zu diesem Zwecke von der Allgemeinen Elektrizitäts-Gesellschaft liebenswürdigerweise gefertigte Glühlampen unterworfen, bei denen der Kohlefaden wie bei den untersuchten Platinlampen U-förmig gebogen war und in einem zylindrischen Gefäß brannte. Wie dort stellte man auf Verschwinden des Glühfadens auf der mittleren äußeren Fläche des Kohlerohrs ein. Die beim Verschwinden am Thermoelement abgelesene Temperatur ist bis auf die Korrektion wegen der verschieden großen Reflexionsverluste identisch mit der wahren Temperatur des Kohlefadens. Die zu den verschiedenen Glühzuständen (Volt $\times$ Ampere) gehörigen Temperaturen sind in Tabelle 21 unter $T_{\text{beob.}}$ mitgeteilt.

§ 73. Ermittelung des Gesamtstrahlungsgesetzes der Glühlampenkohle auf Grund der experimentell gewonnenen Temperaturen des Kohlefadens. Bei der Kohlefadenglühlampe ist die im § 70 dargelegte Methode der Temperaturberechnung nicht ohne weiteres anwendbar, weil man für die Kohle das Gesamtstrahlungsgesetz noch nicht direkt ermittelt hat. Um dieses zu finden, wurde vom Verf. der folgende indirekte Weg eingeschlagen. Man bestimmte für verschiedene Glühzustände die wahren Temperaturen des Kohlefadens auf experimentellem Wege und setzte zur Berechnung dieser beobachteten Temperaturen zunächst willkürlich die folgende Gleichung an:

$$0,2388 \, V \cdot J = 1,38 \cdot 10^{-12} \cdot F \cdot T^4 \quad . \quad . \quad . \quad . \quad 58)$$

welche gelten müßte, wenn Kohle wie der absolut schwarze Körper strahlte. Die Zeichen haben dieselbe Bedeutung wie in Gleichung 55) § 70. Der benutzte Kohlefaden besaß eine Länge von 11,5 cm und eine Dicke von 0,0235 cm, also eine Oberfläche von $F = 0,849$ cm².

Die nach dieser Formel berechneten und die auf experimentellem Wege bei gewisser Belastung ($V \cdot J$) beobachteten Temperaturen sind in der Tabelle 21 zusammengestellt. Aus ihr erkennt man, daß die berechneten Temperaturen viel zu niedrig sind. Aus dieser Tatsache muß geschlossen werden, daß die Glühlampenkohle nicht wie ein schwarzer Körper strahlt.

Tabelle 21.

Volt	Ampere	$T_{\text{beob.}}$	$T_{\text{ber.}}$	$T_{\text{beob.}} - {}_{\text{ber.}}$	In Proz.
21,65	0,351	1309°	1116°	+ 193°	14,7
26,85	0,453	1471	1255	+ 216	14,7
27,50	0,465	1490	1271	+ 219	14,7
29,85	0,517	1565	1332	+ 233	14,8
31,50	0,551	1611	1371	+ 240	14,9
33,65	0,598	1680	1423	+ 257	15,3

Aus der letzten Vertikalreihe der Tabelle 21 ersieht man, daß die Differenz zwischen den beobachteten und berechneten Werten der Temperatur des Kohlefadens (unter der Annahme, daß dieser wie ein schwarzer Körper strahlt) prozentisch nahe gleich groß ist. Dies weist darauf hin, daß die Kohle der Glühlampen wie ein grauer Körper strahlt.

Ist dies tatsächlich der Fall, so müssen wir zur Berechnung der Glühtemperatur des Kohlefadens die folgende Gleichung ansetzen:

$$0,2388 \, V \cdot J = \mu \cdot F \cdot T^4 \quad \ldots \ldots 59)$$

wo μ die vorläufig noch unbekannte Strahlungskonstante der Kohle ist. Da wir durch das Experiment für jede Belastung $V \cdot J$ die Temperatur T kennen, so können wir mit Hilfe der gemessenen Oberfläche F des Glühfadens aus jeder Bestimmung von T beim zugehörigen Glühzustand des Kohlenfadens einen Wert von μ berechnen.

In der folgenden Tabelle 22 sind die so berechneten Werte von $\mu \cdot 10^{12}$ angegeben. Da die Unterschiede zwischen diesen Einzelwerten relativ gering sind, so kann man unter Benutzung des Mittelwertes sämtlicher Einzelwerte von μ aus Gleichung 59 die Temperatur für jeden Glühzustand (Wattverbrauch) berechnen, für welchen die Temperatur beobachtet worden war. Die so berechneten Temperaturen ($T_{\text{ber.}}$) sind in Tabelle 22 zugleich mit den beobachteten Temperaturen ($T_{\text{beob.}}$) mitgeteilt.

Die überraschend gute Übereinstimmung zwischen Beobachtung und Berechnung zeigt, daß die Gesamtstrahlung der Glühlampenkohle tatsächlich wie diejenige des schwarzen Körpers proportional zur vierten Potenz der absoluten Temperatur ansteigt, wenn auch die Strahlungskonstante μ der Kohle eine andere als die des schwarzen Körpers ist.

Tabelle 22.

V	J	$\mu \cdot 10^{12}$	$T_{\text{beob.}}$	$T_{\text{ber.}}$	$T_{\text{beob.}} - \text{ber.}$
21,65	0,351	0,728	1309^0	1310^0	-1^0
21,85	0,353	0,737	1310	1315	-5
26,85	0,453	0,731	1471	1474	-3
26,90	0,454	0,724	1476	1475	$+1$
27,50	0,465	0,730	1490	1492	-2
27,20	0,459	0,728	1482	1484	-2
29,85	0,517	0,724	1565	1564	$+1$
31,50	0,551	0,725	1611	1611	± 0
33,60	0,597	0,710	1679	1670	$+9$
33,65	0,598	0,711	1680	1672	$+8$
Mittelwert . . .		0,725	—	—	—

Demnach ist wohl kein Zweifel, daß die Kohle der untersuchten Glühlampen als grauer Körper angesprochen werden darf, wenigstens in dem Temperaturintervall, auf welches sich die Tabelle bezieht und für den Wellenlängenbereich, innerhalb dessen die Gesamtstrahlung ihre maximale Wirkung äußert, d. h. im wesentlichen nur für das kurzwellige ultrarote Spektralgebiet.

Die zur Berechnung der Kohlefadentemperatur ermittelte Beziehung lautet somit:

$$0,2388 \; V \cdot J = 0,725 \cdot 10^{-12} \cdot F T^4 \quad \ldots \ldots \; 60)$$

Die nach ihr berechneten Temperaturen werden nicht wesentlich geändert, wenn man an ihnen die Korrektion wegen der verschieden großen Reflexionsverluste anbringt, die man mit Hilfe der im § 61 mitgeteilten Beziehung zwischen Flächenhelligkeit und Temperatur leicht ermitteln kann.

Diese Resultate gelten nur für die untersuchten Kohlefäden, sog. »präparierte« Kohlefäden, wie sie in den meisten technischen Kohlefadenlampen Verwendung finden. Für wissenschaftliche Zwecke werden auch Glühlampen mit »unpräparierten« Kohlefäden hergestellt. Da obige Resultate nicht ohne weiteres auf diese unpräparierten Fäden übertragen werden können, so kann die Formel 60 nicht benutzt werden, um aus ihr die wahre Glühtemperatur auch dieser Kohlefäden zu berechnen. Seinerzeit sind an ihnen keine analogen Versuche angestellt worden, so daß man zur Ermittelung der analogen Formel für die Temperaturberechnung der unpräparierten Kohlefäden auf indirekte Schlüsse aus anderweitigen Versuchen an den beiden Sorten von Kohlefäden angewiesen ist. Solche neuerdings angestellte Versuche an präparierten und unpräparierten Kohlefäden sind im folgenden Paragraphen mitgeteilt.

§ 74. Beziehung zwischen Temperatur und Wattverbrauch pro Hefnerkerze der Kohlefadenglühlampen. Diese technisch wichtige Beziehung ist leicht zu finden, wenn man Glühlampen mit U-förmigen Kohlefäden benutzt, deren wahre Temperatur für jeden Glühzustand zu berechnen ist. Schon diese Berechnung erheischt die genaue Messung des Wattverbrauchs. Mißt man gleichzeitig noch die Leuchtkraft in Hefnerkerzen, so hat man alle Daten, um die gewünschte Beziehung zu erhalten. Man beschränkte sich auf die Messung der Leuchtkraft in horizontaler Richtung und auf die Benutzung zweier verschiedener Glühlampen, von denen die eine mit einem »prä-

Tabelle 23
für unpräparierte Kohlefäden.

Watt	Hefnerkerzen (horizontal)	Watt pro HK (horizontal)	Absolute Temperatur
9,80	0,011	909,10	1365⁰
12,44	0,032	387,30	1482
15,34	0,083	184,40	1562
18,55	0,189	98,37	1638
19,86	0,256	77,48	1666
22,05	0,377	58,47	1710
25,74	0,661	38,96	1782
29,67	1,121	26,46	1842
33,81	1,778	19,01	1903
38,32	2,703	14,18	1964
42,88	3,933	10,90	2028
47,81	5,509	8,68	2075
52,70	7,545	6,98	2126
63,50	13,43	4,73	2228
75,13	22,72	3,31	2324
88,30	33,85	2,64	2420

parierten«, die andere mit einem »unpräparierten« Kohlefaden versehen war. Zur Berechnung der wahren Temperatur beider Kohlefadensorten ist zunächst die gleiche Formel 60 zugrunde gelegt worden. Die Resultate der Beobachtung und Berechnung sind in den Tabellen 23 und 24 mitgeteilt.

Tabelle 24
für präparierte Kohlefäden.

Watt	Hefnerkerzen (horizontal)	Watt pro HK (horizontal)	absolute Temperatur
7,25	0,014	517,6	1307 ⁰
9,52	0,041	233,4	1399
11,70	0,100	117,3	1474
14,20	0,219	64,94	1546
14,80	0,255	57,82	1562
17,00	0,417	40,74	1617
19,80	0,737	26,87	1680
22,81	1,206	18,92	1741
26,15	1,903	13,74	1801
29,89	2,876	10,40	1862
33,64	4,121	8,16	1918
37,48	5,820	6,44	1971
41,62	7,963	5,23	2023
45,88	10,81	4,25	2071
50,55	13,70	3,69	2124
55,33	17,89	3,09	2172
60,28	22,55	2,67	2220
66,00	29,07	2,27	2270

Streng richtig sind die berechneten Temperaturen nur für die präparierten Kohlefäden, da nur für sie die Formel 60 auf experimentellem Wege gefunden ist. Daß die gleiche Formel nicht zu den wahren Temperaturen der unpräparierten Kohlefäden führt, geht aus den folgenden Überlegungen hervor[1]). Man erkennt direkt aus den Tabellen 23 und 24 und noch deutlicher, wenn man die in ihnen mitgeteilten Daten in Gestalt von Kurven aufträgt, daß die beiden Fadentypen bei gleichen Werten der Watt pro Hefnerkerze verschieden hohe Temperaturen aufweisen. Macht man die wohl sicher zutreffende Annahme, daß auch die Kohle der unpräparierten Fäden wie ein grauer Körper strahlt und damit ihre Gesamtstrahlung proportional zur vierten Potenz der absoluten Temperatur fort-

---

[1]) Vgl. H. Kohn, l. c. S. 116.

schreitet, so muß die Diskrepanz in den Temperaten für gleiche Watt
pro Hefnerkerze auf die Verschiedenheit der numerischen Größe
ihrer Strahlungskonstanten (Kohlekonstante μ und μ_0) zurückgeführt werden. Außer der obigen Annahme darf vorausgesetzt werden,
daß bei beiden Fadentypen die zugeführte Energie im gleichen Prozentsatz in Strahlungsenergie umgewandelt werde (§ 101). Dann
ermöglichen obige Versuchsresultate auch die wahre Kohlekonstante
der unpräparierten Kohlefäden zu ermitteln und damit auch die

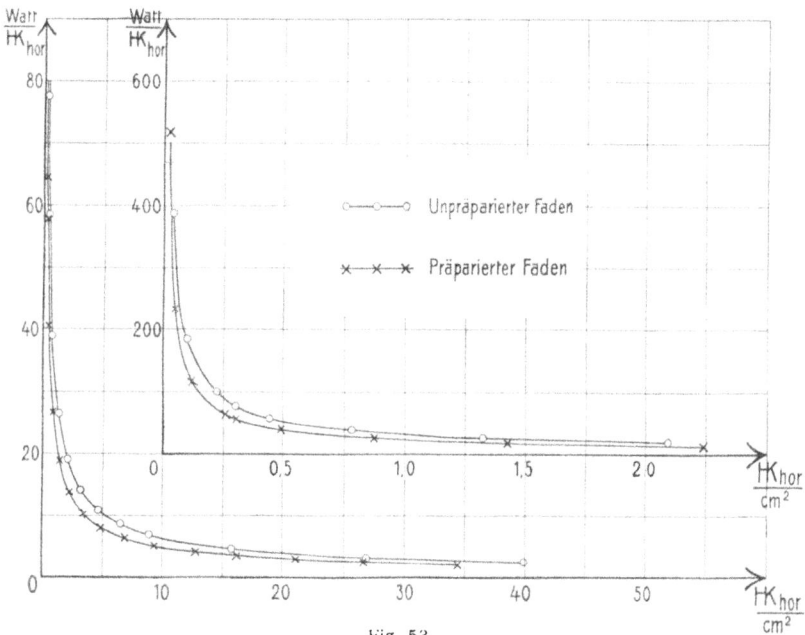

Fig. 53.

richtige Formel für die Berechnung der wahren Temperatur dieser
Kohlefäden. Dazu sind in Fig. 53 für beide Fadentypen die zugehörigen Wertepaare der Hefnerkerzen (reduziert auf 1 cm² der strahlenden Oberfläche) und Watt pro Hefnerkerze eingetragen. Wären
die beiden Kohlekonstanten einander gleich, so müßten beide Kurven
zusammenfallen. Liest man für einen beliebigen Wert der Watt
pro Hefnerkerze die zugehörigen Hefnerkerzenwerte ab, so gibt der
Quotient H_0/H dieser Hefnerkerzenzahlen (HK$_0$ und HK) direkt
das numerische Verhältnis der beiden Kohlekonstanten μ_0/μ an.
Die Werte dieses Quotienten für verschiedene Werte der Watt pro
Hefnerkerze sind in der Tabelle 25 mitgeteilt.

Tabelle 25.

Watt pro $HK_{horiz.}$	$\dfrac{HK_{0\,horiz.}}{cm^3}$	$\dfrac{HK_{horiz.}}{cm^2}$	$\dfrac{H_0}{H}$
300	0,050	0,034	1,470
200	0,084	0,058	1,458
100	0,220	0,150	1,467
80	0,290	0,200	1,450
60	0,423	0,285	1,484
40	0.755	0,510	1,480
30	1,13	0,770	1,467
25	1,45	0,990	1,465
20	1,92	1,31	1,466
15	2,90	1,99	1,457
10	5,30	3,60	1,472
7,5	7,98	5,50	1,451
5,0	14,55	10,00	1,455
4,0	20,30	14,00	1,450
3,0	32,30	22,00	1,455

Mittel: 1,463

Hiernach ist der Wert für die Kohlekonstante μ_0 der unpräparierten Kohle:

$$\mu_0 = 1{,}060 \cdot 10^{-12} \frac{gr\,Kal}{cm^2 \cdot sec \cdot grad^4} \quad \ldots \ldots 61)$$

Der Wert beider Kohlekonstanten μ und μ_0 wurde außerdem noch auf folgende Weise ermittelt und zwar wiederum unter der Annahme, daß beide Kohlefadensorten wie der graue Körper strahlen, d. h. bei gleicher Temperatur mit dem absolut schwarzen Körper auch die gleichen Watt pro Hefnerkerze wie dieser beanspruchen. Nach § 59 besitzt der schwarze Körper bei der absoluten Temperatur 1735⁰ pro cm^2 Leuchtfläche die Leuchtkraft von $\dfrac{7,71}{4} = 1{,}93$ mittleren sphärischen Hefnerkerzen. Bei dieser Temperatur beträgt die vom schwarzen Körper ausgestrahlte Energie nach dem Stefan-Boltzmannschen Gesetz $5{,}4 \cdot 10^{-12} \cdot 1734^4$ Watt/cm^2. Hiernach berechnet sich die Anzahl von Watt pro sphärischer Hefnerkerze (HK_0) zu 25,39 Watt/HK_0.

Gemäß den Tabellen 23 und 24 beträgt bei der gleichen Anzahl von Watt pro Hefnerkerze die auf mittlere sphärische Hefnerkerzen pro 1 cm^2 umgerechnete (die Oberfläche beträgt 0,849 cm^2) Leuchtkraft der präparierten Kohle $1{,}01 \dfrac{HK_0\ red.}{cm^2}$, die der unpräparierten

Kohle 1,49 $\dfrac{HK_0 \text{ red.}}{cm^2}$ Hefnerkerzen. Hierbei ist eine Korrektion infolge der Reflexionsverluste durch die Glasbirne (§ 70) angebracht, durch welche die gemessene mittlere sphärische Hefnerkerzenzahl um 9% erhöht wurde. Demnach ist das Verhältnis der Leuchtkraft der präparierten Kohle zu derjenigen des schwarzen Körpers cet. par. gleich 0,524 und dasjenige der unpräparierten Kohle gleich 0,773. Gemäß den gemachten Annahmen gibt also die Zahl 0,524 das Verhältnis der Strahlungskonstanten (μ) der präparierten Kohle zu derjenigen (σ) des schwarzen Körpers und die Zahl 0,773 das Verhältnis von μ_0 (unpräparierte Kohle) zu σ an. Aus diesen Überlegungen heraus ergibt sich der Wert von μ für die präparierte Kohle zu:

$$\mu = 0,700 \cdot 10^{-12} \frac{gr\,Kal}{cm^2 \cdot sec \cdot grad^4} \quad \ldots \ldots 62)$$

und von μ_0 für die unpräparierte Kohle zu:

$$\mu_0 = 1,034 \cdot 10^{-12} \frac{gr\,Kal}{cm^2 \cdot sec \cdot grad^4} \quad \ldots \ldots 63)$$

Tabelle 26 für präparierte Kohlefäden.		Tabelle 27 für unpräparierte Kohlefäden.	
$\dfrac{\text{Watt}}{HK_{horiz.}}$	Absolute Temperatur	$\dfrac{\text{Watt}}{HK_{horiz.}}$	Absolute Temperatur
517,6	1307°	909,1	1250°
233,4	1399	387,3	1357
117,3	1474	184,4	1430
64,94	1546	98,37	1500
57,82	1562	77,48	1526
40,74	1617	58,47	1566
26.87	1680	38,96	1628
18,92	1741	26,46	1687
13,74	1801	19,01	1743
10,40	1862	14,18	1798
8,16	1918	19,90	1850
6,44	1971	8,68	1901
5,23	2023	6,98	1947
4,25	2071	4,73	2040
3,69	2124	3,31	2128
3,09	2172	2,64	2215
2,67	2220		
2,27	2270		

Mit diesen auf gleicher Grundlage beruhenden Werten wur den gemäß Formel 59) aus den Watt für die in Tabellen 23 und 24 angegebenen Glühzustände die Temperaturen berechnet. Die zusammengehörigen Werte der Watt/HK$_{horiz.}$ und Temperatur sind für die präparierten Fäden in Tabelle 26 und für die unpräparierten Fäden in Tabelle 27 eingetragen.

Mit Hilfe der für die präparierte Kohle gefundenen Wertepaare ist die durch Kreuze ($\times\times\times$) markierte Kurve in Fig. 54 konstruiert worden. Die für die unpräparierte Kohle gefundenen Wertepaare

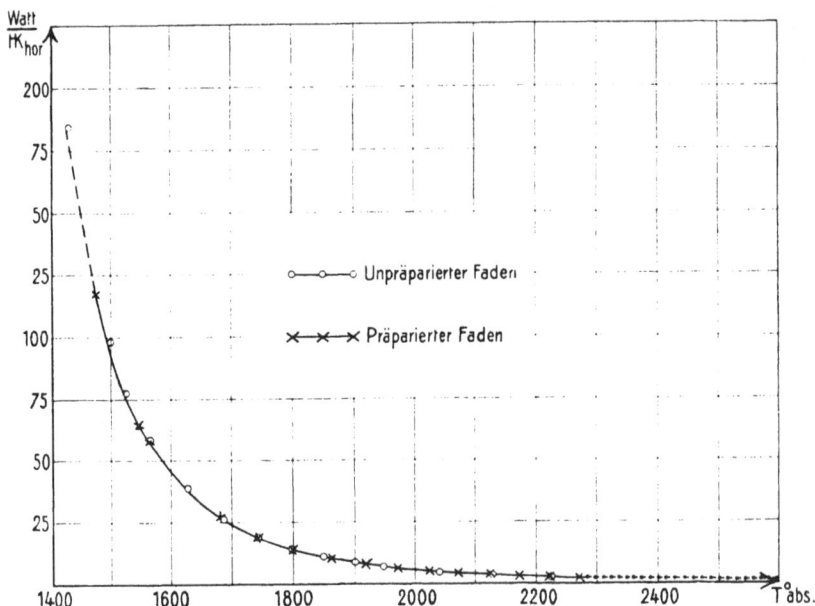

Fig. 54.

sind als Kreise ($\circ\circ\circ$) aufgetragen und zeigen nur so geringe Abweichungen von der Kurve für die präparierte Kohle, daß dieser also eine generelle Bedeutung zukommt. Aus ihr erkennt man, daß der Wattverbrauch pro Hefnerkerze mit steigender Temperatur anfangs sehr schnell, später relativ langsam abnimmt.

Die Kurve wurde extrapoliert (punktiert gezeichnet) in Anlehnung an frühere Messungen, bei welchen sich für 1 Watt pro Hefnerkerze die Temperatur von etwa 2560° ergab. Bei den vorliegenden Messungen wurde eine so hohe Belastung vermieden, um die Beschaffenheit der Oberfläche der Glühfäden während der ganzen Messungsreihe möglichst unverändert zu erhalten.

Durch das Verhältnis der Leuchtkraft des Kohlefadens und des schwarzen Körpers bei gleicher Temperatur oder $\frac{\text{Watt}}{\text{HK}_0}$-Zahl, welches zur Berechnung der Konstanten μ bzw. μ_0 des Gesamtstrahlungsgesetzes benutzt worden ist, ebenso durch das Verhältnis dieser Konstanten μ bzw. μ_0 zur Konstante σ im Gesamtstrahlungsgesetz des schwarzen Körpers ist, wie eine einfache Überlegung zeigt, unmittelbar auch das Absorptionsvermögen der Kohle gegeben.

In der folgenden Tabelle sind die nach den verschiedenen beschriebenen Methoden gefundenen Werte des Absorptionsvermögens (A und A_0) und der Gesamtstrahlungskonstante (μ und μ_0) der unpräparierten und präparierten Kohle zusammengestellt[1]).

Tabelle 28.

	A	A_o	$\mu \cdot 10^{12}$ $\left(\frac{\text{gr Kal}}{\text{cm}^2 \cdot \text{sec} \cdot \text{grad}^4}\right)$	$\mu_o \cdot 10^{12}$ $\left(\frac{\text{gr Kal}}{\text{cm}^2 \cdot \text{sec} \cdot \text{grad}^4}\right)$
Direkte Messung	0,548	—	0,725	—
Durch Beziehung auf die präparierte Kohle	—	0,793	—	1,060
Durch Beziehung auf den schwarzen Körper	0,524	0,773	0,700	1,034

§ 75. Messung der wahren Temperatur der Wolframlampe mit Hilfe der Beziehung zwischen Flächenhelligkeit und Temperatur. Wattverbrauch pro Kerze und Temperatur.

Die guten Resultate, welche die experimentelle Prüfung der berechneten Beziehung zwischen Flächenhelligkeit und Temperatur zeigte und vor allem der Umstand, daß der Helligkeitsanstieg innerhalb eines relativ großen Temperaturintervalls für die verschiedenen Strahler ein sehr ähnlicher ist (vgl. die »x-Kurve« Fig. 43) gaben die Berechtigung, diese Beziehung einer neuen Methode der Temperaturbestimmung zugrunde zu legen[2]). Diese Methode wurde benutzt, um die Temperatur der in den Metallfadenlampen glühenden Drähte zu erhalten. Kennt man bei einer Temperatur T_1 die Helligkeit H_1 des Metalles und be-

---

[1]) Anm. b. d. 2. Korrekt. In gutem Einklang mit den hier gegebenen Werten stehen die neuerdings von H. Senftleben und E. Benedict durch Messung der optischen Konstanten sowie des Reflexionsvermögens der Kohle im Sichtbaren und Ultraroten erhaltenen Resultate; Ann. d. Phys. **53**, 1917.

[2]) O. Lummer und H. Kohn l. c. S. 128.

stimmt man in einem zweiten Glühzustand die Helligkeit H_2, so kann die zugehörige Temperatur T_2 aus der Helligkeitstemperaturkurve der Metalle entnommen werden. Auf diese Weise wurde zunächst die wahre Temperatur der Wolframlampe ermittelt. Da nach der Aschkinassschen Theorie alle Metalle bei gleicher Temperatur, wenn auch nicht gleiche Flächenhelligkeit, so doch gleiche Energieverteilung d. h. gleiche Färbung haben, so kann man die Ausgangstemperatur T_1 für die Metallfadenlampe experimentell ermitteln, indem man auf der Photometerbank den Glühfaden bei einer geringen Helligkeit der Lampe auf gleiche Färbung mit dem Lummer-Kurlbaumschen Platinkasten bringt. Das Thermoelement im Platinkasten zeigt dann sowohl die Temperatur des Kastens wie die des Metallfadens an. Die Genauigkeit dieser Methode soll erst einer eingehenden Prüfung unterzogen werden. Die zunächst für die Wolframlampe erhaltenen vorläufigen Resultate sind in Tabelle 29 gegeben. Die mittlere horizontale Lichtstärke der Lampe wurde wiederum in HK ausgewertet und die in den verschiedenen Glühzuständen zugeführte Energie in Watt gemessen.

Tabelle 29.

Watt pro $HK_{horiz.}$	Absolute Temperatur der Wolframlampe	Watt pro $HK_{horiz.}$	Absolute Temperatur der Wolframlampe
7,71	1846°	2,30	2144°
6,77	1880	2,13	2164
5,84	1910	1,90	2197
5,11	1939	1,72	2225
4,34	1970	1,59	2251
3,92	1997	1,49	2269
3,41	2029	1,33	2300
3,18	2052	1,21	2340
2,79	2087	1,07	2377
2,54	2114		

Bei der Normalbelastung von 1 Watt pro Hefnerkerze beträgt die Temperatur des Wolframfadens also ca. 2450° abs.

Mit Hilfe der in Tabelle 29 gegebenen Resultate wurde die Kurve in Fig. 55 konstruiert, welche der Technik die Möglichkeit gewährt, die wahre Temperatur jeder Metallfadenlampe aus einer bloßen Messung der Watt pro Hefnerkerze zu ermitteln. Streng gilt

die durch die Kurve dargestellte Beziehung zwischen Temperatur und
Watt pro Hefnerkerze freilich nur für die Wolframlampe, und zwar
auch für diese nur, soweit blankem Platin und Wolfram bei gleicher
Temperatur die gleiche Energieverteilung zukommt, wie es die
Aschkinasssche Metalltheorie tatsächlich fordert. Soweit diese
Theorie richtig ist, muß die Kurve der Fig. 55 aber auch für alle
anderen reinen Metalle gelten.

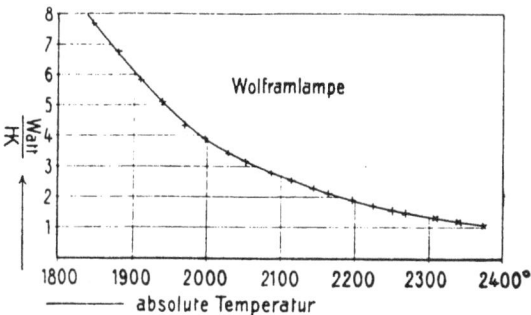

Fig. 55.

**§ 76. Bestimmung der wahren Temperatur eines schwarzen oder
grauen Körpers mit Hilfe der logarithmischen Isochromaten.** Trägt
man den Logarithmus der farbigen Flächenhelligkeit des schwarzen
Körpers als Ordinate und den reziproken Wert der zugehörigen absoluten Temperatur als Abszisse auf, so erhält man die sog. logarithmischen Isochromaten (§ 62). Bei ihrer Bestimmung kann
man sich jeder beliebigen Vergleichslichtquelle bedienen, wenn sie
nur während der Messung konstant bleibt. Bei der hier zu erörternden Methode spielt die Vergleichslichtquelle insofern die Hauptrolle,
als man deren wahre Temperatur finden kann, wenn sie wie
ein schwarzer oder grauer Körper strahlt. Dies hatten
schon Lummer und Pringsheim erkannt, als sie die in Fig. 48
reproduzierten logarithmischen Isochromaten des schwarzen Körpers
beobachtet hatten. Sie schreiben:

»Bei genauerer Betrachtung der Figur dürfte es auffallen, daß
sich die verlängerten schwarzen Isochromaten nahezu in einem
Punkte schneiden. Falls die bei der Gewinnung der Isochromaten
benutzte Vergleichslichtquelle ein schwarzer oder auch nur ein grauer
Körper ist, müssen sich die Isochromaten notwendig in einem
Punkte kreuzen, und zwar an derjenigen Stelle, welche der
Temperatur der Vergleichslichtquelle zukommt.«

Sie weisen ferner darauf hin, daß sich aus dem Schnittpunkt die wahre Temperatur der grau- oder schwarzstrahlenden Vergleichs-lichtquelle ermitteln lasse. Diesen Gedanken griff der Verf. neuer-dings auf, um die wahre Temperatur desjenigen Temperaturstrahlers experimentell zu ermitteln, von dem man weiß, daß er im beobachteten Wellenlängengebiet wie ein grauer Körper strahlt,

Fig. 56.

oder umgekehrt seine Strahlungseigenschaften zu untersuchen, wenn man seine wahre Temperatur kennt. Zur Durchführung dieser neuen Methode diente die in Fig. 56 abgebildete Versuchs-anordnung.

Versuchsanordnung. Den Hauptteil des Aufbaues bildet das Lummer-Brodhunsche Spektralphotometer *Sp* mit dem Lummer-Brodhunschen Kontrastwürfel (§ 17), welcher das Licht der beiden

Kollimatorrohre r_1 und r_2 aufnimmt. Vor dem Spalt des Rohres r_1 steht die Öffnung des schwarzen Körpers K, während der Spalt des Rohres r_2 sein Licht vom Krater der hier als Vergleichslichtquelle benutzten Bogenlampe L empfängt. Beide meßbar veränderlichen Spalte sind von Mattscheiben bedeckt. Zwischen dem Spalt des Rohres r_1 und der strahlenden Öffnung des schwarzen Körpers ist eine wassergespülte Klappe k eingefügt, um den Spalt bzw. die ihn bedeckende Mattscheibe gegen die starke Strahlung zu schützen. Zur Regulierung des Heizstromes des schwarzen Körpers dient der Regulierwiderstand W, zur Konstanthaltung des Stromes das Amperemeter A. Zur Messung der Temperatur des schwarzen Hohlraumes bzw. der elektromotorischen Kraft des isoliert eingeführten Le Chatelierschen Thermoelementes wurde das Pyrometer P benutzt, welches vorher genau geeicht worden war.

In das Innere des Kollimatorrohres r_2 kurz vor dem zugehörigen Meßspalt ragt die Sektorscheibe des Lummer-Brodhunschen rotierenden Sektors S mit der Brodhunschen Einrichtung zur Ablesung der Sektoröffnung während der Rotation (§ 10). Zur Ablesung des Sektors dient das Fernrohr F, zur Beleuchtung der Sektorteilung die Beleuchtungsvorrichtung N.

Um vom positiven Krater nur Stellen zur Beleuchtung des Spaltes bzw. der Mattscheibe des Rohres r_2 beitragen zu lassen, welche eine konstante maximale Helligkeit besitzen, wurde durch das Objektiv o vom Krater L der horizontalen positiven Kohle ein vergrößertes deutliches Bild auf der Spaltebene bzw. Mattscheibe des Rohres r_2 entworfen. Gleichzeitig wurde dadurch die Flächenhelligkeit des Kraters genügend verringert.

Die Instrumente A und V sind genaue Milliampere- und Millivoltmeter, welche bei Benutzung von Glühlampen als strahlender Körper bzw. als Vergleichslichtquelle zur genauen Wattbestimmung der elektrischen Energie dienten; r ist ein kleiner Regulierwiderstand, durch welchen der gewünschte Glühzustand der Glühlampen hergestellt wurde.

§ 77. Temperaturbestimmung des positiven Kraters der Bogenlampe mit Hilfe der schwarzen logarithmischen Isochromaten[1]). Es wurden die Isochromaten des elektrisch geglühten schwarzen Körpers gemessen unter Benutzung des positiven Kraters der in freier

---

[1]) E. Benedict. Inaug.-Dissert. Breslau 1915. Ann. d. Phys. **47**, 641, 1915.

Luft brennenden Bogenlampe als Vergleichslichtquelle. Die Resultate sind aus Fig. 57 zu ersehen. Man erkennt zunächst, daß sich die schwarzen logarithmischen Isochromaten tatsächlich in einem Punkte schneiden. Das vom Schnittpunkt S der logarithmischen

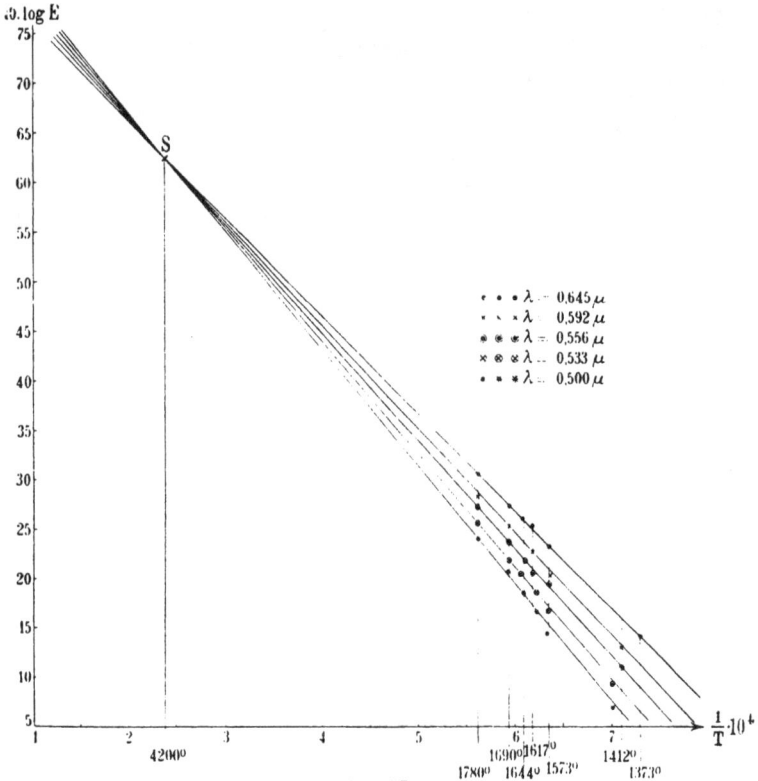

Fig. 57.

Isochromaten gefällte Lot schneidet die 1/T-Achse an der Abszisse 2,38; also berechnet sich aus:

$$\frac{1}{T} \cdot 10^4 = 2,38$$

die Temperatur des positiven Kraters der Bogenlampe zu:

$$T = 4200^0 \text{ abs.}$$

Es ist kein Zufall, daß dieser Wert mit dem Maximalwert übereinstimmt, den Lummer-Pringsheim aus dem Wienschen Verschiebungsgesetz erhielten ($T_{max} = 4200^0$ abs.), da dieser ebenso wie die obige »Schnittpunktstemperatur« die wahre Temperatur des

Körper strahlt (§ 64). Die vollständige Übereinstimmung beider Temperaturwerte ist nur einem Zufall zuzuschreiben, da die Lage des Energiemaximums nur ungenau zu ermitteln und auch die neue Methode mit einem Fehler von etwa $\pm 4\%$ behaftet ist.

Von der Glühlampenkohle weiß man, aus Versuchen über ihre Gesamtstrahlung, daß sie bis ca. 2000⁰ wie ein grauer Körper strahlt (§ 73). Aus dem nächsten Paragraphen ergibt sich, daß die Kohle der Glühlampen auch im sichtbaren Gebiete und zwar bis zur Zerspratzungstemperatur 2700⁰ wie ein grauer Körper strahlt. Es dürfte der Wahrheit sehr nahe kommen, wenn man annimmt, daß auch die Kohle der Bogenlampe wie ein grauer Körper strahlt. Dann erhält man aus dem Schnittpunkt der in Fig. 57 mitgeteilten logarithmischen Isochromaten direkt die wahre Temperatur des positiven Kraters.

§ 78. Glühlampenkohle ein grauer Körper im sichtbaren Spektralgebiet. Temperaturbestimmung des positiven Kraters der Bogenlampe mit Hilfe der grauen logarithmischen Isochromaten. Da das Arbeiten mit dem schwarzen Körper zeitraubend und kostspielig ist, so wurden die logarithmischen Isochromaten unter Benutzung einer Kohlefadenglühlampe als strahlender Lichtquelle bestimmt. Dabei wurde eine Kohlefadenglühlampe mit U-förmigem Faden verwendet. Bei dieser wurden die Watt etappenweise erhöht, jedesmal die Helligkeit für die benutzten Wellenlängen λ bestimmt und aus den genau abgelesenen Watt die wahre Temperatur des Kohlefadens bei jeder Etappe berechnet (§ 73). Diese »grauen« logarithmischen Isochromaten haben vor den »schwarzen« den Vorzug voraus, daß sie experimentell bis zu einer höheren Temperatur (»Zerspratzungstemperatur« der Kohlefäden von etwa 2700⁰ abs.) zu bestimmen sind als diejenigen der schwarzen Strahlung.

Um die Brauchbarkeit dieser grauen logarithmischen Isochromaten zu prüfen, wurden sie beobachtet unter Verwendung einer Vergleichslichtquelle, deren wahre Temperatur außerdem direkt zu messen war. Zu diesem Zwecke wurde auch als Vergleichslichtquelle eine Kohlefadenlampe mit U-förmigem Bügel benutzt.

Die Resultate dieser Beobachtungen sind in Fig. 58 niedergelegt. Aus ihr lassen sich die folgenden Schlüsse und Resultate direkt ersehen bzw. ermitteln: die Glühlampenkohle als Strahlungsquelle gibt tatsächlich ebenso wie der schwarze Körper geradlinig verlaufende logarithmische Isochromaten. Außerdem schneiden sie Kohlekraters darstellt, falls die Bogenlampenkohle wie ein grauer

sich alle in einem Punkte. Das vom Schnittpunkt der Isochromaten gefällte Lot schneidet die $1/T$-Achse an der Stelle $1/T \cdot 10^4$
$= 5{,}08$, woraus sich die »Schnittpunkts«-Temperatur des Kohlefadens der Vergleichsglühlampe zu $T = 1965^0$ abs. ergibt, während
ihre aus den Watt berechnete wahre Temperatur $T = 1951^0$ abs.
ist. Bei einer zweiten solchen Versuchsreihe ergab der Schnittpunkt
die Temperatur 2127^0 abs., die Berechnung aus den Watt 2104^0 abs.

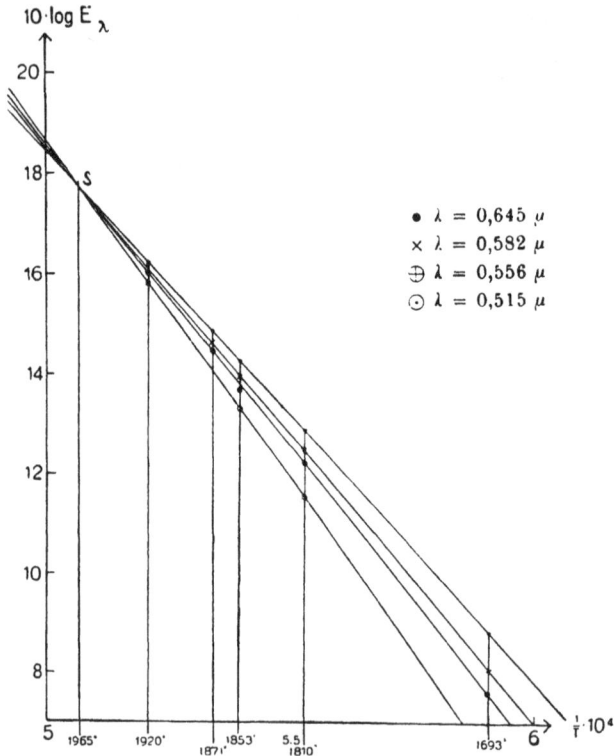

Fig. 58.

Es wird gezeigt werden (§ 79), daß die Existenz eines einheitlichen Schnittpunktes geradlinig verlaufender logarithmischer Iso-
ehromaten noch kein Beweis dafür ist, daß die Vergleichslichtquelle
und der Strahlungskörper wie ein grauer Körper strahlen. Von
dcr Glühlampenkohle wissen wir bisher nur, daß sie im unsichtbaren
Spektralgebiet wie ein grauer Körper strahlt (§ 73). Die gute Übereinstimmung der berechneten wahren Temperatur mit der Schnittpunktstemperatur des Kohlefadens muß als ein Beweis dafür ange-

sehen werden, daß die Glühlampenkohle auch im sichtbaren Spektralgebiet wie ein grauer Körper strahlt. Da
außerdem die logarithmischen Isochromaten der Fadenkohle geradlinig verlaufen, so folgt außerdem, daß das Reflexionsvermögen der Glühlampenkohle im untersuchten Temperaturintervall
von der Temperatur unabhängig ist.

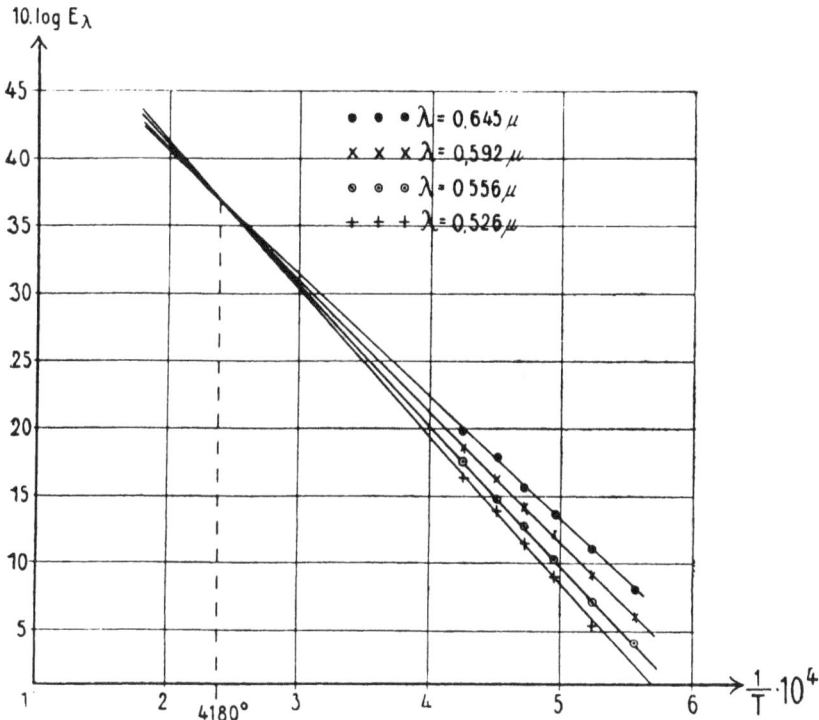

Fig. 59.

Aus diesem Befunde geht also erstens hervor, daß man mit Hilfe
der Isochromatenmethode die wahre Temperatur der Kohlefäden experimentell bestimmen kann und zweitens, man daß die Kohlefadenlampen,
deren Temperatur man berechnen kann, als Strahlungsquelle bei der
Isochromatenmethode statt des schwarzen Körpers verwenden darf.

Demnach konnten die »grauen« Kohle-Isochromaten auch benutzt werden, um die Temperatur des Kraters der Bogenlampe
zu messen. Die Resultate dieser Messungen sind in Fig. 59 mitgeteilt.
Die daraus ermittelte Schnittpunktstemperatur des positiven Kraters ist.

$$T = 4180^0 \text{ abs.}$$

Dieser Wert stimmt also fast genau mit demjenigen aus den schwarzen Isochromaten (Fig. 57) überein, dürfte aber genauer sein als jener, da die grauen Isochromaten bis zu ihrem Schnittpunkt S keiner so großen Verlängerung bedürfen wie die schwarzen Isochromaten.

§ 79. Schlüsse aus der Isochromatenmethode auf die Strahlungs-eigenschaften beliebiger als Vergleichslichtquelle benutzter Temperatur-strahler. Benutzt man den schwarzen oder einen grauen Körper als Vergleichslichtquelle und beobachtet die logarithmischen Iso-chromaten für den schwarzen oder den grauen Körper, so liefert der einheitliche Schnittpunkt der Isochromaten die wahre Temperatur der Vergleichslichtquelle. Erhält man für einen beliebig strahlenden Körper als Vergleichslichtquelle ebenfalls einen einheitlichen Schnitt-punkt der schwarzen oder grauen logarithmischen Isochromaten, so sagt dieser aus, daß die Vergleichslichtquelle innerhalb des beob-achteten Wellenlängenbezirks die gleiche Energieverteilung besitzt wie der schwarze oder graue Körper derjenigen Temperatur, die sich aus dem Schnittpunkt ergibt. Diese Temperatur darf hier jedoch nicht identifiziert werden mit der wahren Temperatur der Vergleichslichtquelle, wenn diese eben weder wie der schwarze noch wie der graue Körper strahlt[1]). Für jeden anderen Strahler kann man jedoch aus der Einheitlichkeit des Schnittpunkts auf seine Strahlungseigenschaften schließen und zwar auf sein relatives Ab-sorptionsvermögen innerhalb des beobachteten Wellenlängen-gebietes. Kennt man außerdem seine wahre Temperatur, so kann man auch die absolute Größe seines Absorptionsvermögens ermitteln.

Einen einheitlichen Schnittpunkt geben die schwarzen Iso-chromaten, wenn man als Vergleichslichtquelle z. B. die Hefnerlampe benutzt. Die Schnittpunktstemperatur ergibt sich zu 1850° abs., während ihre thermisch gemessene Temperatur 1690° abs. beträgt[2]). Unter der Annahme, daß die direkt gemessene Temperatur die wahre Temperatur der Hefnerflamme ist, folgt aus der Diskrepanz beider Temperaturbestimmungen, daß die Hefnerlampe trotz der Einheit-

---

[1]) E. P. Hyde. Ann. d. Phys. **49**, 144, 1916. Cl. Schaefer. Ann. d. Phys. **50**, 841, 1916. In Schaefers Arbeit wird auch ausgeführt, wie man auf ana-lytischem Wege anstatt auf graphischem zum Schnittpunkt der logarithmischen Isochromaten und der aus ihm folgenden Temperatur der Vergleichslichtquelle gelangt.

[2]) Diese noch nicht publizierten Versuche sind von H. Senftleben und E. Benedict im Breslauer Physikalischen Institut angestellt worden.

lichkeit des Schnittpunktes der Isochromaten **nicht** wie ein grauer Körper strahlt, sondern wie ein **selektiver** Körper mit bestimmter Abhängigkeit des Absorptionsvermögens von der Wellenlänge.

Um aus dem Beobachtungsmaterial für einen solchen speziellen selektiven Temperaturstrahler den Verlauf seines Absorptionsvermögens mit der Wellenlänge zu ermitteln, verfährt man folgendermaßen[1]).

Man geht aus von der **Planck**schen Spektralgleichung für den schwarzen Körper, welche für das sichtbare Wellenlängengebiet bis zu hohen Temperaturen ersetzt werden kann durch die **Wien**sche Spektralgleichung (§ 56).

$$S_{\lambda T} = c_1 \lambda^{-5} \cdot e^{-\frac{c_2}{\lambda T}} \quad . \quad . \quad . \quad . \quad . \quad 64)$$

wo $S_{\lambda T}$ das Emissionsvermögen des schwarzen Körpers für die Wellenlänge λ bei der absoluten Temperatur T bedeutet, c_1 und c_2 die Konstanten der **Planck**schen Spektralgleichung sind und e die Basis der natürlichen Logarithmen darstellt. Nach dem **Kirchhoff**schen Gesetz (§ 47) wird demnach das Emissionsvermögen $E_{\lambda T}$ eines beliebigen Temperaturstrahlers mit dem Absorptionsvermögen $A_{\lambda T}$ durch die Gleichung:

$$E_{\lambda T} = A_{\lambda T} \cdot c_1 \lambda^{-5} \cdot e^{-\frac{c_2}{\lambda T}} \quad . \quad . \quad . \quad . \quad 65)$$

dargestellt. Bei der Bestimmung der Isochromaten bilde der schwarze Körper die **Strahlungsquelle**, der beliebige Temperaturstrahler die **Vergleichslichtquelle**. Es werde daher die konstant bleibende Temperatur der Vergleichslichtquelle in Gleichung 65 mit t bezeichnet. Logarithmiert man die Gleichungen 64 und 65 und dividiert beide durcheinander, so erhält man die Beziehung:

$$\ln \frac{S_{\lambda T}}{E_{\lambda t}} = \ln A_\lambda - \frac{c_2}{\lambda} \left(\frac{1}{T} - \frac{1}{t} \right) \quad . \quad . \quad . \quad . \quad 66)$$

welche die Gleichung der logarithmischen Isochromaten des schwarzen Körpers, bezogen auf die Vergleichslichtquelle, darstellt. Wie man sieht, ist dies die Gleichung einer **Geraden**, wenn man als Abszisse die Größe $x = \frac{1}{T}$ und als Ordinate die Größe $y = \ln \frac{S_{\lambda T}}{E_{\lambda t}}$ aufträgt.

Durch Variation der Wellenlänge erhält man die Gleichungen für verschiedene logarithmische Isochromaten. Für die Wellenlängen

---

[1]) Cl. **Schaefer**. Ann. d. Phys. **50**, 841 bis 852, 1916.

λ und λ_1 ergeben sich die Koordinaten des Schnittpunkts der ihm entsprechenden Geraden zu:

$$x = \frac{1}{t} + \frac{\ln \dfrac{A_{\lambda 1}}{A_\lambda}}{\dfrac{c_2}{\lambda} - \dfrac{c_2}{\lambda_1}} \qquad \ldots \ldots \ldots \; 67)$$

$$y = \frac{-\dfrac{c_2}{\lambda} \ln A'_1 + \dfrac{c_2}{\lambda_1} \ln A_\lambda}{\dfrac{c_2}{\lambda} - \dfrac{c_2}{\lambda_1}} \qquad \ldots \ldots \; 68)$$

Benutzt man als Vergleichslichtquelle einen grauen oder schwarzen Körper, so ist sein Absorptionsvermögen A_λ für alle Wellenlängen konstant (A_λ = constans bzw. = 1). In diesem Falle werden die Koordinaten des Schnittpunkts:

$$\overline{x} = \frac{1}{t} \ldots \ldots \ldots \ldots \; 69)$$

$$\overline{y} = \ln \frac{1}{A_\lambda} \ldots \ldots \ldots \; 70)$$

eine Verifizierung des alten Resultates.

Da diese Schnittpunktskoordinaten von der Wellenlänge unabhängig sind, so müssen sich die schwarzen logarithmischen Isochromaten bei Benutzung eines grauen Körpers als Vergleichslichtquelle alle in einem gemeinschaftlichen Punkte schneiden. Dieser liefert demnach nicht nur die wahre Temperatur t des grauen Körpers, sondern auch nach Gleichung 70 die numerische Größe seines Absorptionsvermögens A_λ[1]).

Bei Benutzung eines beliebigen nichtgrauen Körpers als Vergleichslichtquelle ist die Abszisse $\overline{x}$ in Gleichung 67 des Schnittpunktes zweier Isochromaten im allgemeinen eine Funktion $f(\lambda)$ der der Beobachtung zugrunde gelegten Wellenlänge, so daß wir schreiben können:

$$x = \frac{1}{t} + f(\lambda) \ldots \ldots \ldots \; 71)$$

Seine wahre Temperatur (t) kann also nicht direkt ermittelt werden. Zu ihrer Bestimmung bedarf es vielmehr noch der Kenntnis der Funktion $f(\lambda)$ für die benutzte Vergleichslichtquelle d. h. des Verlaufs ihres Absorptionsvermögens.

---

[1]) Cl. S c h a e f e r, l. c.

Aus Gleichung 71) folgt zunächst, daß die Isochromaten im allgemeinen keinen gemeinschaftlichen Schnittpunkt besitzen, d. h. daß die Schnittpunkte je zweier Isochromaten nicht zusammenfallen. Dieser allgemeine, für einen nichtgrauen, selektiven Temperaturstrahler gültige Satz erleidet jedoch eine Ausnahme: Die logarithmischen Isochromaten des schwarzen Körpers besitzen auch unter Benutzung einer selektiv strahlenden Vergleichslichtquelle einen gemeinschaftlichen Schnittpunkt, wenn für sie die Funktion $f(\lambda)$, welche bei schwarz- oder graustrahlender Vergleichslichtquelle gleich Null ist, sich für das benutzte Wellenlängengebiet auf eine Konstante reduziert ($f(\lambda)$ = constans).

Aus den angestellten Betrachtungen resultiert ein wichtiger Schluß: Es darf der allgemeingültige Satz, daß sich die logarithmischen Isochromaten für alle Wellenlängen in einem einheitlichen Punkte schneiden, falls als Vergleichslichtquelle der schwarze oder ein grauer Körper verwendet wird, nicht umgekehrt werden. Denn auch bei Benutzung des eben erwähnten speziellen selektiven oder nichtgrauen Körpers mit konstantem $f(\lambda)$ liefern die Isochromaten einen einheitlichen Schnittpunkt natürlich nur im Gebiete, für welches $f(\lambda)$ = constans ist.

Ferner: Bei Benutzung des schwarzen oder grauen Körpers als Vergleichslichtquelle liefert die Abszisse des einheitlichen Schnittpunktes der Isochromaten direkt die wahre Temperatur der Vergleichslichtquelle; bei Benutzung des speziellen selektiven Körpers ($f(\lambda)$ = constans) bedarf es dagegen noch der Kenntnis der Funktion $f(\lambda)$ um aus dem einheitlichen Schnittpunkt seine wahre Temperatur zu ermitteln.

Die Bedingung:

$$f(\lambda) = \frac{\ln \dfrac{A_{\lambda 1}}{A_{\lambda}}}{\dfrac{c_2}{\lambda} - \dfrac{c_2}{\lambda_1}} = \text{constans} \quad . \quad . \quad . \quad . \quad 72)$$

führt zu der folgenden Beziehung[1]) zwischen dem Absorptionsvermögen A_{λ} und der Wellenlänge λ:

$$A_{\lambda} = C \cdot e^{-\frac{c_?}{\lambda}} \quad . \quad . \quad . \quad . \quad . \quad 73)$$

welche durch Logarithmieren in die Gleichung übergeht:

---

[1]) Cl. Schaefer, l. c.

$$\ln A_\lambda + \frac{c}{\lambda} = \text{constans} \quad . \quad . \quad . \quad . \quad . \quad . \quad 74)$$

Diese stellt eine **gerade** Linie dar, wenn man $\ln A_\lambda$ als Ordinate und $1/\lambda$ als Abszisse aufträgt.

Es scheint, als ob das sehr selektiv strahlende blanke **Platin** zu dieser ganz speziellen Klasse eines nichtgrauen Körpers mit konstantem $f(\lambda)$ innerhalb des sichtbaren Gebiets gehört. Dies geht aus Fig. 60 hervor, in welcher der Logarithmus des Absorptionsvermögens des blanken Platins nach den Messungen von **Hagen-Rubens**[1]) als Ordinate und $1/\lambda$ (für λ von $0{,}42\,\mu$ bis $0{,}80\,\mu$) als Abszisse aufgetragen ist. Wie man erkennt, schmiegen sich die beobachteten Punkte recht gut einer geraden Linie an.

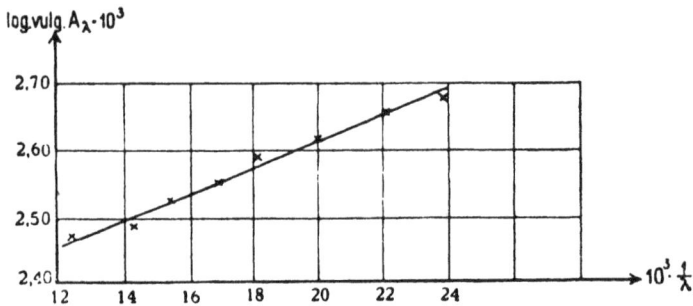

Fig. 60.

Gemäß diesem Befunde ist zu erwarten, daß auch bei Benutzung des blanken Platins als Vergleichslichtquelle die logarithmischen Isochromaten des schwarzen Körpers einen gemeinschaftlichen Schnittpunkt liefern. Auch für Silber, Nickel und Wolfram lassen sich die experimentell gefundenen Werte des Absorptionsvermögens in gleicher Weise als Funktion der Wellenlänge darstellen.

Gemäß den oben mitgeteilten Versuchsergebnissen an der Hefnerlampe, scheint auch die Hefnerflamme zu dieser speziellen Klasse selektiver Strahler $f(\lambda) = $ const. zu gehören. Aus der Schnittpunktstemperatur und der wahren Temperatur der Flamme kann man also auf Grund der gegebenen Darlegung die Funktion $f(\lambda) = $ constans auch für die Hefnerflamme ermitteln.

Aus den oben angegebenen Werten für die Schnittpunktstemperatur $\left(\dfrac{1}{x} = 1850^0 \text{ abs.}\right)$ und die wahre Temperatur ($t = 1690^0$ abs.)

---

[1]) E. **Hagen** und H. **Rubens**. Ann. d. Phys. **8**, 1, 1902.

folgt

$$f(\lambda) = \frac{\ln\dfrac{A_{\lambda 1}}{A_{\lambda}}}{\dfrac{c_2}{\lambda} - \dfrac{c_2}{\lambda_1}} = \bar{x} - \frac{1}{t} = -5{,}12 \cdot 10^{-5}.$$

Für die Beziehung zwischen Absorptionsvermögen und Wellenlänge folgt demnach die Gleichung:

oder
$$\ln\frac{A_{\lambda 1}}{A_{\lambda}} = -5{,}12 \cdot 10^{-5}\left(\frac{c_2}{\lambda} - \frac{c_2}{\lambda_1}\right) \quad \ldots \ldots 75)$$

$$\ln A_{\lambda} - \frac{5{,}12 \cdot 10^{-5} \cdot c_2}{\lambda} = \ln A_{\lambda 1} - \frac{5{,}12 \cdot 10^{-5} \cdot c_2}{\lambda_1} = k \quad . \; 76)$$

Unter Zugrundelegung von $A_{\lambda_1} = 0{,}15^1)$ für $\lambda = 0{,}666 \, \mu$ ergibt sich $k = -3{,}00$, und die durch die letzte Gleichung bestimmte Abhängigkeit des Absorptionsvermögens von der Wellenlänge wird durch die in Fig. 61 gegebene gerade Linie dargestellt, wenn man $\dfrac{1}{\lambda}$ als Abszisse und log. vulg. A_{λ} als Ordinate aufträgt.

§ 80. Bestimmung der wahren Temperatur des positiven Kraters der Bogenlampe bei verschieden hohen Drucken[2]). Die Temperatur des unter Atmosphärendruck stehenden, in festem Zustand verdampfenden (»sublimierenden«) Kraters kann durch keinerlei Energiesteigerung erhöht werden und ist daher als ein Temperaturfixpunkt anzusehen, welcher der Temperaturbestimmung bei höheren Drucken zugrunde gelegt werden kann. Zwecks dieser Untersuchungen wurden die schwarzen Kratertemperaturen für ver-

Fig. 61.

schiedene Wellenlängen durch Messungen mit dem optischen Pyrometer neu ermittelt[3]). Hierzu diente die in Fig. 62 skizzierte

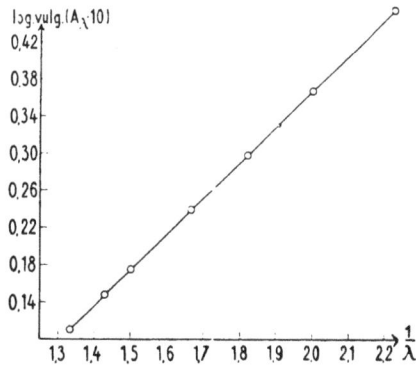

---

[1]) Dieser Wert ist in der oben genannten Arbeit von H. Senftleben und E. Benedict bestimmt.

[2]) O. Lummer und K. Kohn, l. c. S. 128.

[3]) Eine Zusammenstellung früher ausgef. Bestimmungen der schwarzen Kratertemperaturen mit dem optischen Pyrometer findet sich z. B. bei Reich, Phys. Ztschr. **7**, 74. 1906.

Anordnung. Der Krater K wird scharf und stark vergrößert am Ort des Kohlefadenbügels der Glühlampe G abgebildet, nachdem seine Strahlung durch dreimalige Reflexion an den Grundflächen der im übrigen geschwärzten Prismen P_1, P_2, P_3 genügend geschwächt worden ist. Der Strom der zuvor mit dem schwarzen Körper geeichten Glühlampe wird so lange variiert, bis der Lampenbügel, durch die Linse L_2 und den Farbfilter F hindurch betrachtet, auf der Kraterfläche verschwindet. In dieser Weise wird zunächst die schwarze Temperatur der geschwächten Kraterstrahlung, alsdann mit Hilfe der zuvor bestimmten Lichtschwächung durch die Reflexion an den Prismen, die schwarze Kratertemperatur T_S für die wirksame Wellenlänge λ des benutzten Farbfilters ermittelt. Aus den schwarzen Temperaturen Ts wird die wahre T_W nach der Gleichung

$$\lg A_\lambda = \frac{c_2 \lg e}{\lambda} \left(\frac{1}{T_W} - \frac{1}{T_S} \right) \ . \ . \ . \ 77)$$

berechnet, welche man aus der Wienschen Spektralgleichung (§ 56) für den schwarzen Körper unter Benutzung des Kirchhoffschen Gesetzes (§ 47) erhält.

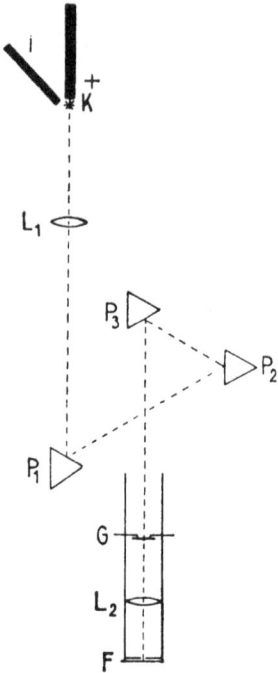

Fig. 62.

Es wurde wieder die Annahme gemacht, daß die Bogenlampenkohle im sichtbaren Spektralgebiet wie ein grauer Körper strahlt (§ 77). Dann ist ihr Absorptionsvermögen A_λ von der Wellenlänge unabhängig, also durch das Verhältnis der Kohlekonstante (§ 74) zur Strahlungskonstante σ des Stefan-Boltzmannschen Gesetzes gegeben. Es wurde der Berechnung der Wert $\mu = 0,725 \cdot 10^{-12} \ \dfrac{\text{gr Kal}}{\text{cm}^2 \cdot \text{sec} \cdot \text{grad}^4}$

für die Kohlekonstante (§73) und der Wert $\sigma = 1,34 \cdot 10^{-12} \ \dfrac{\text{gr Kal}}{\text{cm}^2 \cdot \text{sec} \cdot \text{grad}^4}$

zugrunde gelegt. Daraus folgt $A_\lambda = 0,548$; für c_2 wurde der Wert 1,45 benutzt (§ 56).

Die Tabelle 30 zeigt die gemessenen schwarzen und die berechneten wahren Temperaturen. In der ersten Kolumne sind die verschiedenen benutzten Farbfilter angegeben.

Tabelle 30.

Filter	Wirksame Wellenlänge	Schwarze Temperatur	Wahre Temperatur
F 4512 (Schott u. Gen.) . .	666 $\mu\mu$	3828 ^{0} abs.	4290 ^{0}
δ (Wratten und Wainwright)	570	3882	4282
ε » » »	534	3909	4287
η » » »	491	3949	4301

Der Mittelwert (4290^0 abs.) der nach dieser Methode bestimmten »Normaltemperatur« ist um etwa 2% höher als der aus dem Schnittpunkt der logarithmischen Isochromaten gefundene Wert (4200^0 abs.)[1].

Da dieser Wert noch innerhalb der Genauigkeit der aus beiden Methoden sich ergebenden Einzelwerte liegt, so wollen wir bei den weiteren Erörterungen über den Anstieg der Kratertemperatur mit wachsendem Druck an der hier erhaltenen Normaltemperatur festhalten. Um die Beziehung zwischen Druck und Temperatur zu ermitteln, diente die in Fig. 63 skizzierte Versuchsanordnung.

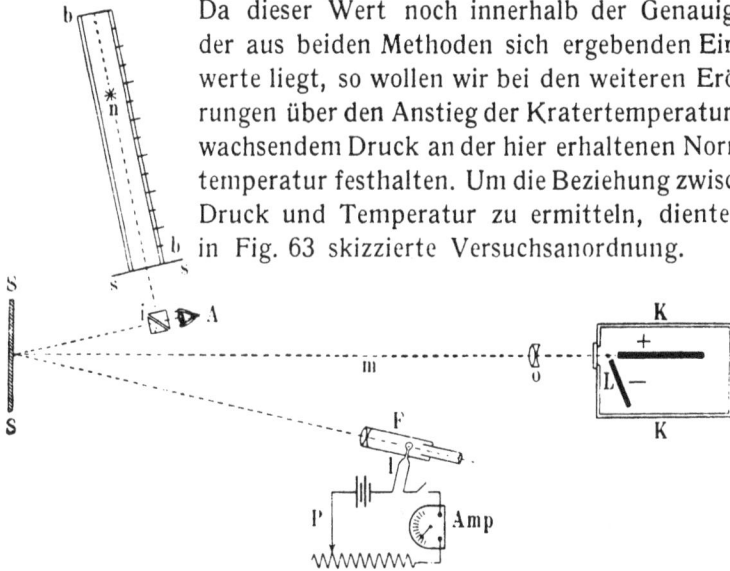

Fig. 63.

---

[1] Anmerkung bei der Korrektur: Benutzt man für die Kohlekonstante μ anstatt des obigen Wertes $0,725 \cdot 10^{-12}$ den Wert $1,034 \cdot 10^{-12}$, wie er der unpräparierten Kohle zukommt (§ 74), so erhält man für die Temperatur des Kraters den Wert 4050^0. Bestimmt man aus der bloßen Annahme, daß die Bogenlampenkohle im sichtbaren Spektralgebiet wie ein grauer Körper strahlt, gemäß Gleichung 77), aus den schwarzen Temperaturen für je zwei Wellenlängen die wahre Temperatur, wobei man der Kenntnis der Kohlekonstanten enthoben ist, so erhält man als Mittelwert 4326^0 abs. Mit Hilfe dieser wahren Temperatur lassen sich gemäß Gleichung 77) die Werte des Absorptionsvermögens A_λ für die benutzte Wellenlänge λ berechnen. Es ergibt sich $A_\lambda = 0,52$ bzw. 0,51 bzw. 0,51 und 0,52 für die Wellenlänge $\lambda = 666$ $\mu\mu$ bzw. 570 bzw. 524 und 491 $\mu\mu$. Diese Werte für das Absorptionsvermögen liegen sehr nahe dem für die präparierte Kohle erhaltenen Wert.

12*

Der positive Krater der im Druckgefäß KK brennenden Bogenlampe wird durch das Objektiv o in etwa 30facher Vergrößerung scharf auf dem Gipsschirm SS abgebildet. Blickt man durch den Interferenzwürfel i des Lummerschen Interferenzphotometers (§ 8), so sieht man auf dem Abbild der Kraterfläche bei SS scharfe Interferenzstreifen, die man durch Beleuchtung der Mattscheibe ss mittels einer auf der Photometerbank bb verschiebbaren Halbwattlampe n zum Verschwinden bringen kann. Auf diese Weise ist die aus der in Tabelle 31 ersichtliche Beziehung zwischen gesamter Flächenhelligkeit und Druck ermittelt worden.

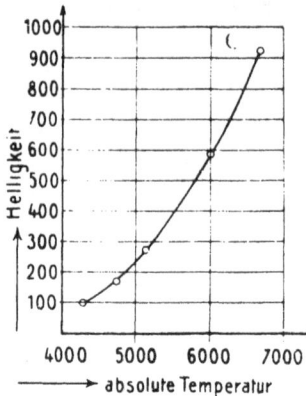

Fig. 64.

Zur Bestimmung der Beziehung zwischen Temperatur und Druck wurde der Anstieg der monochromatischen Flächenhelligkeit (Grünfilter ε, also $\lambda = 0{,}534\ \mu$) mit zunehmendem Druck photometriert. Mit Hilfe dieses Anstiegs und der schwarzen Temperatur bei Atmosphärendruck ist die schwarze Temperatur bei dem betreffenden höheren Druck der logarithmischen Isochromate für die Wellenlänge des Filters ($\lambda = 0{,}534\ \mu$) zu entnehmen. Aus der schwarzen Temperatur wird die wahre wieder wie oben gewonnen (Gleichung 77). Einer Druckänderung von 1 bis 9 Atm. entsprechen die in der Tabelle 31 angegebenen schwarzen und wahren Temperaturen. Die Beziehung zwischen Temperatur und Druck ist in Fig. 64 aufgetragen, die schon einmal als Fig. 45 wiedergegeben ist.

Tabelle 31.

Druck	Flächen-helligkeit	Kratertemperatur	
		schwarz	wahr
1	100	3909⁰	4287⁰
2	167	4290	4749
3	272	4608	5143
6	585	5192	6009
9	924	5795	6654

X. Kapitel.
Temperatur und Strahlungseigenschaften der Sonne.

§ 81. Hypothesen über die Strahlungseigenschaften der Sonne. Die auf den Gesetzen der schwarzen Strahlung beruhenden Methoden zur Temperaturbestimmung sind nur anwendbar auf Körper, deren Leuchten auf Temperaturstrahlung beruht. Und auch dann liefern sie für alle nichtschwarzen und nichtgrauen Temperaturstrahler nur die sog. schwarze Temperatur (§ 63). Von der Sonnenstrahlung wissen wir aber nicht einmal, ob sie zur Temperaturstrahlung gehört oder ob nicht die Lumineszenz wenigstens zum Teil die Ursache ihrer Strahlung bildet. Will man gleichwohl ihre Temperatur bestimmen, so ist man gezwungen, seine Zuflucht zu Hypothesen zu nehmen. Erstens wollen wir annehmen, daß die Strahlung der Sonne reine Temperaturstrahlung ist und zweitens, daß ihre Eigenschaften zwischen denen des schwarzen Körpers und des blanken Platins liegen. Auf Grund dieser Annahmen stehen uns verschiedene Methoden zur Verfügung, um die Temperatur der Sonne zu ermitteln, die wir einzeln erörtern wollen.

§ 82. Schwarze Sonnentemperatur unter Zugrundelegung des Stefan-Boltzmannschen Gesetzes. Diese zuerst von E. Warburg[1]) angewandte Methode setzt die Kenntnis der von der Sonne zur Erde gesandten Strahlungsenergie voraus. Sie ist gegeben durch die sog. »Solarkonstante«, welche angibt, wieviel Energie die Sonne pro Minute bei senkrechtem Einfall der Sonnenstrahlen einem Quadratzentimeter der Erdoberfläche zustrahlt. Nach den neuesten Messungen[2]) beträgt die Solarkonstante 1,922 gr Kal, wobei die Absorption der Erdatmosphäre eliminiert ist. Sie werde bei der Berechnung mit »Konst.« bezeichnet. Die Rechnungsmethode nach Warburg ist folgende.

Wir denken uns bei ee (Fig. 65) ein Flächenelement der Erde von der absoluten Temperatur T_E, welches von der senkrecht darüber stehenden Sonne von der absoluten Temperatur T_S bestrahlt wird. Sonne und Erde bestrahlen sich gegenseitig. Es strahle auch die

---

[1]) E. Warburg. Verh. d. Deutsch. Phys. Ges. **1**, 50 bis 52, 1899.

[2]) Abbot und Fowle. »Annals of the Astrophysical Observatory of the Smithsonian Institution« Vol. III. 1913.

Erde wie ein schwarzer Körper. Dann strömt von der Halbkugel $ABCD$ pro Sekunde zur Flächeneinheit der Erde die Energie

$$E_S - E_E = 1{,}38 \cdot 10^{-12}\,(T_S{}^4 - T_E{}^4) \quad \ldots \quad 78)$$

wenn mit E_S bzw. E_E die Gesamtstrahlung der Sonne bzw. Erde bezeichnet wird. Von der Kalotte, welche die Sonne von jener Halbkugel bedeckt, strahlt somit pro Minute nur folgender Betrag:

$$1{,}38 \cdot 10^{-12} \cdot 60 \cdot \sin^2 16'\,(T_S{}^4 - T_E{}^4) \quad \ldots \quad 79)$$

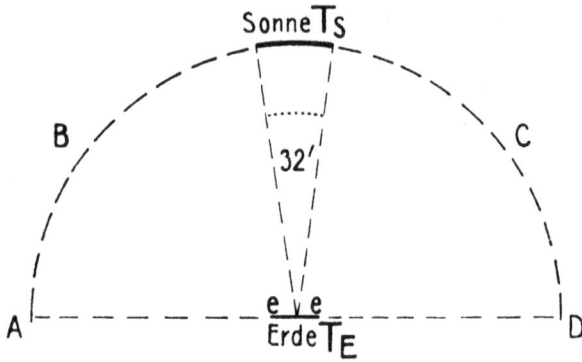

Fig. 65.

und diese Strahlungsmenge muß gleich der »Solarkonstanten«, d. h. gleich $1{,}922 \; \dfrac{\text{gr Kal}}{\text{min}}$ sein. Somit erhalten wir folgende Gleichung zur Berechnung der schwarzen Sonnentemperatur:

$$1{,}922 = 1{,}38 \cdot 10^{-12} \cdot 60 \sin^2 16'\,(T_S{}^4 - T_E{}^4) \quad \ldots \quad 80)$$

Da die absolute Temperatur der Erde T_E nur 300° abs. beträgt, so kann $T_E{}^4$ gegen $T_S{}^4$ vernachlässigt werden und wir erhalten:

$$T_S = \sqrt[4]{\frac{1{,}922}{1{,}38 \cdot 10^{-12} \cdot 60 \sin^2 16'}}\,.$$

Hieraus ergibt sich die schwarze Temperatur der Sonne zu:

$$T_{\text{schwarz}} = 5722^0 \text{ abs.}$$

mit einer Fehlergrenze von etwa 300°. Übrigens geht die Solarkonstante nur mit der vierten Wurzel ihres Betrages in diese Temperaturbestimmung ein.

§ 83. **Platintemperatur der Sonne unter Zugrundelegung des Gesamtstrahlungsgesetzes des blanken Platins.** Strahlt die Sonne wie blankes Platin, so können wir auf ganz analoge Weise wie im vorigen

Paragraphen auch die »Platintemperatur« der Sonne berechnen, da uns heute auch die Strahlungskonstante des Gesamtstrahlungsgesetzes des blanken Platins im absoluten Maße bekannt ist (§ 58 u. 71). Die unbekannte Platintemperatur der Sonne T_P berechnet sich aus der Gleichung:

$$\mu \cdot T_P^5 \sin^2 16' = \frac{\text{Konst}}{60} \quad \ldots \quad \ldots \quad 81)$$

wo μ die Strahlungskonstante $\left(\mu = 0{,}000153 \cdot 10^{-12} \; \dfrac{\text{gr Kal}}{\text{cm}^2 \cdot \text{sec} \cdot \text{grad}^4}\right)$ des Platins ist, so daß wir erhalten:

$$T_P = \sqrt[5]{\frac{1{,}922}{0{,}000153 \cdot 10^{-12} \cdot 60 \cdot \sin^2 16'}} \quad \ldots \quad 82)$$

oder

$$T_{\text{Platin}} = 6267^0 \text{ abs.}$$

Obgleich wir hierbei das nur bis rd. 1800⁰ abs. geprüfte und oberhalb 9000⁰ abs. sicher nicht mehr geltende Platingesetz reichlich extrapoliert haben (§ 54), scheint der erhaltene Wert für die Platintemperatur der Sonne wenigstens insofern sinngemäß zu sein, als er höher liegt als derjenige (5722⁰ abs.) für die schwarze Sonnentemperatur, was notwendig der Fall sein muß.

Gehört die Sonne zur Klasse »Schwarzer Körper — Blankes Platin«, so dürfte der Mittelwert aus der schwarzen Sonnentemperatur und der Platintemperatur als brauchbarster hingestellt werden können. Der Mittelwert beträgt:

$$T = 5995^0 \text{ abs.}$$

§ 84. Schwarze Temperatur bzw. Platintemperatur der Sonne unter Zugrundelegung des Verschiebungsgesetzes. Kennen wir die Lage λ_m des Energiemaximums im Normalspektrum der Sonne, so erhalten wir die schwarze Sonnentemperatur T aus dem Verschiebungsgesetz für die schwarze Strahlung (§ 55):

$$T_S = \frac{2940}{\lambda_m} \quad \ldots \quad \ldots \quad \ldots \quad 83)$$

und die Platintemperatur T_P aus dem Verschiebungsgesetz für das blanke Platin (§ 57):

$$T_P = \frac{2630}{\lambda_m} \quad \ldots \quad \ldots \quad \ldots \quad 84)$$

wo λ_m in μ zu nehmen ist. Nach den neuesten Beobachtungen von

Abbot und Fowle[1]) liegt das Energiemaximum nach Elimination der Absorption durch die Erdatmosphäre bei $\lambda_m = 0,47\ \mu$. Demnach erhalten wir:

$$T_S = 6255^0\ \text{abs. und } T_P = 5596^0\ \text{abs.}$$

Der Mittelwert (5925^0 abs.) stimmt fast genau mit dem im vorigen Paragraphen erhaltenen Mittelwert (5995^0 abs.) überein.

Es wird auffallen, daß die Platintemperatur nach dem Gesamtstrahlungsgesetz höher, nach dem Verschiebungsgesetz niedriger als die schwarze Temperatur ist. Dies folgt aus der Beschaffenheit per Platinstrahlung bestimmter Temperatur, welche wie die eines jeden selektiven Strahlers, dessen Absorptionsvermögen mit abnehmender Wellenlänge wächst, ihrer Quantität nach einem schwarzen Körper niedrigerer, ihrer Qualität nach einem solchen höherer Temperatur, als sie selbst aufweist, zukommt.

§ 85. Bestimmung der Sonnentemperatur mit Hilfe der Beziehung zwischen Flächenhelligkeit und Temperatur. Aus der für den schwar-

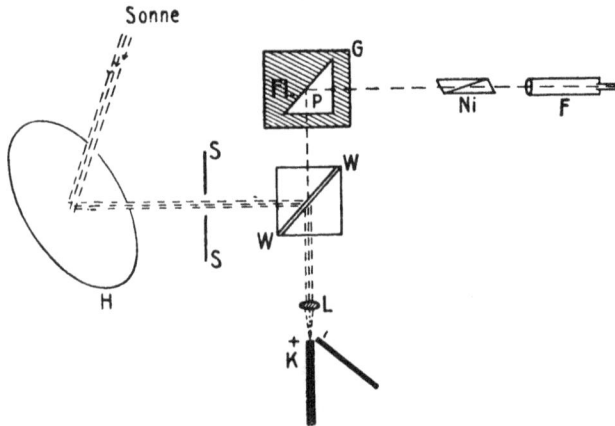

Fig. 66.

zen Körper bzw. das blanke Platin geltenden Helligkeitstemperaturbeziehung erhalten wir die schwarze bzw. Platintemperatur der Sonne, wenn wir feststellen, wie sich die Flächenhelligkeit der Sonne zu der des schwarzen Körpers bzw. des blanken Platins bestimmter Temperatur verhält. Die zur Ermittelung der Flächenhelligkeit der Sonne benutzte Versuchsanordnung ist in Fig. 66 skizziert. Wegen der enormen Leuchtkraft der Sonne wurde ihre Flächenhelligkeit zu-

---

[1]) loc. cit. S. 181.

nächst mit derjenigen des positiven Kraters *K* der in freier Luft brennenden Bogenlampe verglichen und diese durch besondere Versuche mit derjenigen des schwarzen Körpers bzw. des Platinkastens bekannter Temperatur. Der positive Krater zeichnet sich als Vergleichslichtquelle dadurch aus, daß sowohl seine Flächenhelligkeit als auch seine Temperatur konstant bleiben, wenn der Krater im festen Zustande verdampft (§ 92). Zur Vergleichung der Flächenhelligkeiten diente der Lummersche Interferenzwürfel (*WW*). Wie die Figur zeigt, erzeugen die Kraterstrahlen die Interferenzstreifen im durchgehenden Lichte, die am Heliostaten gespiegelten Sonnenstrahlen diejenigen im reflektierten Lichte. Beide Strahlensorten gelangen nach dem Austritt aus dem Interferenzwürfel zur Schwächungsvorrichtung *G* und von da durch das Nicolsche Prisma *Ni* ins Fernrohr *F*. Da sich der Krater *K* in der Brennebene der Linse *L* befindet, die Sonne im Unendlichen, so erscheinen in dem auf Unendlich eingestellten Fernrohr mit den beiderlei Streifen zugleich die Oberfläche des Kraters und die der Sonne deutlich. Die Schwächungsvorrichtung *G* besteht aus einem Glasprisma *P*, welches sich in einer Flüssigkeit von nahezu gleich großem Brechungsquotienten befindet. Die an der Grenzfläche beider Medien reflektierten Strahlen der Sonne und Bogenlampe werden dadurch bedeutend und gleichmäßig geschwächt. Außerdem ist bei *SS* der rotierende Sektor (§ 10) eingeschaltet, um die Sonnenstrahlen für sich meßbar schwächen zu können. Das bei *Ni* eingeschaltete Nicolsche Prisma trägt den verschiedenen Polarisationszuständen der beiden Strahlensorten Rechnung (§ 91).

Um die Flächenhelligkeit des positiven Kraters mit derjenigen des schwarzen Körpers bzw. des blanken Platins zu vergleichen, wurden diese Körper nacheinander vor den Heliostaten gesetzt, an der Stelle, wo vorher die Sonnenstrahlen einfielen. Dadurch wurde gleichzeitig die Messung der Reflexionsverluste am Heliostatenspiegel vermieden.

Es können hier vorläufig nur die Resultate einer im Sommer 1915 ausgeführten orientierenden Messung mitgeteilt werden. Diese ergab für die schwarze Temperatur der im Zenith stehenden Sonne 5150° abs., für die Platintemperatur 5750° abs.[1]). Der Einfluß der Absorption durch die Erdatmosphäre wurde gemäß den Angaben von Abbot und Fowle eliminiert[2]). Diese Temperaturbestimmung

---

[1]) Diese Messungen wurden auf Veranlassung des Verfassers im Breslauer Phys. Institut von Frl. cand. phil. C. Stern ausgeführt.

[2]) Abbot und Fowle. Ann. of Astrophys. Observ. of the Smithsonian Institution Vol. III. Washington 1913.

dürfte im Prinzip einen bis auf mindestens 1% genauen Wert liefern. Das bisher erhaltene Resultat beansprucht höchstens eine Genauigkeit von 4%. Die Methode dürfte außerdem auch geeignet sein, genaueren Aufschluß über die Absorption der Erdatmosphäre zu geben.

§ 86. Bestimmung der Sonnentemperatur aus einer Hypothese über die Anpassung des Auges an die Sonnenstrahlung bzw. aus der Empfindlichkeitskurve der Zapfen[1]). Wie alles Gewordene so dürfte auch unser Auge ein Produkt seiner Umgebung sein. Meiner Ansicht nach hat sich die Sonnenstrahlung das Auge so gebildet, wie es die Umgebung gestattete, unter der unser Auge sich entwickeln konnte. Wenn wir heute das Auge erschaffen würden, würden wir es sicher anders bilden, als es sich im Laufe der Jahrmillionen entwickelt hat. Um die ganze Sonnenstrahlung ausnutzen zu können, müßten alle Wellen in das Auge eindringen und bis zur Netzhaut gelangen können. Es gelangen aber nur die sichtbaren Wellen bis zur Netzhaut, wie es verständlich wäre, wenn sich das Auge unter Wasser gebildet hätte, da dieses doch alle »unsichtbaren« Wellen absorbiert, noch ehe sie zum Auge gelangen. Also wird sich das Auge wohl unter Wasser zuerst entwickelt haben. Damit ist aber noch nicht erklärt, warum das Auge gerade für die gelbgrünen Strahlen eine maximale Empfindlichkeit besitzt, die nach beiden Seiten schnell abnimmt, wie die Empfindlichkeitskurve der Zapfen (»Zapfenkurve«) zeigt (§ 37). Sicher wäre es ökonomischer, wenn das Auge für alle sichtbaren Wellen die gleiche maximale Empfindlichkeit besäße, die es für Gelbgrün besitzt. Jedenfalls müssen biologische Gründe bei der Bildung des Auges maßgebend gewesen sein, welche dieses Optimum an Lichtumsetzung verhinderten. Man dürfte der Wahrheit nahe kommen, wenn man den Vorgang bei der Bildung der Zapfen als ein Resonanzphänomen auffaßt, bei welchem die maximale Sonnenstrahlung die Zapfen zum Mitschwingen, zum »Perzipieren« erregte. Dann wäre es in Übereinstimmung mit den Gesetzen der Resonanz verständlich, daß infolge der Dämpfung ein allmählicher Abfall der Empfindlichkeit vom Resonanzmaximum nach beiden Seiten entstehen mußte.

Wie dem aber auch sei, jedenfalls müssen wir bei unserem Problem mit dem Auge rechnen wie es ist. Wir wollen daher bei dem Versuch, die Sonnentemperatur aus der Anpassung des Auges an die

---

[1]) Nach Untersuchungen von O. Lummer und H. Kohn, vorgetragen in der Sitzung d, Schles. Gesellsch. für vaterl. Kultur, 29. Juli 1915.

Sonnenstrahlung zu ermitteln, uns fragen: Welche Strahlung wird von den Zapfen mit der ihnen eigentümlichen Zapfenkurve am ökonomischsten ausgenutzt? In anderen Worten: Welcher Strahlungskörper von welcher Temperatur löst im Auge das Optimum an Lichtempfindung aus? War die Sonne die Bildnerin des Auges, so läuft die Frage, da laut unserer Festsetzung die Sonne zur Klasse »Schwarzer Körper — Blankes Platin« gehört (§ 64), auf die folgende hinaus: Bei welcher Temperatur wird die Strahlung des schwarzen Körpers oder des blanken Platins vom Auge am ökonomischsten ausgenutzt?

Man könnte annehmen, daß eine beste Ausnutzung dann stattfindet, wenn das Maximum der Empfindlichkeit des Auges mit dem Strahlungsmaximum des betreffenden Strahlers, in unserem Falle

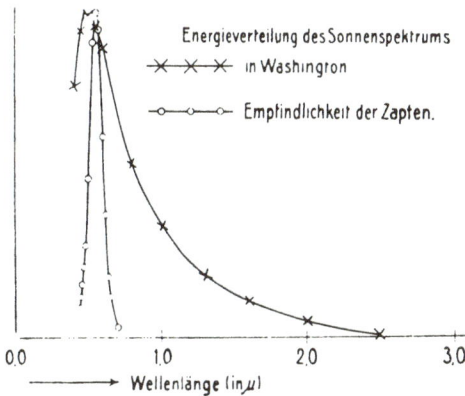

Fig. 67.

der Sonne, genau zusammenfällt. Dann müßte das Energiemaximum im Normalspektrum der Sonne bei $\lambda = 0{,}55\,\mu$ liegen, bei welcher das Empfindlichkeitsmaximum der Zapfen gelegen ist (Fig. 67). Aus Fig. 67 ersieht man aber, daß nach den neuesten Messungen (Abbot und Fowle) der Energieverteilung im Spektrum der Sonne, diese ihr Strahlungmaximum bei $\lambda = 0{,}47\,\mu$ hat. Aber hiervon abgesehen, würde man bei der Annahme, daß das Energiemaximum bei $\lambda = 0{,}55\,\mu$ läge, unter Zugrundelegung der Verschiebungsgesetze für die schwarze Temperatur der Sonne $T_{schw} = 5345^0$ abs. und für die Platintemperatur $T_{Platin} = 4782^0$ abs. erhalten. Diese Werte liegen so weit unterhalb der wahrscheinlichsten Sonnentemperatur $T = 5995^0$ abs., welche aus der Gesamtstrahlung sich ergibt (§ 82 und 83), daß die obige Annahme über die beste Ausnutzung der Sonnenstrahlung durch die Zapfen (nämlich derartige Bildung der

Zapfen, daß ihr Empfindlichkeitsmaximum sich auf das Strahlungsmaximum der Sonne eingestellt hat) nicht wahrscheinlich ist.

Eine einfache Überlegung lehrt aber auch, daß die ökonomischste Lichtausbeute der Strahlung einer Lichtquelle mit kontinuierlichem Spektrum nur dann erzielt wird, wenn das Verhältnis der als Licht empfundenen Strahlung zur gesamten Strahlung seinen Maximalwert erreicht. Diesen Quotienten bezeichnen wir als die »photometrische Ökonomie« einer Strahlungsquelle (§ 97). Um auf Grund dieser Überlegungen die Temperatur der Sonne zu finden, müssen wir diese Ökonomie für alle Temperaturen des schwarzen Körpers und des blanken Platins ermitteln und sehen, ob und bei welcher Temperatur sie ein Maximum erreicht. Diese Berechnungen sind im § 97 durchgeführt. Aus ihnen ergibt sich, daß die photometrische Ökonomie ihr Maximum für den schwarzen Körper bei 6750⁰ abs., für das blanke Platin aber schon bei 5900⁰ abs. erreicht. Eine schwarze Sonne von 6750⁰ abs. oder eine »Platinsonne« von 5900⁰ abs. würden also im Auge, wie es ist, das Optimum an photometrischer Ökonomie erzeugen. Wüßten wir von der Sonne weiter nichts, als daß sie ein Temperaturstrahler mit kontinuierlichem Spektrum ist, so würden wir aus der Zapfenkurve und der gemachten Hypothese, daß das Auge die Sonnenstrahlung am ökonomischsten ausnutzt, auf eine schwarze Sonnentemperatur von 6750⁰ abs. oder eine »Platinsonne« von 5900⁰ abs. schließen. Die so ohne irgendwelche Kenntnisse über die Sonnenstrahlung ermittelten Temperaturen stimmen, zumal was die Platintemperatur anlangt, recht gut mit den besten aus Strahlungsdaten der Sonne ermittelten Temperaturen überein. Ja, wenn man noch weiter schließen will, so deuten die so gewonnenen Temperaturwerte sogar darauf hin, daß die Sonne eher wie blankes Platin als wie der schwarze Körper strahlen dürfte.

§ 87. Beobachtung der logarithmischen Isochromaten unter Benutzung der Sonne als Vergleichslichtquelle[1]). Um Aufschluß über die Strahlungseigenschaften bzw. die Temperatur eines Temperaturstrahlers zu erhalten, benutzt man diesen als Vergleichslichtquelle bei der Beobachtung der logarithmischen Isochromaten des schwarzen oder grauen Körpers (vgl. § 76 bis § 79).

Diese Methode wurde unter Benutzung der Sonne als Vergleichs-

---

[1]) Nach Untersuchungen von O. Lummer und E. Benedict vorgetragen in der Sitzung vom 29. Juli 1915 der naturw. Sektion der Schles. Ges. für vaterl. Kultur.

lichtquelle durchgeführt, wobei eine Kohlefadenlampe als Strahlungsquelle diente, also graue Isochromaten beobachtet wurden (§ 78).

Wegen der verschiedenen Durchlässigkeit der Erdatmosphäre für
die verschiedenen Farben (§ 85) müssen die beobachteten Isochromaten korrigiert werden. Die so korrigierten Isochromaten sind in
Fig. 68 reproduziert. Sie sind bei blauem Himmel während der heißen
Junitage 1915 beobachtet worden und zwar für die nahe im Zenit

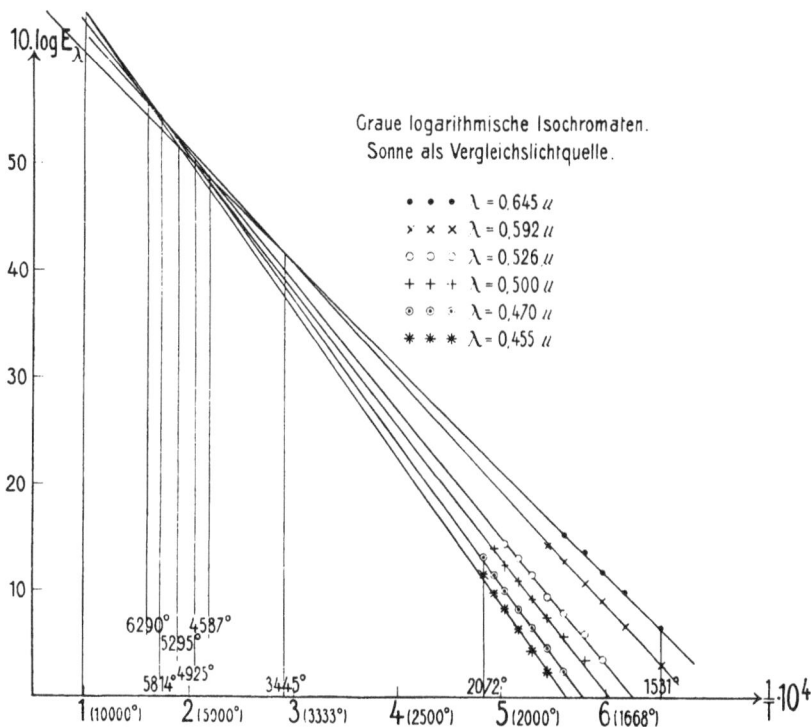

Fig. 68.

stehende Sonne. Da sie sich nicht in einem Punkte schneiden
(auch wenn die Schnittpunkte nicht nur zeichnerisch, sondern rechnerisch bestimmt werden), so strahlt die Sonne weder wie der
schwarze noch wie ein grauer Körper, sondern wie ein selektiver
Strahler. Da infolge des Fehlens eines gemeinschaftlichen Schnittpunkts die Sonne aber auch nicht wie z. B. Platin zur speziellen
Klasse der selektiven Strahler gehört, für welche das Absorptionsvermögen in bestimmter einfacher Abhängigkeit zur Wellenlänge
steht (§ 79), so läßt sich aus den beobachteten logarithmischen Isochromaten auch nichts über die Sonnentemperatur ermitteln.

§ 88. Zusammenstellung der bisher ermittelten Werte für die Sonnentemperatur. Im folgenden sind die Beobachtungsmethoden und die aus ihnen erhaltenen Sonnentemperaturen zusammengestellt. Auf Grund der Annahme, daß die Sonne wie der schwarze Körper strahlt, haben wir die folgenden Werte erhalten:

1. Gesamtstrahlungsgesetz . . . . 5722⁰ abs.
2. Verschiebungsgesetz 6255   »
3. Flächenhelligkeit 5150   »
4. Zapfenkurve 6750   »

Mittelwert T_{Schwarz} = 5969⁰ abs.

Auf Grund der Annahme, daß die Sonne wie blankes Platin strahlt, sind die folgenden Sonnentemperaturen gewonnen worden:

1. Gesamtstrahlungsgesetz . . . . 6267⁰ abs.
2. Verschiebungsgesetz 5596   »
3. Flächenhelligkeit 5750   »
4. Zapfenkurve 5900   »

Mittelwert T_{Platin} = 5878⁰ abs.

Es ist nicht zu leugnen, daß die Platintemperaturen untereinander besser übereinstimmen als die schwarzen Temperaturen, zumal wenn man die ungenaue Bestimmung aus dem Verschiebungsgesetz ausscheidet (§ 84). Es ergibt sich als wahrscheinlicher Fehler des Mittelwertes für die

schwarze Temperatur der Sonne: ± 287⁰
Platin-Temperatur der Sonne: ± 100⁰

Durch die gute Übereinstimmung aller nach so verschiedenen Methoden bestimmten Temperaturen dürfte mindestens die Annahme eine experimentelle Stütze gefunden haben, daß die Sonne zu den Temperaturstrahlern gehört, und daß ihre Strahlungseigenschaften jedenfalls zwischen denen des schwarzen Körpers und des blanken Platins liegen. Um diese Schlußfolgerung noch zu stützen, sind die im folgenden Paragraphen mitgeteilten Erörterungen und Berechnungen angestellt worden.

§ 89. Beobachtete und berechnete Energieverteilung im Normalspektrum der Sonne. Die energetischen spektralbolometrischen Messungen im Sonnenspektrum fallen je nach dem Stande der Sonne und je nach der Höhe des Beobachtungsortes über dem Meeresspiegel ganz verschieden aus, da das Durchlässigkeitsvermögen der Atmosphäre mit beiden Variationen ebenfalls außerordentlich variiert. Erst seitdem Abbot und Fowle gleichzeitig an verschiedenen Orten in verschiedener Höhe solche Messungen ausgeführt haben, hat man einigermaßen zuverlässige Werte über die Durchlässigkeit der Atmosphäre gewonnen. Sie beobachteten gleichzeitig in Washington (Meeresspiegel), auf dem Mount Wilson (1750 m) und auf dem Mount Whitney (4420 m). Durch Elimination der so erhaltenen Absorptionen in der Atmosphäre konnten Abbot und Fowle auch die Energieverteilung

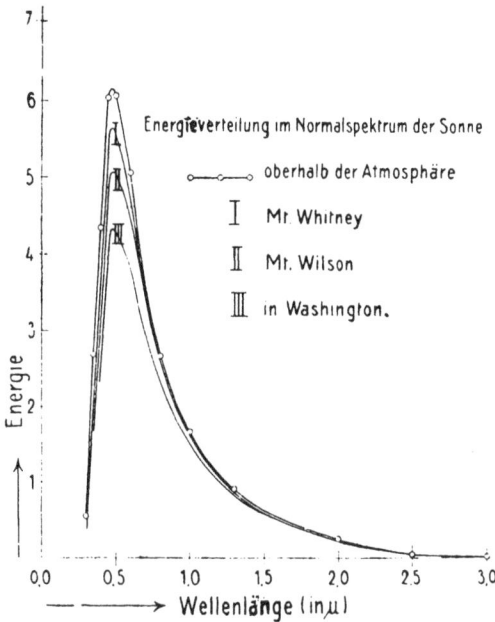

Fig. 69.

im Sonnenspektrum oberhalb der Atmosphäre ermitteln, welche in Fig. 69 durch Kreise markiert ist. Die übrigen Energiekurven entsprechen den genannten drei Beobachtungsorten. Interessant scheint es dabei zu sein, daß die stark selektive Absorption der Atmosphäre die Lage des Energiemaximums der im Zenit stehenden Sonne so wenig beeinflußt.

Ist die Sonnenstrahlung Temperaturstrahlung und kommt die ermittelte Sonnentemperatur der Wahrheit nahe, so muß die für sie berechnete Energieverteilung des schwarzen Körpers oder die des blanken Platins mit der beobachteten Energieverteilung der Sonne übereinstimmen, je nachdem ob die Sonne wie der schwarze

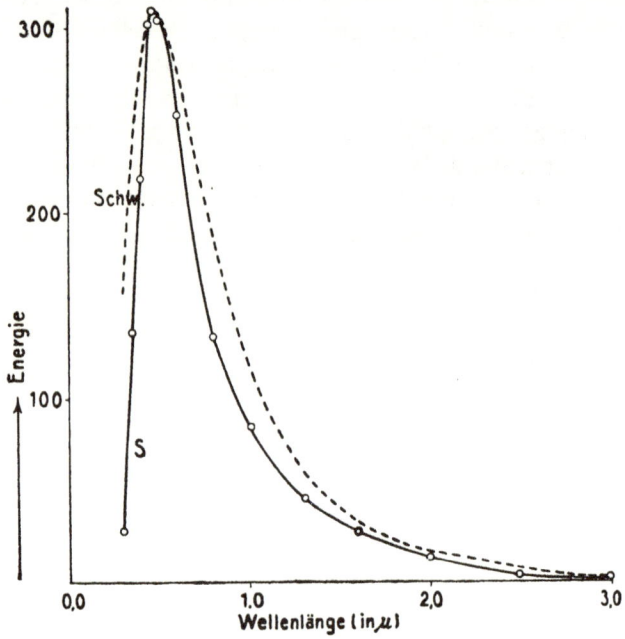

Fig. 70.

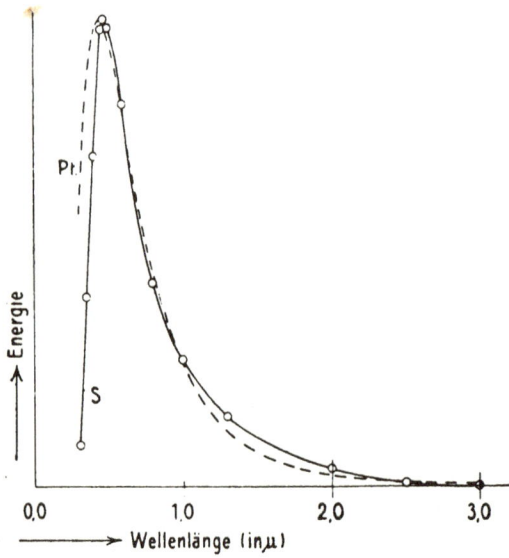

Fig. 71.

Körper oder wie das blanke Platin strahlt. Bei der Prüfung dieser Folgerung wollen wir die wahrscheinlichste Temperatur der Sonne zu rund 6000⁰ abs. annehmen. Für diese Temperatur wurde daher die Energieverteilung des schwarzen Körpers bzw. des blanken Platins gemäß der Planckschen bzw. der Aschkinassschen Spektralgleichung berechnet. Die so erhaltenen Energiekurven sind zugleich mit der beobachteten Energiekurve (oberhalb der Atmosphäre) in den Fig. 70 und 71 reproduziert. Die berechneten Kurven sind gestrichelt gezeichnet; die maximalen Ordinaten beider Kurven sind willkürlich gleich groß gemacht worden.

Ohne darauf eingehen zu wollen, welche von beiden berechneten Energiekurven der beobachteten sich besser anschmiegt, dürfen wir auf Grund der beiden Figuren behaupten, daß der am Ende des vorigen Paragraphen gezogene Schluß tatsächlich durch die nahe Übereinstimmung der beobachteten und berechneten Energiekurven gestützt wird.

XI. Kapitel.
Herstellung bisher unerreichter Temperaturen.
(Überschreitung der Sonnentemperatur.)[1])

§ 90. Problemstellung. Violle war wohl der erste, welcher von einer »Verdampfungstemperatur« der Kohle im Kohlenbogen sprach und auch die erste Temperaturbestimmung ausführte[2]). Ist die Viollesche Ansicht richtig, so muß die Temperatur der Bogenlampenkohle unabhängig von der Stromstärke und der Länge des Flammenbogens sein. Seitdem ist diese Frage mehrfach behandelt worden, insbesondere durch Waidner und Burgeß[3]) und durch M. Reich[4]). Die Versuchsresultate dieser Autoren stehen im Widerspruch zueinander. Außerdem findet Reich, der zum ersten Male auch dem negativen Krater der Bogenlampe seine Aufmerksamkeit

---

[1]) O. Lummer. »Verflüssigung der Kohle und Herstellung der Sonnentemperatur.« Verl. von Fr. Vieweg & Sohn, Braunschweig 1914.

[2]) J. Violle. »Sur la diffusion du carbon.« Compt. rend. **94**, 28 bis 29, 1882.

[3]) C. W. Waidner und G. R. Burgeß. »Die Temperatur des Lichtbogens.« Phys. Rev. **19**, 241 bis 258, 1904.

[4]) M. Reich. »Über Größe und Temperatur des negativen Lichtbogenkraters.« Phys. Zeitschr. **7**, 73 bis 89, 1906.

schenkte, daß bei Anwendung von Gleichstrom der positive Krater stets
eine um viele Hunderte Grade (bis zu 700⁰) höhere Temperatur besitzt
als der negative Krater. Natürlich dreht es sich hierbei immer um
»schwarze« Temperaturen, da die wahre Kratertemperatur erst neuerdings bestimmt worden ist (§ 77 u. 80). Solange die beiden Krater
eine so verschiedene Temperatur aufweisen, kann man wohl unmöglich von einer konstanten »Verdampfungstemperatur« der Kohle
reden, da letztere doch eine einheitliche Verdampfungstemperatur
besitzen muß. Die Problemstellung war somit gegeben: Es sollte
die Konstanz der Temperatur des positiven Kraters innerhalb möglichst weiter Bereiche von Stromstärke- und Bogenlängenänderungen
geprüft und untersucht werden, ob wirklich die Temperatur des
negativen Kraters unter allen Umständen kleiner als diejenige des
positiven Kraters sei. Wollte man in bezug auf die erstere Aufgabe
weiter kommen als die früheren Beobachter, so mußte vor allem eine
bessere Methode angewandt werden, um die Flächenhelligkeit auch
des kleinsten und unruhigsten Kraters genau messen zu können.
Dies war ermöglicht durch Benutzung des Lummerschen Interferenzphotometers (§ 8).

§ 91. Versuchsanordnung. Zur Prüfung der Konstanz der Flächenhelligkeit des Bogenlampenkraters wurde die in Fig. 72 skizzierte Versuchsanordnung verwendet. $ABCD$ ist der Würfel des Interferenz-
Photometers und F_1 das Beobachtungsfernrohr. Die Interferenzstreifen im reflektierten Lichte werden durch die Strahlen der Mattscheibe S_2 gebildet, welche von der Vergleichslichtquelle L_2 beleuchtet
wird. Die Interferenzstreifen im durchgehenden Lichte werden von den
Strahlen der Bogenlampe L_1 gebildet. Als solche wurde eine Bogenlampe mit Handregulierung benutzt, welche wenigstens für kurze
Zeiten eine Strombelastung bis zu 150 Amp. aushält. Bei ihr ist
die eine Kohle horizontal, die andere vertikal gelagert. Will man
den positiven Krater photometrieren, so macht man die horizontale
Kohle zur positiven und wählt zur negativen eine entsprechend dünnere vertikale Kohle. Bei Messungen am negativen Krater macht
man es umgekehrt.

Damit die Kraterfläche zugleich mit den Interferenzstreifen in
der Brennebene des auf Unendlich eingestellten Fernrohres deutlich
erscheint, muß sie in der Brennebene des Objektivs o_1 liegen. Um
die enorme Flächenhelligkeit des Kraters genügend abzuschwächen
und derjenigen der Mattscheibe S_2 nahe gleichzumachen, wurden
die aus dem Objektiv o_1 parallel austretenden Kraterstrahlen einer

viermaligen Reflexion unterworfen, und zwar an den ebenen Flächen der Glasprismen p_1 bis p_4.

Selbstverständlich wurden die Prismen so justiert, daß die von p_4 kommenden Strahlen den Würfel $ABCD$ nahe dem Winkel der totalen Reflexion durchsetzten, so daß die ganze Krateroberfläche von den Interferenzstreifen durchzogen war.

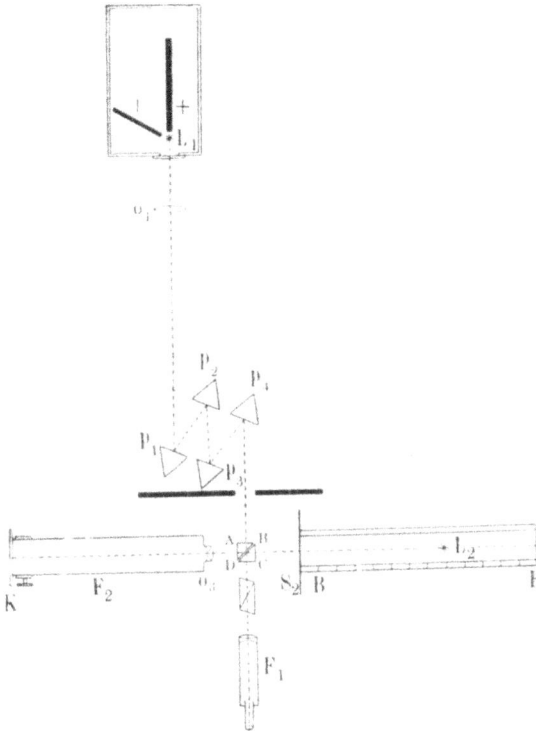

Fig. 72.

Auch die von der Vergleichslichtquelle L_2 zur Mitte der Mattscheibe S_2 zielenden Lichtstrahlen waren so gerichtet, daß sie bei gedachter Verlängerung die Luftplatte BD unter dem totalen Reflexionswinkel trafen. Bei alleinigem Leuchten von L_2 bzw. S_2 war dann das ganze Sehfeld erleuchtet und zum großen Teile mit den Interferenzstreifen im reflektierten Lichte durchsetzt. Um diese Justierung bewirken zu können, waren die Lichtquelle L_2 und die Mattscheibe S_2 auf einer Photometerbank montiert, welche als Ganzes in die vorgeschriebene Strahlenrichtung gebracht werden konnte. Die Vergleichslichtquelle L_2 ist auf der Photometerbank meßbar zu verschieben, die Mattscheibe S_2 fällt mit dem Nullpunkt der Skala zusammen. Als Vergleichslichtquelle diente meist eine starkfadige Nernstlampe mit drei Parallelfäden, deren Strom auf konstanter Stärke gehalten wurde.

Um ein brauchbares photometrisches Phänomen zu erzielen, müssen bei der hier verwendeten Versuchsanordnung noch einige Vorsichtsmaßregeln beachtet werden. Erstens kann, wie schon im § 8 betont worden ist, ein vollkommenes Verschwinden der Streifen laut Theorie nur eintreten, wenn beide Lichtquellen (Bogenlampe und Vergleichslampe) gleiche »Färbung« besitzen. Es wurde daher ein geeignet gefärbtes blaues Glas vor der Mattscheibe S_2 angebracht, durch welches das Licht der Vergleichslampe demjenigen der Bogenlampe qualitativ ähnlicher gemacht wurde.

Zweitens kommen die Streifen nur vollständig zum Verschwinden, wenn das auf den Würfel fallende Licht beider Lichtquellen un- polarisiert ist. Ist, wie in unserem Falle, das viermal an Glasflächen reflektierte Licht aber teilweise polarisiert (und auch das von der Mattscheibe kommende Licht dürfte nicht ganz unpolarisiert sein), so tritt nicht nur kein vollständiges Verschwinden ein, sondern im Moment der Einstellung verdoppeln sich die Streifen[1]). Um diesen Fehler zu eliminieren, verwendet man ein Nicolsches Prisma vor der Würfelfläche CD in solcher Stellung, daß seine Schwingungs- ebene senkrecht zur Reflexionsebene (Horizontalebene) steht. Gleich- zeitig tritt hierdurch eine Verschärfung der Interferenzstreifen ein[2]).

Um das im Fernrohr subjektiv beobachtete Phänomen gleich- zeitig photographisch aufnehmen zu können, dient das Rohr F_2 mit dem Objektiv o_3 nahe der Würfelfläche AD und der lichtdicht ein- gesetzten photographischen Kassette K am anderen Ende, welche innerhalb eines geringen Intervalls lichtdicht beweglich war. Um genügend große Originalaufnahmen zu erhalten, wurde als photo- graphisches Objektiv o_3 das Objektiv von 120 cm Brennweite eines astronomischen Refraktors verwendet.

Damit die photographische Aufnahme objektiv das wiedergibt, was das Auge sieht, muß man Platten anwenden, welche auf den gleichen Wellenlängenbezirk reagieren wie das Auge und die gleiche

[1]) O. Lummer. »Die Interferenzkurven gleicher Neigung im polarisierten Lichte.« Ann. d. Phys. **22**, 49 bis 63, 1907.

[2]) O. Lummer und E. Gehrcke. »Über die Anwendung der Inter- ferenzen an planparallelen Platten zur Analyse feinster Spektrallinien.« Ann. d. Phys. **10**, 457 bis 477, 1903.

Helligkeitsempfindlichkeitskurve besitzen. Nach längerem Probieren mit den verschiedensten sog. »farbenempfindlichen« Platten gelang die photographische Aufnahme wenigstens in einigermaßen getreuer Wiedergabe mit Wratten- und Wainwrightplatten.

§ 92. Konstanz der Temperatur des positiven Kraters der Bogen-lampe bei Atmosphärendruck. Bei Benutzung einer 22 mm dicken positiven Kohle wurde der Strom von 10 bis 80 Amp. variiert und bei jeder Stromstärke der Bogen bis zum Abreißen verlängert. Hatte man die Interferenzstreifen bei normaler Belastung der Bogenlampe (etwa 30 Amp.) auf dem positiven Krater durch Verschieben der Vergleichslichtquelle zum Verschwinden gebracht, so blieben sie ver-schwunden, gleichviel ob man die Stromstärke oder die Bogenlänge änderte, wenn man die jeweils hellste Stelle der Krater-oberfläche ins Auge faßte. Denn nicht immer leuchtet der ganze positive Krater an allen Teilen gleich hell.

Bei Verwendung einer sog. »Dochtkohle« schwankt die Flächen-helligkeit der Dochtfläche bedeutend, je nachdem das Dochtmaterial mit der Kraterfläche abschließt oder zum Teil aus dem Dochtkanal herausgeschleudert ist. In letzterem Falle vermag der Flammen-bogen das Innere des hohlen Dochtkanals nicht stark zu erhitzen. Daß der Flammenbogen überhaupt nur immer da die höchste Tem-peratur erzeugt, wo er gerade die Kohle »anbeißt«, und daß er auch dort nur oberflächlich heizt und die Kohle nicht bis zu größeren Tiefen zum Glühen bringt, erkennt man bei Verwendung von mög-lichst reinen Homogenkohlen (ohne Docht). Bei diesen sitzt der Bogen viel weniger fest als bei den Dochtkohlen, deren Docht meist aus mit Salzen imprägniertem Kohlenpulver besteht; auch zeigt der positive Krater nach kurzem Brennen Risse und tiefgehende Spalten. Darum muß man, da der Bogen die Kohle nur in der dünnsten Ober-flächenschicht auf die höchst mögliche Temperatur zu erhitzen und im allgemeinen nicht die ganze Oberfläche des Kraters zugleich auf die Verdampfungstemperatur zu bringen vermag, stets auf die hellste Stelle achten.

Bei einer positiven Homogenkohle von 17,5 mm Durchmesser konnte der Bogen von 1 bis 18 mm Länge variiert werden, während die Stromstärke von 10 bis 68 Amp. gesteigert wurde. Auch hier blieb die Flächenhelligkeit innerhalb der Einstellungsgenauigkeit kon-stant, so daß die Temperatur bis auf 1%, d. h. etwa 40° bei einer wahren Normaltemperatur von rd. 4200° abs. die gleiche geblie-ben ist.

Um die positive Kohle wenn möglich zu überhitzen, wurde als positive Kohle ein relativ dünner Stab von nur 8 mm Durchmesser verwandt und mit Strömen bis über 40 Amp. beschickt. Als negative

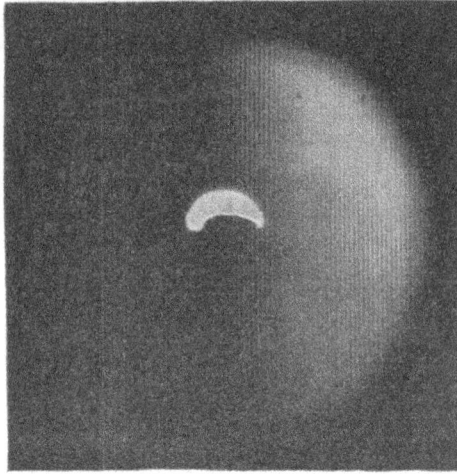

Fig. 73.

Kohle diente eine etwa 16 mm dicke Kohle. Obgleich in diesem Falle die positive Kohle beim Maximalstrom fast auf ihrer ganzen Länge bis zu hoher Weißglut erhitzt wurde, war die Flächenhelligkeit des positiven Kraters die normale und ganz die gleiche wie bei Anwendung des normalen Stromes.

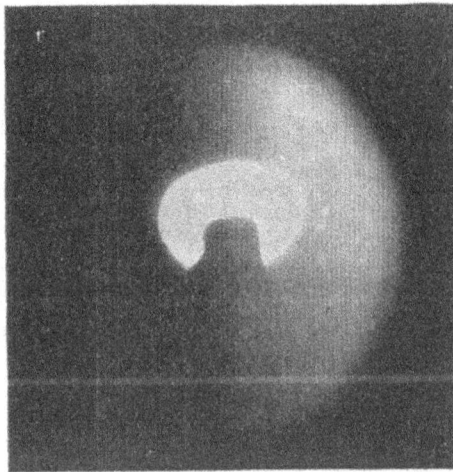

Fig. 74.

Die mit verschiedenen Homogenkohlen angestellten Versuche erlauben den Schluß, daß innerhalb weiter Grenzen in bezug auf Bogenlänge und Stromstärke die Flächenhelligkeit, also auch die Temperatur des positiven Kraters. wenigstens an dessen hellster Stelle, konstant ist.

Dieses Resultat findet eine objektive Bestätigung durch die Figuren 73 bis 75, welche auf photographischem Wege folgendermaßen gewonnen wurden. Bei relativ kleiner Stromstärke und dementsprechender kleiner leuchtender Kraterfläche wurden die Interferenzstreifen auf diesem zum Verschwinden gebracht und das Phänomen

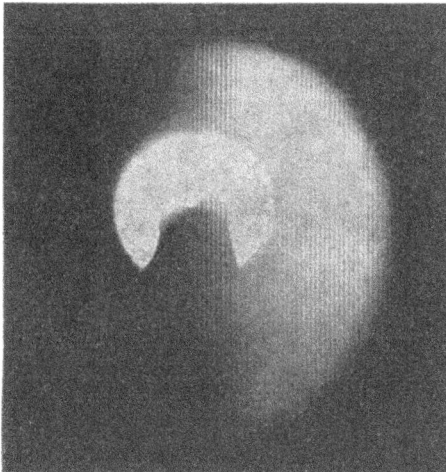

Fig. 75.

wurde photographiert (Fig. 73). Ohne die Entfernung der Vergleichslichtquelle zu ändern, wurde die Stromstärke vergrößert und das Phänomen wiederum photographiert (Fig. 74). Bei noch größerer Stromstärke, bei welcher der ganze Krater leuchtet, wurde das in Fig. 75 abgebildete Phänomen erhalten. Somit sprechen auch diese Figuren für die Konstanz der Flächenhelligkeit des positiven Kraters bei verschiedener Belastung der Bogenlampe. Besonders schön sind auf diesen Reproduktionen die Streifen der Nernstlampe auf der dunkel erscheinenden negativen Kohle zu sehen.

§ 93. Verdampfungstemperatur des negativen Kraters. Um den negativen Krater bequem beobachten zu können, wurden die in ihren Dimensionen zueinander passenden Kohlen vertauscht, d. h. die dünnere Kohle als horizontale, negative und die dickere als vertikale, positive Kohle genommen. Dann bildet sich also der volle negative Krater mit allen seinen Einzelheiten im Fernrohr ab, während, wenigstens bei relativ kleinem Bogen, gleichzeitig auch ein Teil des leuchtenden positiven Kraters zu sehen ist. Ohne jede Messung konnte man durch bloße Betrachtung der Interferenzstreifen feststellen, daß für gewöhnlich der negative Krater sehr viel dunkler als der positive ist. Hatte man nämlich die Streifen auf der perspektivisch sich darbietenden positiven Kraterfläche zum Verschwinden gebracht, so traten sie auf dem negativen Krater sehr deutlich dunkel heraus.

Will man versuchen, auch den negativen Krater auf die Verdampfungstemperatur des positiven Kraters zu bringen, so muß man wegen der Kleinheit dieses Kraters vor allem dafür sorgen, daß die Wärmeverluste durch Leitung und Strahlung möglichst vermieden werden. Um dies zu erreichen, wurde ein 4,5 mm dicker Kohlenstab als negative Kohle mit einer 16 mm dicken positiven Kohle kombiniert. Bei Anwendung starker Ströme wird die negative Kohle auf der ganzen Länge weißglühend, so daß die Ableitung der Wärme relativ klein ist. Dies allein genügt aber nicht, vielmehr muß man auch noch dafür sorgen, daß die Ausstrahlung auf ein Minimum reduziert wird, indem man die Bogenlänge so klein macht, daß die Spitze der negativen Kohle gerade über die Mitte des sehr viel größeren positiven Kraters zu liegen kommt. Jedenfalls wurde nur in diesem Falle ein gleichzeitiges Verschwinden der Streifen auf beiden Kratern zugleich erhalten. Niemals aber ist es gelungen, den negativen Krater heller als den positiven zu erhalten. Nach diesen Ergebnissen kann man beim negativen Krater also nicht von einer konstanten Temperatur bei Atmosphärendruck sprechen. Wohl aber kann man sagen, daß die maximal erreichbare Temperatur des negativen Kraters gleich der konstanten Verdampfungstemperatur des positiven Kraters von 4200⁰ abs. ist.

§ 94. Beziehung zwischen der Temperatur des positiven Kraters und dem äußeren Druck. Die im § 92 dargelegten Versuchsresultate lehren, daß wir es beim positiven Krater jedenfalls mit der konstanten Verdampfungs- oder Sublimationstemperatur zu tun haben. Ist dies der Fall, so muß die Temperatur vom Druck abhängig sein, unter welchem die Bogenlampe gebrannt wird. Um diese Folgerung zu prüfen, wurde die Bogenlampe in ein Gefäß eingeschlossen, in welchem sie unter vermindertem und erhöhtem Druck gebrannt werden konnte.

Das benutzte Druckgefäß ist in Fig. 76 im Querschnitt und in Fig. 77 perspektivisch dargestellt. Das von C. Heckmann in Breslau aus Kupfer getriebene Gefäß ist bis auf Drucke von 30 Atm. geeicht. Es besteht im wesentlichen aus dem Kupferzylinder K und den beiden etwas gewölbten Verschlußplatten oder Stirnwänden A und B. Der Inhalt beträgt etwa 30 l. Die hintere Verschlußplatte B (»Boden«) bleibt fest mit dem Zylinder K verschraubt, die vordere Verschlußplatte A (»Deckel«) ist nach Lösen von zwölf Schraubenmuttern m abnehmbar.

Der Deckel A ist etwas oberhalb seiner Mitte zu einem Rohrstutzen ausgetrieben, in welchem luftdicht eine 15 mm dicke Spiegelglasplatte befestigt ist, deren Befestigungsweise aus der in Fig. 76

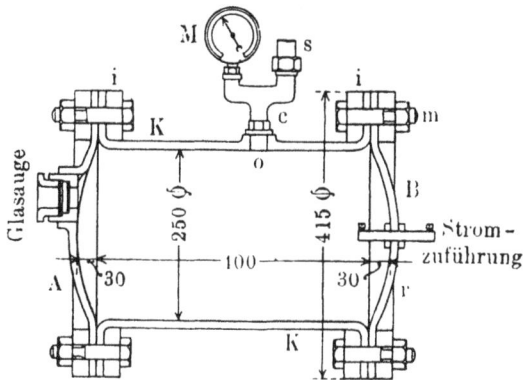

Bis 30 Atm. Druck 10 mm stark
Fig. 76.

abgebildeten Arbeitsskizze hervorgeht. Im Boden B ist das Rohr r luftdicht eingefügt, durch welches die Zuleitungsdrähte zur Bogenlampe und zum Regulierwiderstand eingeführt werden. Mittels des Regulierwiderstandes konnte also auch die im Druckgefäß eingeschlossene Bogenlampe in bezug auf die Länge des Flammenbogens von außen willkürlich eingestellt werden.

Der obere Teil des Zylinders besitzt ebenfalls eine Bohrung o, welche zum T-förmigen Ansatzstutzen c führt, der einerseits zum Manometer M für hohe Drucke bzw. zum passend angeschlossenen Hg-Manometer bei Unterdrucken, anderseits zum Anschlußstück s für die Herstellung des Überdruckes bzw. der Luftverdünnung führt. Bei Benutzung von Luft wurde s direkt mit der Druckluftleitung der im Breslauer Physikalischen Institut vorhandenen Anlage ver-

bunden, welche Drucke von 200 Atm. zu liefern vermag. Bei Benutzung von anderen Gasen wurden an *s* direkt die das Gas liefern-
den, unter hohem Druck stehenden »Bomben« angeschlossen. Beim
Arbeiten im Unterdruck wurde *s* mit der in Fig. 77 neben dem Druckgefäß stehenden Gaedeschen Kapselluftpumpe *G* verbunden.

Fig. 77.

Tabelle 32.

Atmosphären	Helligkeit	Absolute Temperatur
1,0	1,0	4200^0
0,9	0,99	4190
0,8	0.975	4180
0,7	0.955	4165
0,6	0.925	4145
0,5	0.885	4120
0,4	0,835	4085
0,2	0,70	3985
0.1	0.59	3875

Die Methode und die Versuchsanordnung zur Messung der Flächenhelligkeit und Temperatur des positiven Kraters bei verschie-

denen Drucken sind schon im § 80 mitgeteilt worden. Wir können uns also hier auf die Angabe der Resultate beschränken. In der Tabelle 32 sind die Resultate einer Versuchsreihe mit abnehmendem Druck mitgeteilt, wobei die Flächenhelligkeit beim Atmosphärendruck willkürlich gleich Eins und die Normaltemperatur des Kraters gleich 4200⁰ abs. gesetzt wurde (§§ 77, 78).

Die einander zugehörigen Wertepaare von Druck und Temperatur sind in Fig. 78 in Gestalt einer Kurve aufgetragen, welche als die »Temperaturkurve des Kohlenstoffs für Unterdrucke« bezeichnet werde.

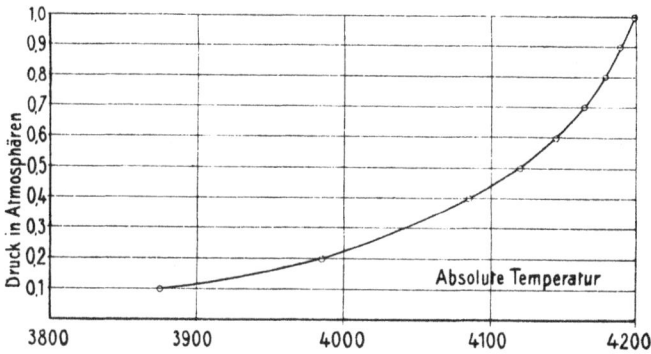

Fig. 78.

Tabelle 33.

20. Mai 1914			22. Mai 1914		
Druck in Atmosphären	Helligkeit	Absolute Temperatur	Druck in Atmosphären	Helligkeit	Absolute Temperatur
1	1	4200⁰	1	1	4200⁰
2	1,8	4610	2	2,5	4900
4	3,2	5140	4	4,4	5470
6	4,3	5450	6	6,0	5860
8	5,3	5700	8	7,8	6210
10	6,2	5900	10	9,5	6520
12	6,9	6050	12	11,0	6760
14	7,6	6185	14	12,7	7015
16	8,3	6310	16	14,2	7230
18	8,9	6415	18	15,6	7410
20	9,4	6500	20	16,8	7560
22	9,9	6580	22	18,0	7700
24	10,4	6660			
26	10,9	6740			

In Tabelle 33 sind die Versuchsergebnisse für Drucke oberhalb einer Atmosphäre mitgeteilt. Hierbei ist zu erwähnen, daß diese Resultate aus mit Salzen getränkten Kohlen gewonnen wurden, da Homogenkohlen bei Überdrucken keinen stationären Flammenbogen und keinen gut ausgebildeten Krater liefern[1]). Natürlich wurde dafür gesorgt, daß der farbige Flammenbogen das Kraterlicht nicht überdeckte.

Bei der ersten Versuchsreihe vom 20. Mai 1914 wurde unter Verwendung einer 8,5 mm dicken positiven Kohle eine Stromstärke von im Mittel 26 Amp. benutzt, bei der zweiten Versuchsreihe vom 22. Mai 1914 dagegen eine mittlere Stromstärke von 40 Amp. Es hatte sich nämlich herausgestellt, daß bei den verwendeten »Salzkohlen« der positive Krater eine bei jedem Druck um so höhere Flächenhelligkeit annimmt, je größer die benutzte Stromstärke ist.

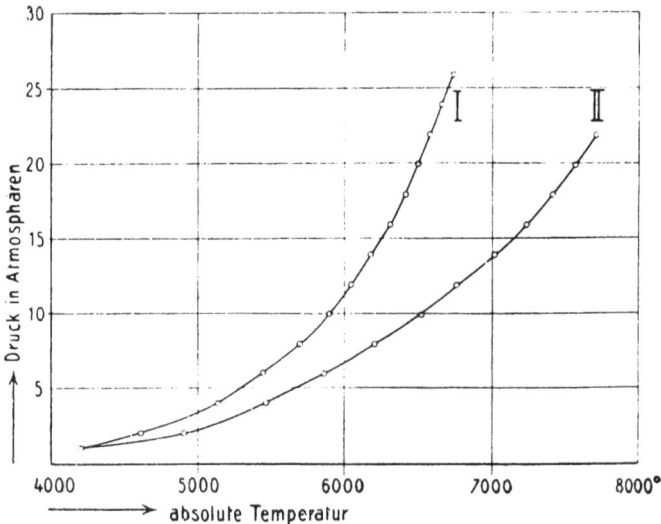

Fig. 79.

In Fig. 79 sind die zusammengehörigen Wertepaare von Druck und Temperatur zur Konstruktion von Kurven verwendet worden, welche wir als die »Temperaturkurven des Kohlenstoffs bei Überdrucken« bezeichnen wollen.

Die Temperaturkurve I entspricht den Resultaten der Versuchsreihe vom 20. Mai, die Temperaturkurve II denen der Versuchsreihe vom 22. Mai.

---

[1]) Näheres siehe in O. Lummer »Verflüssigung der Kohle etc.«, a. a. O. S. 193.

Diese Kurven lehren, daß die Temperatur kontinuierlich mit dem Druck ansteigt. Gelingt es, die Bogenlampe bei noch höheren Drucken als bisher zum Funktionieren zu bringen, so ist zu erwarten, daß man Temperaturen erreicht, welche die Sonnentemperatur weit hinter sich lassen. Schon heute ist die erreichte Temperatur des positiven Kraters der Drucklampe um rd. 1700⁰ höher als die Temperatur der Sonne, wenn diese zu 6000⁰ abs. angenommen wird.

XII. Kapitel.

Ziele und Grenzen der Leuchttechnik[1]).

§ 95. Sichtbare und unsichtbare Strahlung. Problemstellung. Damit ein Körper zur Lichtquelle wird, müssen von ihm im Äther Wellen ganz gewisser Länge und von genügender Energie erregt werden, um im Auge die Zapfen und Stäbchen zu erregen und die mit diesen verbundenen Sehnervenfasern zu reizen. Dieser Reiz erst weckt im Gehirn die Empfindung des Lichtes (§ 31). Eine jede Strahlungsquelle wird also erst zur »Lichtquelle«, wenn von ihr genügende Energie in Gestalt sichtbarer Strahlung (»Lichtstrahlen«) ins Auge dringt. Die von der Strahlungsquelle ausgesandte »unsichtbare« Energie trägt zur Lichtempfindung nichts bei, ist also unnütze Verschwendung, wenn die Strahlungsquelle als Lichtquelle dienen soll. Hieraus folgt ohne weiteres, daß eine Lichtquelle um so ökonomischer arbeitet, je geringer ihre unsichtbare Strahlung im Vergleich zur sichtbaren Srahlung ist. Außerdem ist die Umsetzung der sichtbaren Strahlung in Lichtempfindung bzw. Helligkeit durch das Auge bedingt. Da das Auge im Hellen nur mit den Zapfen arbeitet, so wollen wir bei den folgenden Erörterungen von den nur im Dunkeln arbeitenden Stäbchen absehen (§ 36). Die Aufgabe dieses Kapitels erstreckt sich auf die Aufstellung der Ziele, denen die Leuchttechnik nachstreben soll und die Festlegung der Grenzen, über welche die Leistungsfähigkeit bei der den Zapfen eigentümlichen Empfindlichkeit (§ 37) niemals zu steigern ist.

[1]) Otto Lummer und Hedwig Kohn. »Beziehung zwischen Flächenhelligkeit und Temperatur. Ziele und Grenzen der Leuchttechnik.« Vorgetragen in den Sitzgn. d. Naturw. Sektion d. Schlesischen Ges. f. Vaterl. Kultur am 28. Okt. 1914 und 29. Juli 1915. Vgl. Jahresbericht 1915.

Es empfiehlt sich auch hierbei, streng zwischen den Temperaturstrahlern und den Lumineszenzstrahlern zu unterscheiden, wenn-
gleich wir sehen werden, daß es bei erreichter höchster Leistungsfähigkeit (dem absoluten Maximum der Ökonomie) ganz gleichgültig ist, durch welche Erregungsart die Lichtstrahlung bewirkt
wird. Als Typus für die Temperaturstrahler kann wieder der absolut schwarze Körper betrachtet werden, welcher laut Definition alle
Wellen von den kleinsten bis zu den größten aussendet, wenn auch
von verschiedener Intensität, je nach der Temperatur, bei welcher
der schwarze Körper strahlt. Dies gilt mehr oder weniger von allen
Temperaturstrahlern, mindestens von den zur Klasse »Schwarzer
Körper — blankes Platin« gehörigen. Bei allen Temperaturstrahlern
ist also mit der sichtbaren stets auch unsichtbare Emission verbunden, deren Größenverhältnis eine Funktion der Temperatur
des strahlenden Körpers ist. In bezug auf die Temperaturstrahler
sind uns auch alle Strahlungsgesetze bekannt. Beides trifft für die
Lumineszenzstrahler nicht zu.

A. Maximale Leistungsfähigkeit der Temperaturstrahler.

**§ 96. Energetische Ökonomie des schwarzen Körpers und des
blanken Platins.** Als »energetische Ökonomie« eines Strahlungskörpers werde nach Lummer und Kohn der Quotient aus der sichtbaren und der gesamten Strahlungsenergie definiert. Nehmen wir
als Grenzen des sichtbaren Spektrums die Wellenlängen $0,4\,\mu$ und $0,8\,\mu$
an, so ist die energetische Ökonomie gegeben durch den Quotienten:

$$\frac{\int\limits_{0,4\,\mu}^{0,8\,\mu} E_\lambda \cdot d\lambda}{\int\limits_{0}^{\infty} E_\lambda \cdot d\lambda} \qquad \ldots \ldots \ldots \quad 85)$$

wo E_λ die Strahlungsenergie des Leuchtkörpers für den Wellenlängenbezirk $d\lambda$ zwischen den Wellen λ und $\lambda + d\lambda$ bedeutet.

Aus dem für den schwarzen Körper bzw. das blanke Platin gel-
tenden Verschiebungsgesetz $\lambda_m \cdot T = 2940$ bzw. $\lambda_m \cdot T = 2630$ können
wir unmittelbar ersehen, daß die energetische Ökonomie eines zur
Klasse Schwarzer Körper — Blankes Platin gehörenden Temperaturstrahlers ein Maximum besitzen wird. Um den numerischen Wert
dieses Maximums der energetischen Ökonomie und die zugehörige
Temperatur zu ermitteln, wurde der Quotient 85 in einem weiten

Temperaturintervall berechnet. Der Nenner, die Gesamtstrahlung, wurde für den schwarzen Körper nach dem Stefan-Boltzmannschen Gesetz, für das blanke Platin als Repräsentant aller edlen Metalle nach dem für dieses geltenden Gesamtstrahlungsgesetz gewonnen, der Zähler durch graphische Integration über das sichtbare Wellenlängengebiet erhalten. Die Energiewerte E_λ wurden der Planckschen bzw. Aschkinassschen Spektralgleichung entnommen.

Die Resultate dieser Berechnungen[1]) sind für den schwarzen Körper in Tabelle 34 und in Fig. 80 niedergelegt, für das blanke Platin in Tabelle 35 und Fig 81.

Tabelle 34.

Schwarzer Körper

Absolute Temperatur	Energetische Ökonomie für	
	$c_1 = 3,5 \cdot 10^{-12}$	$c_1 = 3,68 \cdot 10^{-12}$
1000	0,0014%	0,0015%
1500	0,190	0,200
2000	1,772	1,86
2500	6,39	6,72
3000	12,68	13,35
4000	27,42	28,83
5000	38,78	40,77
6000	43,99	46,25
7000	44,97	47,28
8000	42,53	44,72

Tabelle 35.

Blankes Platin

Absolute Temperatur	Energetische Ökonomie für	
	$c_1 = 3,5 \cdot 10^{-12}$	$c_1 = 3,68 \cdot 10^{-12}$
1000	0,0032%	0,0034%
1500	0,357	0,375
2000	2,947	3,10
2500	9,511	10,00
3000	17,56	18,46
4000	34,26	36,02
5000	44,01	46,27
6000	46,14	48,51
7000	43,79	46,04
8000	39,37	41,39

Die Kurven zeigen folgendes: Die energetische Ökonomie erreicht ein Maximum, welches für den schwarzen Körper bei 6750° abs., für das blanke Platin bei 5900° abs. gelegen ist. Für den schwarzen Körper beträgt die energetische Ökonomie im Maximum 47,3%,

---

[1]) Anmerkung bei der Korrektur. Den Berechnungen wurde für die Strahlungskonstante des Stefan-Boltzmannschen Gesetzes der Wert $\sigma = 5,4 \cdot 10^{-12}$ zugrunde gelegt und für die Konstanten der Planckschen Gleichung die Werte $c_1 = 3,5 \cdot 10^{-12}$ und $c_2 = 1,45$. Gemäß § 56 hätte bei diesen Werten von σ und c_2 der Wert $c_1 = 3,68 \cdot 10^{-12}$ genommen werden müssen. Unter Benutzung dieses Wertes müssen demnach alle in den Fig. 79 und 80 angegebenen Werte der energetischen Ökonomie um rund 5% erhöht werden. Alle in den folgenden Paragraphen angegebenen Zahlenwerte für die Ökonomie, die den Figuren entnommen sind, sind tatsächlich bei der Korrektur um 5% erhöht worden.

für das blanke Platin 48,4%[1]). Diese Werte sind vom absoluten Maximum 100% noch weit entfernt.

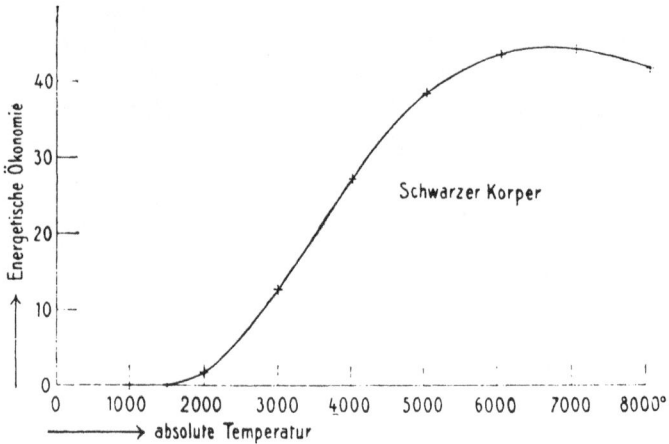

Fig. 80.

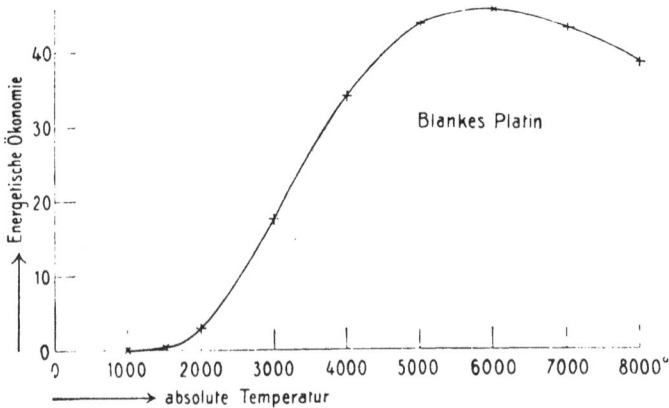

Fig. 81.

---

[1]) Anmerkung bei der Korrektur. Fast gleichzeitig hat A. R. Meyer (Verh. d. Deutsch. Phys. Ges. **17**, 384 bis 404, 1915) die analogen Berechnungen („optischer Nutzeffekt") für den schwarzen Körper unter Benutzung anderer Grenzen für das sichtbare Spektrum durchgeführt. Er benutzte anfangs die Grenzen 0,4 μ und 0,7 μ, später (Deutsche Beleuchtungstechnische Gesellschaft, Jahresversammlung Nürnberg 16. 9. 1916) die Grenzen 0,4 μ und 0,75 μ, und zwar, um den Einfluß der Grenzwerte zu erkennen. Es zeigt sich, daß sowohl der Verlauf der Kurve für den Anstieg der energetischen Ökonomie, als auch die Lage und Größe des Maximalwertes nur wenig von der Wahl der Grenzen innerhalb des variierten Bereichs abhängen. Wohl aber werden die Zahlenwerte der Ökonomie für die niedrigeren Temperaturen stark beeinflußt, zumal im Intervall, in dem ein großer Prozentsatz der ausgestrahlten Energie in das variierte Wellenlängengebiet von 0,7 μ bis 0,8 μ fällt.

Da die Temperaturen der gebräuchlichen Lichtquellen (Flammen, Auerstrumpf, Glühlampen usw.) innerhalb 2000 und 2500° abs. liegen, so schwanken ihre energetischen Ökonomien etwa zwischen den Werten 2 und 10, sind also von den zu erreichenden Maximalwerten noch weiter entfernt als diese vom absoluten Maximum. Und auch bei der Temperatur 4200° abs. des positiven Kraters der Bogenlampe erreicht die energetische Ökonomie erst ¹/₃ des absoluten Maximums.

Bis zu relativ hohen Temperaturen sind die Werte der energetischen Ökonomie für die Metalle größer als für den schwarzen Körper. Daraus folgt, daß innerhalb dieses Temperaturbereiches und zumal bei relativ tiefen Temperaturen das Metall als Lichtquelle dem schwarzen Körper vorzuziehen ist.

§ 97. Photometrische Ökonomie des schwarzen Körpers und des blanken Platins. Als »photometrische Ökonomie« werde nach Lummer und Kohn das Verhältnis von Flächenhelligkeit zur Gesamtstrahlung definiert. Die Flächenhelligkeit ist identisch mit der in Lichtempfindung umgesetzten sichtbaren Strahlungsenergie. Demnach ist die photometrische Ökonomie gegeben durch den Quotienten:

$$\frac{\int_{\lambda_{min}}^{\lambda_{max}} \varepsilon_\lambda \cdot E_\lambda \cdot d\lambda}{\int_0^\infty E_\lambda \, d\lambda} \qquad \ldots \ldots \ldots 86)$$

wo E_λ die Strahlungsenergie des Leuchtkörpers für den Wellenlängenbezirk $d\lambda$ zwischen den Wellen λ und $\lambda + d\lambda$ und ε_λ die Helligkeitsempfindlichkeit der Zapfen für diesen Bezirk bedeuten.

Die im Zähler stehende Flächenhelligkeit haben wir für den schwarzen Körper und das blanke Platin schon berechnet (§ 60), während der Nenner der gleiche wie im Quotienten für die energetische Ökonomie ist. Behalten wir den Wert 100 für das Maximum der Helligkeitsempfindlichkeit ε_λ bei, so nimmt auch das **absolute Maximum der photometrischen Ökonomie** (§ 108) den Wert 100 an. Die Resultate dieser Berechnungen[1]) sind in den Tabellen 36

---

[1]) Anmerkung bei der Korrektur. Was in bezug auf die Berechnung der Werte für die energetische Ökonomie in der Anmerkung des § 96 gesagt worden ist, gilt auch für die ausgeführte Berechnung der photometrischen Ökonomie. Die in der zweiten Kolumne der Tabellen 36 und 37 berechneten Werte wurden daher bei der Korrektur um je 5⁰/₀ erhöht und als Kolumne 3 den Tabellen eingefügt. Die in den Figuren eingetragenen Werte der Ökonomie sind noch die unkorrigierten Werte.

und 37 und in den Fig. 82 und 83 wiedergegeben, aus denen die Beziehung zwischen Temperatur und photometrischer Ökonomie für

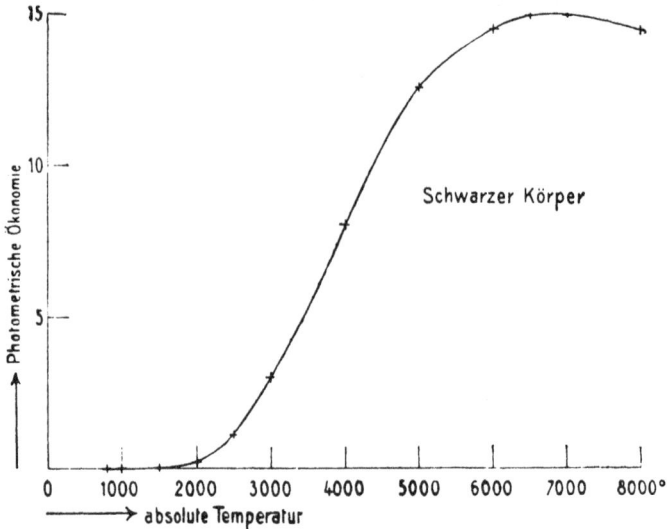

Fig. 82.

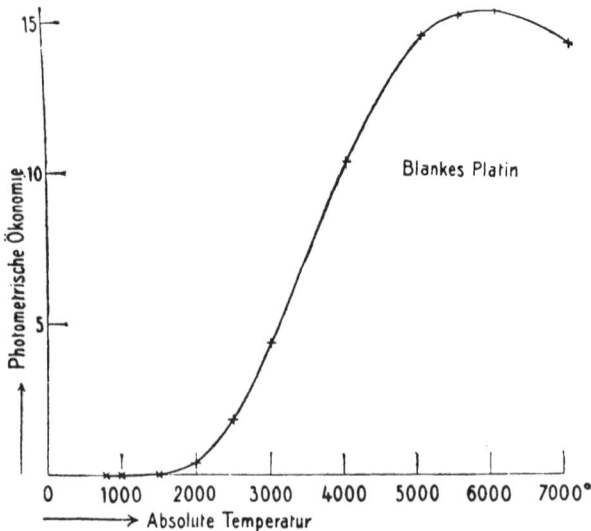

Fig. 83.

beide Strahlungskörper zu ersehen ist. Das Maximum der photometrischen Ökonomie liegt bei den gleichen Temperaturen wie dasjenige der energetischen Ökonomie, für

den schwarzen Körper bei 6750⁰ abs. und für das blanke Platin bei 5900⁰ abs. Es erreicht für ersteren den Wert 15,8, für letzteres den Wert 16,35. Auch in bezug auf die photometrische Ökonomie verhält sich das Metall bei relativ tiefen Temperaturen ökonomischer als der schwarze Körper.

Tabelle 36.

Schwarzer Körper

Absolute Temperatur	Photometrische Ökonomie für	
	$c_1 = 3,5 \cdot 10^{-12}$	$c_1 = 3,68 \cdot 10^{-12}$
800	$1,24 \cdot 10^{-7}$	$1,30 \cdot 10^{-7}$
1000	$1,82 \cdot 10^{-5}$	$1,91 \cdot 10^{-5}$
1500	0,011	0,0116
2000	0,215	0,225
2500	1,11	1,17
3000	2,96	3,11
4000	8,02	8,43
5000	12,58	13,23
6000	14,44	15,18
6500	14,96	15,73
7000	15,02	15,80
8000	14.62	15,37

Tabelle 37.

Blankes Platin

Absolute Temperatur	Photometrische Ökonomie für	
	$c_1 = 3,5 \cdot 10^{-12}$	$c_1 = 3,68 \cdot 10^{-12}$
800	$3,42 \cdot 10^{-7}$	$3,60 \cdot 10^{-7}$
1000	$4,49 \cdot 10^{-5}$	$4,72 \cdot 10^{-5}$
1500	0,023	0,024
2000	0,39	0,41
2500	1,81	1,90
3000	4,39	4,62
4000	10,44	10,98
5000	14,68	15,44
5500	15,31	16,10
6000	15,52	16,32
7000	14,50	15,25

§ 98. Lummer-Pringsheimsche Regel und andere Folgerungen.

Die Berechnung der energetischen und photometrischen Ökonomie hat zu einem Resultate geführt, welches implizite eine Bestätigung der Lummer-Pringsheimschen Regel enthält (§ 58), gemäß welcher die Energieverteilung des blanken Platins durch diejenige des schwarzen Körpers anderer Temperatur darstellbar ist. Aus den Tabellen für die photometrische Ökonomie folgt, daß die Maximalwerte für den schwarzen Körper und das blanke Platin, berechnet unter Zugrundelegung der Aschkinassschen Metalltheorie, nur um wenige Prozente voneinander abweichen und bei den Temperaturen 6750⁰ abs. bzw. 5900⁰ abs. gelegen sind. Da die Zapfenkurve in die Berechnung für beide Strahlungskörper gleichmäßig eingeht, so ist dieses überraschende Resultat nur dann verständlich, wenn das blanke Platin von 5900⁰ abs. nahezu die gleiche Energieverteilung wie der schwarze Körper von 6750⁰ abs. besitzen sollte. Verallgemeinert man dieses Resultat, so erhält man eine Regel für die Darstellung

14*

der Energieverteilung der Metalle[1]) durch diejenige des schwarzen
Körpers, welche durch die Plancksche Spektralgleichung (§ 56)
für alle Temperaturen gegeben ist. Setzt man in diese als Temperatur
den höheren Wert:

$$T' = \frac{6750}{5900} \cdot T = 1,14\,T \quad . \quad . \quad . \quad . \quad . \quad 87)$$

so stellt sie die Energieverteilung der Metalle von der Glühtemperatur
T Grad abs. dar. Die so gefundene Rechnungsregel war auf ganz
anderem Wege schon früher von Lummer und Pringsheim gefunden
worden, als sie die beobachteten Energiekurven für das blanke Platin
rechnerisch darzustellen suchten und bevor die Aschkinasssche
Metalltheorie entwickelt war. Sie fanden, daß ihre Beobachtungen
am Platin bei T Grad abs. durch die Plancksche Spektralgleichung
recht gut wiedergegeben werden, wenn man in diese als Temperatur
den Wert $T' = 1,11 \cdot T$ Grad abs. einsetzt (§ 58). Hierdurch scheint
erwiesen, daß diese Rechnungsregel auch noch bis zu Temperaturen
von rund 6000⁰ abs. brauchbar ist. Dadurch scheint erst eine gewisse Berechtigung gegeben zu sein für den Gebrauch der Aschkinassschen Metalltheorie bis zu dieser hohen Temperatur und
damit auch für die Bestimmung der Platintemperatur der Sonne auf
Grund der Aschkinassschen Theorie.

Ferner dürfte es wohl auf die besondere Beschaffenheit der Zapfenkurve zurückzuführen sein, daß die energetische und photometrische
Ökonomie für einen und denselben Strahlungskörper ihr Maximum
bei ein und derselben Temperatur annimmt. Sicher steht fest, daß
dieses Zusammenfallen beider Temperaturen aufhört, wenn man in
die Berechnung der photometrischen Ökonomie statt der wirklich
beobachteten Zapfenkurve (§ 37) eine andere einführt.

§ 99. Technische Ökonomie. In der Beleuchtungstechnik beurteilt man die Ökonomie einer Lichtquelle nach dem Wattverbrauch
pro Hefnerkerze Leuchtkraft. Es werde nach Lummer und Kohn
als »technische Ökonomie« der reziproke Wert dieser Ökonomie
definiert, d. h. die Anzahl von Hefnerkerzen, welche bei einem Energieverbrauch von einem Watt erzielt werden. Der Grund für diese Definition ist der, daß die so definierte technische Ökonomie bei all
denjenigen Lichtquellen mit variablem Glühzustand (z. B. Glühlampen), bei denen die ganze zugeführte Energie in Strahlung

---

[1]) Gemäß der Aschkinassschen Metalltheorie haben alle Metalle bei
gleicher Temperatur die gleiche Energieverteilung (§ 58).

umgewandelt wird oder mindestens die Umsetzung bei den verschiedenen Glühzuständen prozentual immer die gleiche ist, proportional der photometrischen Ökonomie ist, also genau wie diese mit der Temperatur ansteigt. Kennt man z. B. für einen glühenden Kohlefaden die technische Ökonomie für eine Temperatur, so kennt man diese auch für alle anderen Temperaturen. Im § 103 werden wir die experimentelle Bestätigung dafür erhalten, daß jene Proportionalität tatsächlich gilt und von ihr auch Gebrauch machen.

§ 100. Experimentelle Ermittlung der energetischen und photometrischen Ökonomie. a) Energetische Ökonomie. Es gibt verschiedene Methoden, um diese auf experimentellem Wege zu ermitteln. Erstens durch die Beobachtung der Energieverteilung im Normalspektrum der untersuchten Lichtquelle.

Da die Energie für die Wellenlänge Null notwendig ebenfalls zu Null herabsinken muß, so zielen alle Energiekurven (§ 55) nach dem Nullpunkt des gewählten Koordinatensystems. Für das Auge beginnt die Empfindung bei $0,8\,\mu$ und hört schon bei $0,4\,\mu$ wieder auf, so daß nur die innerhalb der Strecke von $0,4\,\mu$ bis $0,8\,\mu$ gelegenen Kurvenäste für die Lichtwirkung zur Geltung kommen. Hieraus folgt: Da, wo unser Auge fast geblendet wird, vermag das Meßinstrument des Physikers kaum die ankommende Energie festzustellen, während der überwiegende Teil der Energie von denjenigen Wellen transportiert wird, für welche unser Auge unempfindlich ist. Gering ist also die energetische Ökonomie, wenn man den schwarzen Körper als Lichtquelle benutzt. Welch' enorme Vergeudung von Energie findet hier statt!

Vergleichen wir die Wellen des Äthers mit den Tönen eines Klaviers, so erscheint das Verfahren, Licht durch Erhitzung des schwarzen Körpers herzustellen, gleich dem törichten Beginnen, die sämtlichen Tasten des Klaviers gleichzeitig anzuschlagen, um eine der höchsten Oktaven zum Klingen zu bringen.

Verlängert man die Energiekurven einer Strahlungsquelle bis zum Nullpunkt und errichtet an beiden Grenzen des sichtbaren Spekrums (bei $0,4\,\mu$ und $0,8\,\mu$) Parallele zur Ordinatenachse, so schließen diese das sichtbare Spektrum ein. Das Verhältnis dieser schmalen Fläche zu der über das ganze Wellenlängengebiet sich erstreckenden Energiefläche ist gleich der energetischen Ökonomie. Man erkennt also aus den beobachteten Energiekurven des schwarzen Körpers (§ 55) und des blanken Platins (§ 57) ohne weiteres, daß die so bestimmte energetische Ökonomie (ebenso wie die berechnete § 96) mit steigender Temperatur steigt.

Dieser Weg zur experimentellen Ermittelung der energetischen Ökonomie ist umständlich und zeitraubend. Auf direktere Weise gelangt man zum Ziele, wenn man sich geeigneter Absorptionsmittel bedient, welche die sichtbare Strahlung von der unsichtbaren trennen und diese getrennten Strahlungsmengen einzeln mittels des Bolometers oder der Thermosäule mißt. Als geeignete Absorptionsmittel können für weniger exakte Messungen Steinsalz, Wasser oder Glas benutzt werden. Von der Eigenschaft des Glases, die dunklen Wärmestrahlen zu absorbieren, die Lichtstrahlen dagegen ungehindert hindurchzulassen, machen wir bei unseren Fensterscheiben Gebrauch. Auf der gleichen Eigenschaft des Wassers beruht die wärmeerhaltende Wirkung der Wolkendecke des winterlichen Nachthimmels. Für die langen Wärmewellen undurchlässig, verhindern die Wolken, daß die von der Sonne tagsüber erwärmte Erde ihre Wärme dem unendlichen Weltenraume zustrahlt, und schützen sie so vor Wärmeverlust. Ohne ihr feuchtes »Deckbett« verliert die Erde an sternklaren langen Winternächten durch die Ausstrahlung zum eisigen Firmament beträchtliche Wärmemengen und erfährt dadurch eine bedeutende Abkühlung.

Tabelle 38.

Lichtquelle	Be-obachter	Watt pro horiz. Hefner-kerze	Energetische Ökonomie		Absolute Temperatur aus Watt pro HK
			experi-mentell	be-rechnet	
Kohlefadenlampe . . .	1	3,2	3,2%	3,1	2160°
	2	3,0	2,9	3,25	2178
	3	3,5	1,9	2,9 (1,9)	2135
Wolframlampe	1	1,12	9,1	8,0	2376
	2	1,17	4,6	7,6	2350
	3	1,10	4,9	8,0 (5,0)	2375
Tantallampe	1	1,29	8,5	7,2	2320
	2	2,03	4,3	5,15	2182
	3	1,60	3,9	6,15(3,8)	2250

Beobachter 1: Lux
»   2: Leimbach
»   3: Forsythe.

Genauere Versuche haben gezeigt, daß Wasser alle Wellen größer als 1 μ und Glas alle Wellen größer als 3 μ nahe vollkommen absorbieren.

Bei exakten Messungen bedient man sich als Absorptionsmittels einer Lösung von Ferroammoniumsulfat, welche ziemlich streng den sichtbaren Bezirk aus der Gesamtstrahlung herausschneidet.

Unter Benutzung dieses Filters ist von H. Lux[1]) und G. Leimbach[2]) die energetische Ökonomie der Kohlefaden-, Wolfram- und Tantallampe gemessen worden. Ihre Resultate sind in der 3. Vertikalreihe der Tabelle 38 unter »experimentell« mitgeteilt. Außerdem hat Forsythe[3]) die energetische Ökonomie der gleichen Lampentypen experimentell bestimmt, indem er aus dem Spektrum der Glühfäden den sichtbaren Bezirk durch Blenden vom unsichtbaren Bezirk trennte. Er wählte als rote Grenze des sichtbaren Spektrums die Wellenlänge 0,76 μ. Seine so erhaltenen Werte sind ebenfalls in der 3. Vertikalreihe angeführt. Zur Charakteristik des Glühzustandes der untersuchten Lampentypen geben alle drei Beobachter die pro Hefnerkerze Leuchtkraft verbrauchte Wattzahl an.

Um die so experimentell gefundenen Werte für die energetische Ökonomie auch auf rechnerischem Wege zu ermitteln, muß man die den verschiedenen Glühzuständen entsprechenden wahren Temperaturen der Glühfäden kennen. Diese Temperaturangaben fehlen bei den Beobachtern 1 und 2. Um sie zu finden, brauchen wir bloß auf die Kurven in den Fig. 54 und 55 zurückzugreifen, welche die Beziehung zwischen Watt pro Hefnerkerze und absoluter Temperatur für jede Kohlensorte und alle Metalle darstellen (§ 74 und § 75). Die so ermittelten Temperaturen stehen in der 5. Vertikalreihe.

In den Fig. 80 und 81 ist anderseits die Beziehung zwischen absoluter Temperatur und energetischer Ökonomie für den schwarzen Körper und das blanke Platin niedergelegt. Aus ihnen ergeben sich die unter »berechnet« in der 4. Vertikalreihe angeführten energetischen Ökonomien für die verschiedenen Glühfäden, wenn man die erlaubte Annahme macht, daß die für den schwarzen Körper gefundene Beziehung auch für die Kohle der Kohlefadenlampe und die für das blanke Platin gefundene Beziehung nach der Aschkinassschen

---

[1]) H. Lux. On the Efficiency of the most Common Sources of Light. The Illuminat. Engineer Nr. 2, Vol. 1, 1908.

[2]) G. Leimbach. »Die Strahlungseigenschaften der elektrischen Glühlampen.« Dissert. Göttingen 1910.

[3]) W. E. Forsythe. Phys. Rev. **34**, 332, 1912.

Metalltheorie auch für alle übrigen Metalle gültig ist. Die in Klammern
den so ermittelten Werten für die energetische Ökonomie beigefügten
Zahlenwerte sind von A. R. Meyer[1]) berechnet worden. Bei der Schwierigkeit der Beobachtungen und der experimentellen Trennung des
sichtbaren vom unsichtbaren Spektrum kann die Übereinstimmung
der auf verschiedenen Wegen beobachteten Werte mit den berechneten als eine gute bezeichnet werden. Nur wo experimentell und
rechnerisch genau die gleichen Grenzen des sichtbaren Spektrums
verwendet wurden, kann eine so gute Übereinstimmung erwartet
werden, wie sie zwischen Beobachter 3 und den Berechnungen von
Meyer tatsächlich vorhanden ist. Von welch großem Einfluß die
Wahl dieser Grenzen auf den berechneten Wert der energetischen
Ökonomie ist, zeigt ein Vergleich der von Meyer und Lummer-
Kohn berechneten Werte.

b) Photometrische Ökonomie. Die experimentelle Bestimmung dieser Ökonomie kann auf subjektivem und objektivem
Wege ausgeführt werden. Hier haben wir es mit der Messung einer
Flächenhelligkeit und einer Strahlungsenergie (Gesamtstrahlung)
zu tun. Als »subjektive« Methode werde diejenige bezeichnet, bei
welcher die Flächenhelligkeit durch direkte Photometrierung gemessen
wird, als »objektive« diejenige, bei welcher das Auge durch einen
objektiven Apparat ersetzt wird. Während die subjektive Methode
nur die Beziehung zwischen der photometrischen Ökonomie und
Temperatur liefert, ist die objektive Methode dadurch ausgezeichnet,
daß sie direkt den numerischen Wert der photometrischen Ökonomie zu ermitteln erlaubt.

Obwohl in letzter Instanz nur das Auge Richter über die Größe
der Flächenhelligkeit sein kann (§ 3), läßt sich diese gleichwohl
auch ohne Auge, also auf »objektivem« Wege, mittels eines Strah-
lungsmessers ermitteln, wenn man aus der gesamten Strahlung die sichtbare Strahlung durch ein geeignetes, dem
Auge nachgebildetes Filter ausschneidet. Hier genügt
es nicht, wie bei der objektiven Messung der energetischen Ökonomie
eine absorbierende Schicht herzustellen, welche alle sichtbaren Wellen
aussondert, vielmehr muß die absorbierende Schicht die einzelnen
Wellen des sichtbaren Spektrums in der gleichen Weise selektiv
bevorzugen, wie es die Zapfen tun. In anderen Worten: ein solches
Filter muß die einzelnen farbigen Strahlensorten proportional

---

[1]) loc. cit.

der Zapfenempfindlichkeit hindurchlassen, d. h. Gelbgrün etwa 100 mal besser als Rot oder Violett (§ 37). Ein solches Filter ist von Enoch Karrer[1]) ausfindig gemacht worden. Das absorbierende Gefäß aus Quarz enthält drei je 1,4 cm dicke Schichten der folgenden Lösungen:

Kupferchlorid . . . . 41,085 g/l
Kaliumbichromat . . . . 0,8346 »
Eisenchlorid . . . . 5,8712 »

Neuerdings wurde nach dem Vorgange von Karrer ein solches Filter gebaut und in Gebrauch genommen, bei welchem das Eisenchlorid ersetzt wurde durch Jodjodkalium[2]). Dieses Absorptionsgefäß aus Glas enthält ebenfalls drei gleich dicke Schichten der folgenden Lösungen:

Kupferchlorid . . . . . . 42,5 g/l
Kaliumbichromat . . . . 0,7745 g/l
Jodjodkalium . . . . . . 0,0562 + 0,4356 g/l

Wie die Fig. 84 zeigt, wird die Durchlässigkeitskurve dieses Filters sowohl der Zapfenkurve von H. Bender (durch × × × × markiert) als auch derjenigen von Ives (durch ○◌◯◯ markiert) gerecht. Als Vorzug dieses Filters gegenüber dem Karrerschen darf der Umstand hingestellt werden, daß die Durchlässigkeit der verwendeten Lösungen sich mit der Zeit nicht ändert. Der Vorschlag, das Eisenchlorid durch Jodjodkalium zu ersetzen, rührt übrigens ebenfalls von Karrer her, welcher aber mit dieser Lösung keine Versuche angestellt zu haben scheint.

Einige der von Karrer mit seinem Filter gemessenen Werte für die photometrische Ökonomie sind unter »experimentell« in der Tabelle 39 mitgeteilt, zugleich mit den zugehörigen von Karrer beobachteten Watt pro HK (Vertikalreihe 2). Mit Hilfe letzterer Werte wurden von Lummer und Kohn die dem Glühzustande entsprechenden Temperaturen der Glühfäden ermittelt (Vertikalreihe 4). Zu diesen Temperaturen gehören die in Vertikalreihe 3 angegebenen berechneten photometrischen Ökonomien (§ 97).

---

[1]) E. Karrer. Physic. Rev. **40**, 189 bis 211, 1915.

[2]) Dieses Filter und die mit ihm erhaltenen Resultate sind der Gegenstand der z. Z. im Druck befindlichen Dissertation von F. Conrad, Physikalisches Institut der Universität Breslau.

In der letzten Vertikalreihe sind schließlich die Temperaturen angegeben, welche gemäß der Beziehung zwischen Temperatur und photometrischer Ökonomie zu den experimentell gefundenen Werten der photometrischen Ökonomie gehören.

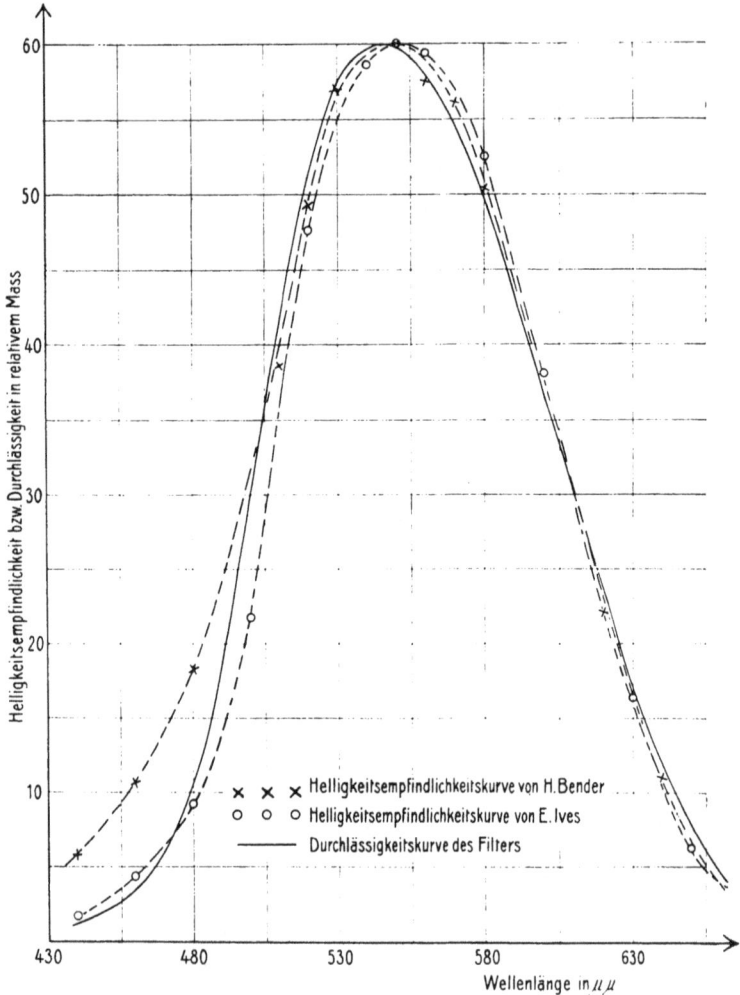

Fig. 84.

Die Übereinstimmung zwischen der beobachteten und berechneten photometrischen Ökonomie ist eine überraschend gute. Daß die »Einheit« der berechneten und beobachteten Ökonomie die gleiche ist, erklärt sich folgendermaßen: Wir haben die maximale Empfindlichkeit der Zapfen gleich 100 gesetzt; Karrer setzt die maximale Durchlässigkeit seines Filters gleich 100.

Tabelle 39.

Lichtquelle	Watt pro HK (horiz.)	Photometrische Ökonomie		Absolute Temperatur gemessen aus	
		experimentell	berechnet	Watt pro HK	photometrischer Ökonomie
Kohlefadenlampen . . .	3,6	0,45	0,40	2140°	2175°
Wolframlampe	1,13	1,65	1,46	2370	2425
	0,98	1,84	1,70	2440	2475
Nitralampe	0,58	2,93	2,83	2700	2720

Dieses Filter wird besonders dort gute Dienste leisten, wo man die photometrische Ökonomie nicht rechnerisch ermitteln kann, d. h. bei allen Strahlungsquellen, für welche man die Energieverteilung im Spektrum nicht kennt oder die Bestimmung der Energieverteilung experimentelle Schwierigkeiten bietet (Geißlersche Röhren, Lumineszenzlampen usw.).

Tabelle 40.
Unpräparierter Kohlefaden.

Watt pro HKhoriz.	Absolute Temperatur	Photometrische Ökonomie		Quotient
		gemessen	berechnet	
5,40	2006	0,237	0,231	0,98
4,46	2052	0,288	0,280	0,97
3,74	2097	0,346	0,338	0,98
3,22	2138	0,408	0,390	0,96
2,79	2174	0,469	0,450	0,96
2,40	2200	0,549	0,530	0,97

Die Leistungsfähigkeit eines solchen Filters geht auch aus den Versuchsergebissen von Conrad hervor. Seine Versuche beziehen sich auf die Messung der photometrischen Ökonomie der Kohle- und Wolframfäden in den Glühlampen bei verschiedener Belastung. Die Glühfäden beider Lampentypen waren U-förmig gebogen und bei den Wolframlampen von größerer Dicke als bei den in der Praxis gebräuchlichen. Die erhaltenen Resultate sind für die unpräparierte Kohle in Tabelle 40, für die präparierte Kohle in

Tabelle 41 und für das Wolfram in Tabelle 42 wiedergegeben. Die beobachteten Watt pro HK stehen in der 1. Vertikalreihe. Die diesen gemäß den Fig. 54 und 55 entsprechenden Temperaturen der Glühfäden stehen in der 2. Vertikalreihe. Die mit Hilfe des Conradschen Filters beobachteten Werte der photometrischen Ökonomie sind in der 3. Vertikalreihe, die gemäß den Kurven in Fig. 82 und 83 ermittelten berechneten Werte der photometrischen Ökonomie in der 4. Vertikalreihe angegeben. Das Verhältnis der berchneten und beobachteten Ökonomiewerte ist aus der Vertikalreihe 5 zu ersehen.

Tabelle 41.
Präparierter Kohlefaden.

Watt pro $HK_{horiz.}$	Absolute Tem-peratur	Photometrische Ökonomie		Quotient
		gemessen	berechnet	
27,07	1678°	0,049	0,046	0,94
13,43	1806	0,102	0,100	0,98
7,92	1923	0,171	0,168	0,98
5,06	2032	0,272	0,260	0,96
4,12	2092	0,330	0,330	1,00
3,52	2134	0,387	0,383	0,99
3,02	2175	0,454	0,450	0,99
2,60	2222	0,535	0,532	0,99
2,27	2270	0,609	0,620	1,02

Tabelle 42.
Wolframfaden.

Watt pro $HK_{horiz.}$	Absolute Tem-peratur	Photometrische Ökonomie		Quotient
		gemessen	berechnet	
1,96	2188°	0,847	0,90	1,06
1,47	2276	1,135	1,16	1,02
1,27	2328	1,307	1,32	1,01
0,998	2420	1,68	1,64	0,98
0,81	2540	2,06	2,11	1,02

Aus den Werten dieses Verhältnisses geht hervor, daß die berechnete und beobachtete Ökonomie bis auf wenige Prozent miteinander übereinstimmen, ein glänzender Beweis für die Brauchbarkeit der objektiven Methode zur Bestimmung der photometrischen Ökonomie.

Diese Resultate berechtigen aber außerdem noch folgende Schlußfolgerungen zu ziehen, welche ein neues Schlaglicht auf die Strahlungseigenschaften der benutzten Glühfäden werfen. Die Berechnung der photometrischen Ökonomie aus der Temperatur der Glühfäden beruht auf der Annahme, daß die Kohle der gleichen Beziehung wie der schwarze Körper und das Wolfram gemäß der Aschkinassschen Metalltheorie der gleichen Beziehung gehorcht wie das blanke Platin. Aus der guten Übereinstimmung der beobachteten und berechneten Ökonomiewerte folgt also wiederum, daß sowohl die unpräparierte wie die präparierte Kohle die gleiche Energieverteilung im Spektrum wie der schwarze Körper besitzen, also wie ein grauer Körper strahlen, und daß die Aschkinasssche Theorie auch für Wolfram brauchbar ist.

§ 101. Ermittelung des Maximalwertes der technischen Ökonomie und des Umsetzungsfaktors auf experimentellem Wege[1]). Die experimentelle Bestimmung der photometrischen Ökonomie mit Hilfe des im vorigen Paragraphen beschriebenen Filters liefert die Grundlage, um den Wert des absoluten Maximums der technischen Ökonomie durch Beobachtung zu ermitteln und gleichzeitig ein Urteil zu gewinnen, in welchem Maße die einer Lichtquelle zugeführte Energie in Strahlungsenergie umgewandelt wird (»Umsetzungsfaktor«). Man bildet unter Benutzung der Tabellen 40 bis 42 den Quotienten (Q') aus den Werten der technischen und photometrischen Ökonomie und zwar nach Reduktion der horizontal gemessenen Hefnerkerzen ($HK_{horiz.}$) auf mittlere sphärische Hefnerkerzen (HK_0) und nach Erhöhung dieser Hefnerkerzenzahlen um $9^0/_0$, um welche die Leuchtkraft des Glühfadens durch die Glasbirne geschwächt wird. Demgemäß ist dieser Quotient Q' gegeben durch den Ausdruck:

$$Q' = \frac{\text{Technische Ökonomie}}{\text{Photometr. Ökonomie}} = \frac{HK_0 \text{ (reduziert)}}{\text{Watt} \times \text{Photometr. Ökonomie}} \qquad 88)$$

$$Q' = \frac{0,85}{\text{Watt pro } HK_{horiz.} \times \text{Photometrische Ökonomie}} \cdot \cdot \quad 88a)$$

Mit Rücksicht auf die folgenden Betrachtungen wollen wir das

---

[1]) Vgl. F. Conrad, l. c. S. 217.

Maximum der photometrischen Ökonomie gleich 1 anstatt wie bisher gleich 100 setzen. Dann erhalten wir:

$$Q = Q' \cdot 100 = \frac{85}{\text{Watt pro HK}_{\text{horiz.}} \times \text{Photometrische Ökonomie}} \qquad 89)$$

Die nach diesem Ausdruck berechneten Werte von Q sind für die untersuchten Glühfäden in der folgenden Tabelle 43 mitgeteilt.

Aus ihr erkennt man, daß der Wert von Q bei allen Belastungen für ein und dieselbe Glühsubstanz konstant ist. Gemäß der Definition der photometrischen Ökonomie als Verhältnis der Flächenhelligkeit zur gesamten ausgestrahlten Energie und der Definition der technischen Ökonomie als Verhältnis von Flächenhelligkeit (gemessen in Hefnerkerzen) zur gesamten zugeführten Energie ist der Quotient Q proportional dem Verhältnis der ausgestrahlten zur zugeführten Energie (Umsetzungsfaktor). Da Q für die untersuchten Glühsubstanzen konstant ist, so ist auch dieser Umsetzungsfaktor für sie bei allen untersuchten Glühzuständen konstant. Hierdurch ist der im § 99 vorausgenommene Satz erwiesen, daß die technische und photometrische Ökonomie einander proportional sind.

Aus der numerischen Größe des Quotienten Q aber läßt sich auch die numerische Größe des Umsetzungsfaktors ermitteln. Für einen beliebigen Strahler, bei welchem der Umsetzungsfaktor gleich E i n s ist, kann im Quotienten Q die zugeführte Energie durch die ausgestrahlte ersetzt werden. Dann nimmt Q die Form an:

$$Q = Q_{\max} = \frac{\text{Hefnerkerzenzahl}}{\text{Ausgestrahlte Energie} \times \text{Photometr. Ökonomie}} \cdot 100 \qquad 90)$$

wobei es gleichgültig ist, ob der strahlende Körper zur Temperaturstrahlung gehört oder infolge von Lumineszenz strahlt. Um den Wert von $Q_{\max}$ zu ermitteln, greifen wir auf die Messungsresultate für den schwarzen Körper zurück. Nach § 74 ist für diesen das Verhältnis von Hefnerkerzenzahl zur ausgestrahlten Energie bei der Temperatur 1735° abs. gleich 1 : 25,39. Anderseits ist bei dieser Temperatur laut Berechnung die photometrische Ökonomie gleich 0,0617; demnach wird $Q_{\max} = 63,8 \dfrac{\text{HK}_0}{\text{Watt}}$.

Wir dürfen also aussagen: Bei jedem Strahler, für welchen durch Beobachtung für Q der Wert 63,8 gefunden ist, wird die ganze zugeführte Energie in ausgestrahlte umgesetzt, d. h. für ihn ist der Umsetzungsfaktor gleich Eins. Mit Hilfe des Wertes $Q_{\max}$ und der

Tabelle 43.

Unpräparierte Kohle			Präparierte Kohle			Wolfram		
Watt pro $HK_{horiz.}$	Photometrische Ökonomie	$Q = \dfrac{\text{Techn. Ökon.}}{\text{Photom. Ökon.}} \cdot 100$	Watt pro $HK_{horiz.}$	Photometrische Ökonomie	$Q = \dfrac{\text{Techn. Ökon.}}{\text{Photom. Ökon.}} \cdot 100$	Watt pro $HK_{horiz.}$	Photometrische Ökonomie	$Q = \dfrac{\text{Techn. Ökon.}}{\text{Photom. Ökon.}} \cdot 100$
5,40	0,237	66,1	27,07	0,049	63,8	1,96	0,847	51,3
4,46	0,288	66,0	13,43	0,102	61,7	1,47	1,135	51,0
3,74	0,346	65,7	7,92	0,171	62,8	1,27	1,307	51,0
3,22	0,408	64,8	5,06	0,272	62,0	0,998	1,68	50,9
2,79	0,469	65,1	4,12	0,330	62,6	0,81	2,06	51,2
2,40	0,549	64,8	3,52	0,387	62,5			
		Mittel: 65,4	3,02	0,454	62,1			Mittel: 51,1
			2,60	0,535	61,1			
			2,27	0,609	61,8			
					Mittel: 62,2			

für beliebige Strahler experimentell gefundenen Werte von Q läßt
sich schließlich auch für diese die numerische Größe des Umsetzungsfaktors berechnen.

Laut Tabelle 43 ist für die präparierte Kohle $Q = 62,2$ und für
die unpräparierte Kohle $Q = 65,4$. Hieraus darf geschlossen werden,
daß bei den untersuchten Kohlefäden die Umsetzung eine vollkommene ist oder höchstens um wenige Prozente dahinter zurückbleibt[1]).
Damit ist auch die Methode begründet, aus den zugeführten Watt
die wahre Temperatur der Kohlefäden zu berechnen, wie dies im § 73
geschehen ist.

Laut Tabelle 43 ist für die Wolframlampe $Q = 51$, woraus sich
der Umsetzungsfaktor zu 0,75 berechnet. Die benutzten Messungsresultate sind an eigens konstruierten Wolframlampen mit U-förmig
gebogenen Wolframfäden ziemlicher Dicke gewonnen worden. Es
ist daher zu vermuten, daß bei den im Handel befindlichen Wolframlampen mit sehr viel dünneren Glühfäden der Umsetzungsfaktor
größer ist. In Übereinstimmung hiermit steht, daß Hyde, Cady
und Worthing für den Umsetzungsfaktor den Wert 0,92 gefunden
haben.

Nachdem der Wert von Q_{max} festgelegt ist, ist auch der Wert
für das absolute Maximum der technischen Ökonomie gegeben,
d. h. derjenigen Hefnerkerzenzahl, welche mit einem Watt zugeführter
Energie bestenfalls erzielt werden kann. Denn da der Ausdruck für

$$Q_{max} = \frac{\text{Technische Ökonomie}}{\text{Photometrische Ökonomie}} = 63,8 \, \frac{HK_0}{\text{Watt}} \quad . \quad . \quad 91)$$

für alle Glühzustände, d. h. für alle Werte der photometrischen Ökonomie gilt, so folgt für den Fall, daß die photometrische Ökonomie
ihr absolutes Maximum 1,00[2]) erreicht, daß die technische Ökonomie
den Wert $63,8 \, \frac{HK_0}{\text{Watt}}$ annimmt: Niemals kann ein beliebiger
Strahler für den Energieverbrauch von 1 Watt mehr als
63,8 HK_0 liefern.

**§ 102. Ziel der Leuchttechnik in bezug auf die Temperatur-
strahler. Erstes Ziel der Leuchttechnik.** Auf Grund der Resultate
in bezug auf die Abhängigkeit der energetischen und photometrischen
Ökonomie von der Temperatur gelangt man für alle zur Klasse »Schwar-

---

[1]) Vgl. auch Hyde, Cady und Worthing. Transactions III. Eng. Soc.
6, 238, 1911.

[2]) Vgl. S. 222 oben.

zer Körper — Blankes Platin« gehörigen Temperaturstrahler zur Aufstellung des ersten Zieles der Leuchttechnik: Die Leuchtsubstanz so hoch als möglich zu erhitzen. Allgemein ist derjenigen Substanz der Vorzug zu geben, die sich am höchsten erhitzen läßt. Wohl zeigt der schwarze Körper zumal bei relativ niedrigen Temperaturen eine geringere Ökonomie als die Metalle (§ 96 u. 97); dieser geringe Nachteil aber wird reichlich aufgewogen durch den Vorzug, den eine höhere Temperierung nach sich zieht. Mit keinem dieser Strahlungskörper kann eine größere energetische Ökonomie als 48,4% und eine größere photometrische Ökonomie als 16,35 erreicht werden. Um diese zu erzielen, müßte der schwarze oder graue Körper (z. B. Kohle) bis 6750⁰ abs., das blanke Metall bis 5900⁰ abs. erhitzt werden. Da nach Erreichung dieser Maximalwerte die Ökonomie wieder abnimmt, so wäre es unwirtschaftlich, eine höhere Temperatur als die dem Maximum entsprechende (6750⁰ abs. bzw. 5900⁰ abs.) anstreben zu wollen. Wohl würde die für wissenschaftliche Zwecke und vor allem bei Scheinwerferlampen wichtige und nützliche Flächenhelligkeit auch dann noch steigen, aber nicht das Verhältnis derselben zur gesamten ausgestrahlten Energie (Ökonomie).

§ 103. Leistungsfähigkeit der gebräuchlichen Glühlampen in Hinsicht auf das erste Ziel der Leuchttechnik. Die Hauptrepräsentanten der gebräuchlichen Glühlampen sind die Kohlefaden- und die Wolframfadenlampe. Für beide Typen ist früher die Beziehung zwischen Temperatur und technischer Ökonomie ermittelt worden (§ 74 u. 75). Aus der Berechnung der energetischen und photometrischen Ökonomie für den schwarzen Körper und das blanke Platin ergeben sich aber diese auch ohne weiteres für die beiden Lampentypen, wenn man die im § 100 wiederum als richtig erwiesene Annahme macht, daß für die graustrahlende Kohle die Resultate des schwarzen Körpers und für Wolfram diejenigen des blanken Platins als geltend angesehen werden dürfen. Die einander zugehörigen Werte der Temperatur und der dreierlei Ökonomien sind für beide Lampentypen in den Tabellen 44 und 45 mitgeteilt. Die experimentell gewonnenen Wertepaare für die Temperatur und die technische Ökonomie reichen bis zu den Horizontalstrichen. Die Werte für die technische Ökonomie beziehen sich ebenso wie die in der 2. Vertikalreihe angegebenen Watt pro Hefnerkerzen auf die räumliche Lichtstärke und zwar nach Anbringung der Reduktion infolge der Reflexion an der Glasbirne (§ 74). Erst dadurch springt die Leistungsfähigkeit der in den Glühbirnen strahlenden Substanzen als solche heraus und wird für die verschiedenen Glühlampen vergleichbar. Aus den oberhalb der Horizontalstriche angegebenen Werten beantwortet sich zunächst die Frage, warum der Wolframfaden ökonomischer strahlt als der unpräparierte Kohlefaden. Ersterer beansprucht bei normaler Belastung 1 Watt/$HK_{0(reduz.)}$, letzterer dagegen 4 Watt/$HK_{0(reduz.)}$. Diesen Belastungen entsprechen die Temperaturen 2523° abs. und 2146° abs. Die größere Ökonomie der Wolframlampe ist also zum Teil dem Umstand zuzuschreiben, daß der Wolframfaden während der ganzen Brenndauer auf höherer Temperatur geglüht werden darf als der Kohlefaden. Aber nur zum Teil, denn erhitzen wir den unpräparierten Kohlefaden auf die Normaltemperatur (2523° abs.) des Wolframfadens, so erreicht er doch noch nicht dessen Ökonomie, sondern nur 0,8 $HK_{0(reduz.)}$ pro Watt anstatt 1 $HK_{0(reduz.)}$ pro Watt. Dieser Unterschied ist der Selektivität des Wolframs zuzuschreiben. Da bei den untersuchten Wolframlampen der Umsetzungsfaktor nur 0,75 betrug (§ 101), so würde bei vollkommener Umsetzung die Hefnerkerzenzahl pro Watt bei Wolfram von 2523° abs. sogar 1,25 betragen, d. h. der Einfluß der Selektivität muß als noch größer angesehen werden.

Tabelle 44.

Kohlefadenlampe.

Watt pro HK mittlerer räumlicher Lichtstärke	Watt pro HK mittlerer räuml. Lichtstärke (reduziert)	Absolute Temperatur	Technische Ökonomie in $HK_{0(reduz.)}$ / Watt	Energetische Ökonomie	Photometrische Ökonomie
17,40	16,00	1803°	0,063	0,92	0,098
8,70	8,00	1961	0,125	1,64	0,195
4,35	4,00	2146	0,25	2,98	0,400
3,27	3,00	2237	0,33	3,83	0,545
2,18	2,00	2350	0,50	5,05	0,80
1,42	1,30	2523	0,77	7,00	1,23
1,09	1,00	2610	1,00	8,10	1,60
0,545	0,50	3010	2,00	13,40	3,20
0,272	0,25	3660	4,00	23,5	6,40
0,182	0,167	**4200**	6,00	31,8	9,60
0,110	0,101	6750	9,9	47,3	15,80
0,114	0,105	8000	9,6	44,6	15,35

Tabelle 45.

Wolframlampe.

Watt pro HK mittlerer räumlicher Lichtstärke	Watt pro HK mittlerer räumlicher Lichtstärke (red.)	Absolute Temperatur	Technische Ökonomie in HK_0 (reduz.) / Watt	Energetische Ökonomie	Photometrische Ökonomie
8,70	8,00	1877°	0,125	1,97	0,26
4,35	4,00	2029	0,25	3,37	0,50
2,18	2,00	2230	0,50	5,85	1,02
1,20	1,10	2480	0,90	9,70	1,86
1,09	1,00	2523	1,00	10,4	2,04
0,545	0,50	2950	2,00	17,6	4,08
0,313	0,286	3400	3,50	26,1	7,15
0,272	0,250	3560	4,00	29,0	8,16
0,186	0,170	4200	5,90	38,5	12,00
0,136	0,125	5900	8,00	48,5	16,35
0,146	0,134	7000	7,47	46,0	15,20

Die bei den experimentell zugänglichen Temperaturen erzielten Werte der energetischen und photometrischen Ökonomie sind relativ klein gegenüber den theoretisch möglichen Werten, welche unterhalb des Horizontalstriches angeführt und auf folgendem Wege gewonnen worden sind. Die technische Ökonomie (HK pro Watt) zeigt gemäß der Tabelle einen Anstieg mit der Temperatur, welcher dem der berechneten photometrischen Ökonomie unbedingt proportional ist. Diese Proportionalität ist übrigens auch schon auf experimentellem Wege erwiesen worden (§ 100). Daher durfte mit Hilfe der Werte für die photometrische Ökonomie der Kohle bzw. des schwarzen Körpers und der Metalle für die bisher noch nicht untersuchten hohen Temperaturen die entsprechende technische Ökonomie extrapoliert werden. Im Prinzip ist also mit der Kohle, deren Schmelzpunkt bei 4200° abs., also höher als der des Wolframs (3400°) gelegen ist, eine höhere technische Ökonomie als beim Wolframfaden zu erreichen.

Bei den hohen Temperaturen, bei denen die photometrische Ökonomie ihren Maximalwert erreicht, sind diese Maximalwerte für beide Strahler einander gleich. Demnach müßten hier auch ihre technischen Ökonomien einander gleich sein. Dies ist nicht der Fall und zwar deshalb, weil der Umsetzungsfaktor bei den Kohlefäden nahezu Eins ist, bei den benutzten Wolframfäden aber nur 0,75 beträgt. Demnach kann nur für den Kohlefaden, wie dies tatsäch-

lich der Fall ist, der maximale Wert der technischen Ökonomie (9,9 HK_0
pro Watt) mit demjenigen Wert übereinstimmen, welchen der schwarze
Körper besitzt (10,1 HK_0 pro Watt). Letzterer ist auf Grund der für
den schwarzen Körper bei 1735⁰ abs. experimentell bestimmten Hefnerkerzenzahl pro Watt gewonnen worden. (Vgl. § 101, in welchem auf
ähnliche Weise der Wert des absoluten Maximums der technischen
Ökonomie hergeleitet wurde.)

Entsprechend dem kleineren Wert des Umsetzungsfaktors
beim Wolframfaden weichen beide Werte der technischen Ökonomie
von demjenigen des Wolframfadens um rund 25% ab.

**§ 104. Leistungsfähigkeit der Gasglühlichter (leuchtende Gas-
flammen und Auersches Gasglühlicht).** Wir wollen unter »Gasglühlichtern« alle Lichtquellen verstehen, bei denen die Temperatur durch
die Verbrennung von Kohlenwasserstoffen geliefert wird, das Glühen
und Leuchten der Substanz eine Folge der Erhitzung ist, und die
Substanz in festem Zustande glüht. Dann gehören zu ihnen auch die
leuchtenden Gasflammen wie die Kerze usw., bei denen die festen
unverbrannten Kohlepartikelchen leuchten (§ 21). Um über die
Leistungsfähigkeit dieser Gasglühlichter etwas aussagen bzw.
ihre Ökonomie und Leistungsfähigkeit berechnen zu können, müßten
wir auch für sie die Temperaturen und die Strahlungseigenschaften
der Glühsubstanzen kennen.

a) Leuchtende Flammen. Wir wollen die Annahme machen,
daß die Strahlungseigenschaften der leuchtenden Kohlepartikelchen
in den Flammen zwischen denen des schwarzen Körpers und des
blanken Platins liegen (vgl. § 64). Unter dieser Voraussetzung ist die
Leistungsfähigkeit der leuchtenden Flammen allein durch die Flammentemperatur bedingt, welche wohl sicher mit derjenigen der strahlenden Kohlepartikelchen übereinstimmt. Kennt man also die Flammentemperatur, so kann man auch die energetische bzw. photometrische Ökonomie der Leuchtflamme aus derjenigen des schwarzen
Körpers und des blanken Platins gleicher Temperatur ermitteln
(§ 96 u. 97). In bezug auf die wahren Temperaturen dieser Flammen
liegen keine genauen Messungen vor. Die »schwarze« und die »Platintemperatur« der Kerze und der Argandlampe sind von Lummer
und Pringsheim aus dem Verschiebungsgesetz für den schwarzen
Körper und das blanke Platin ermittelt worden (§ 64).

Auf gleiche Weise wurden die Temperaturen der Azetylenflamme (von Stewart) und der Hefnerlampe ermittelt. Für diese

Lichtquellen sind in der Tabelle 46 unter »berechnet« die berechneten Werte der energetischen und photometrischen Ökonomie angegeben, die aus der Beziehung zwischen diesen und der Temperatur für den schwarzen Körper und das blanke Platin folgen. Unter »experimentell« sind die gemessenen Ökonomiewerte angegeben. Für die Petroleumlampe liegen keine Temperaturbestimmungen vor. Ihre Temperatur wurde daher aus der gemessenen energetischen Ökonomie rückwärts berechnet.

Tabelle 46.

Lichtquelle	Beob- achter	Absolute Temperatur		Energetische Ökonomie			Photometrische Ökonomie[1]	
				berechnet		ge- messen	berechnet	
		schwar- zer Körper	blankes Platin	schwar- zer Körper	blankes Platin		schwar- zer Körper	blankes Platin
Hefnerlampe . .	1	1800⁰	—	0,89	—	0,89	0,095	—
	2					2,40		
	3					0,89		
Argandlampe. .	4	1900⁰	1700⁰	1,33	1,00	1,60	0,15	0,10
Petroleumlampe	3	1880⁰	1755⁰	—	—	1,23	—·	—
Kerze	4	1960⁰	1750⁰	1,65	1,25	1,50	0,192	0,14
Azetylenflamme	3	2470⁰	2265⁰	—	—	6,36	—	—
	4	2390⁰	2205⁰	—	—	5,50	—	—

Beobachter 1: Knut Ångström, Phys. Zeitschr. 5, 456, 1904.
   »   2: Tumlirz, Wied. Ann. 38, 640—662, 1899.
   »   3: H. Lux, loc. cit. S. 215.
   »   4: R. v. Helmholtz, Preisarbeit, Berlin 1890.

[1] Anmerkung bei der Korrektur. Für die Kerze ist die photometrische Ökonomie von Karrer (loc. cit. S. 217) auch experimentell bestimmt worden und zwar zu 0,16. Mit dem im § 100 beschriebenen Filter erhielt Conrad den Wert 0,13. Ferner ist die thermische Temperatur der Hefnerlampe bzw. der in ihr leuchtenden Kohlestoffteilchen (vgl. S. 172) bestimmt worden. Die zu dieser Temperatur (rd. 1700⁰ abs.) berechneten Werte der energetischen und photometrischen Ökonomie sind 0,62 bzw. 1,00 und 0,05 bzw. 0,10. Die thermische Temperatur der Kohleteilchen in der Azetylenflamme ist nach R. Ladenburg (l. c. S. 140) 2111⁰; hiernach beträgt die energetische Ökonomie 2,68 bzw. 4,30, die photometrische Ökonomie 0,35 bzw. 0,69.

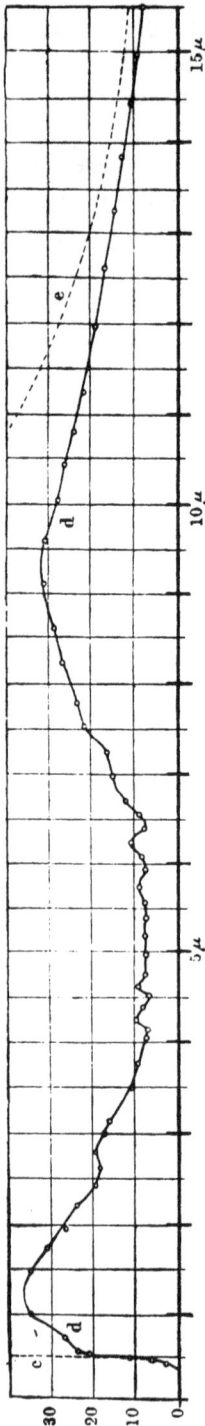

Fig. 85.

d = Emission des Auerstrumpfes. e = Emission des schwarzen Körpers gleicher Temperatur.

b) **Auersches Gasglühlicht.** Beim Auerlicht hängt die Leistungsfähigkeit von drei Faktoren ab. Erstens von der Temperatur der entleuchteten Heizflamme, zweitens von der Temperatur, welche die eingeführte feste Leuchtsubstanz annimmt und drittens von den Strahlungseigenschaften der Leuchtsubstanz. Als Heizflamme dient der Bunsenbrenner, dessen Temperatur zu rund 2100° abs. angenommen werden kann[1]. Die Struktur und Konstruktion des Auerstrumpfes bringt es mit sich, daß er die Temperatur der Bunsenflamme wohl kaum merklich herabdrückt. Obwohl die Strahlung des Auerstrumpfes selektiver ist als die der Temperaturstrahler, welche zur Klasse »Schwarzer Körper — Blankes Platin« gehören, so dürfte doch auch seine Emission auf reiner Temperaturstrahlung beruhen.

Schon die Messungen von Nernst und Bose[2] wiesen darauf hin, daß der Auerstrumpf ein stark selektiv strahlender Körper ist. Dies wurde eindeutig durch die exakten Untersuchungen von Rubens[3] bestätigt. Rubens ermittelte die Energieverteilung der kompletten Auerlampe und der vom Strumpfe befreiten Bunsenflamme und erhielt so die aus Fig. 85 ersichtliche Energieverteilung des Auerstrumpfmaterials (mit 1% Cergehalt) selbst.

Kennt man außerdem noch seine Temperatur, so läßt sich das Emissionsvermögen des Auerstrumpfes an allen Stellen des Spektrums ermitteln, da ja die Energieverteilung eines schwarzen Körpers von gleicher Temperatur sich nach der Planckschen Formel (§ 56) ermitteln läßt.

---

[1] H. Kohn, l. c. S. 245.
[2] Nernst und Bose. Phys. Zeitschr. I, 289 bis 291, 1900.
[3] H. Rubens. Ann. d. Phys. **18**, 725 bis 738, 1905.

Die Messung der wahren Temperatur stößt auf Schwierigkeiten. Erst wenn man weiß, daß für irgend eine Wellenlänge der glühende Auerstrumpf schwarz ist, läßt sich, wie Lummer und Pringsheim[1]) ausführten, eine angenäherte Temperaturbestimmung auf dem von Rubens benutzten Wege erreichen. Aus den Rubensschen Messungen geht hervor[2]), daß sich der glühende Auerstrumpf im blauen Spektralbezirk in der Tat nahezu wie ein schwarzer Körper verhält. Aus der Vergleichung der Energiekurve des Glühgewebes unter Berücksichtigung der leeren Maschen im Gewebe mit derjenigen des schwarzen Körpers gleicher Temperatur erhält Rubens die in der folgenden Tabelle 47 mitgeteilten Emissionsvermögen E_λ für die zugehörigen Wellenlängen λ:

Tabelle 47.

λ	0,45	0,50	0,55	0,60	0,70	1,0	1,2	1,5	2,0
E_λ	0,86	0,72	0,49	0,24	0,062	0,019	0.012	0,009	0,007

λ	3,0	4,0	5,0	6,0	7,0	8,0	9,0	12	15	18
E_λ	0,009	0,008	0,014	0,03	0,08	0,21	0,4	0,7	0,74	0,8

Die Emissionsvermögen sind also im Blau sehr hoch, nehmen nach Rot hin stark ab und wachsen erst wieder jenseits von $6\,\mu$, um bei sehr langen Wellen nahezu den Wert 1 (0,81 bei $\lambda = 18\,\mu$) zu erreichen. Diese Eigenschaft erklärt die Brauchbarkeit des Auerstrumpfes bei Versuchen mit langen Wärmewellen. Die kürzeren Wärmewellen, welche bei anderen Lichtquellen überwiegen und sich störend bemerkbar machen, fehlen beim Auerbrenner fast vollkommen.

Um über den Einfluß des Ceriums auf das Leuchtvermögen des Auerstrumpfes Aufschluß zu gewinnen, untersuchte Rubens außer dem gewöhnlichen Auerstrumpf Strümpfe aus reinem Thoriumoxyd bzw. Ceriumoxyd und Strümpfe mit steigendem Cergehalt. Er kommt zu dem Resultat, daß das Ceroxyd im Glühstrumpf eine ähnliche Rolle spielt, wie ein Sensibilisator in einer photographischen Platte, indem es nur im sichtbaren Gebiet einen Absorptionsstreifen hervorbringt, während die Eigenschaften des Strumpfes an den

---

[1]) O. Lummer und E. Pringsheim. Phys. Zeitschr. 7, 89 bis 92, 1906 und ebenda 7, 189 bis 190, 1906.
[2]) H. Rubens. Ann. d. Phys. 20, 593 bis 600, 1906.

übrigen Spektralstellen unverändert bleiben. Das Optimum der Lichtwirkung tritt bei etwa 1 % Cergehalt ein. Die Abhängigkeit der Leucht-
wirkung vom Cergehalt geht aus der Tabelle 48 hervor:

Tabelle 48.

Gehalt der Strümpfe an Cer	0%	0,8%	2%	3%	5%
Emissionsvermögen rot	0,08	0,18	0,22	0,28	0,37
» blau	0,22	0,70	0,71	0,74	0,76

Diese Folgerung, ebenso die Vermutung, daß der dem Optimum
der Lichtstrahlung entsprechende Cergehalt von der Art des Gewebes
abhängig ist, wird von H. W. Fischer[1]) bestätigt, welcher unter
Benutzung des Beerschen Gesetzes zu dem Resultat gelangt, daß
die Helligkeit wesentlich nur von der in der Oberflächeneinheit enthaltenen Menge Ceroxyd abhängt.

Gemäß den Rubensschen Resultaten muß der Auerstrumpf
eine günstigere Ökonomie besitzen als selbst das Platinglühlicht
gleicher Temperatur. Nach Karrer beträgt die experimentell ermittelte photometrische Ökonomie 0,8 bei 2% Cergehalt und 1,26
bei 0,75% Cergehalt. Erhitzte man das Platin auf eine Temperatur
von 2100° abs., welche der Auerstrumpf in der nackten Bunsenflamme (2100° abs.) freilich kaum annehmen dürfte, so würde
seine photometrische Ökonomie nur 0,65 betragen, also tatsächlich
kleiner als die beobachtete sein. Der auf die gleiche Temperatur
erhitzte schwarze Körper würde eine photometrische Ökonomie von
noch geringerer Größe geben (0,3). Auch hieraus folgt, daß das Auerstrumpfmaterial nicht zur Klasse »Schwarzer Körper — Blankes
Platin« gehört. Aus diesem Grunde müssen die auf dieser Annahme
beruhenden Temperaturmessungen des Gasglühlichtes zu hohe Werte
liefern. Dies ist tatsächlich der Fall, da gemäß § 64 gefunden wurde:
$T_{max} = 2450$ und $T_{min} = 2200°$ abs.

Sollte das Auerstrumpfmaterial seine günstigen Strahlungseigenschaften auch bei noch höheren Temperaturen beibehalten,
so ließe sich durch Glühen derselben, z. B. im Knallgasgebläse, seine
Ökonomie beträchtlich steigern.

---

[1]) H. W. Fischer, Habilitationsvortrag, Breslau 1907, abgedruckt in der
Sammlung chem. und chem.-techn. Vorträge, Bd. XI, 1906, Stuttgart.

c) Drummondsches Kalklicht usw. Sehr lichtstarke Leuchtquellen erhält man, wenn man in der hohen Temperatur der Knall-
gasflamme schwerschmelzbare Substanzen, wie Zirkon (Zirkon-
licht), Kreide (Drummondsches Kalklicht) usw. erhitzt, die man
nach Einführung des elektrischen Bogenlichts heute wohl nur noch
als Projektionslampen benutzt.

Da man nichts Genaues über die Strahlungseigenschaften dieser
Körper weiß und auch die Temperatur der in diesen Flammen erhitzten Substanzen nicht kennt, so läßt sich vorläufig über die Leistungsfähigkeit dieser Leuchtquellen auf theoretischem Wege nichts.
aussagen. Es wäre wünschenswert, daß mit Hilfe des Karrerschen
Filters die photometrische Ökonomie auch dieser Lichtquellen bestimmt würde.

§ 105. Leistungsfähigkeit des positiven Kraters der Kohlen-
bogenlampe. Da es wahrscheinlich ist, daß die Kohle wie ein grauer
Körper strahlt und die Temperatur des positiven Kraters bei jedem
Druck zu bestimmen ist, so läßt sich die Leistungsfähigkeit des.
positiven Kraters aus den für die Glühlampenkohle berechneten
Ökonomien (§ 103) ermitteln. Macht man die Annahme, daß der
Krater das ganze von ihm ausgehende Licht gleichmäßig innerhalb
einer Halbkugel ausstrahlt, so erhält man die in der folgenden
Tabelle enthaltenen Werte für seine theoretische Leistungsfähigkeit,
falls alle zugeführte Energie in Strahlung umgewandelt würde, was
sicher nicht annähernd der Fall ist.

Tabelle 49.
Positiver Krater der Bogenlampe.

Druck	Abs. Temperatur	Energ. Ökonomie	Photom. Ökonomie	HK (mittl. hemisphär.) pro Watt
1 Atm.	4200⁰	31,8	9,6	12,0
2 »	4900	40,0	12,8	16,0
3 »	5200	42,0	13,8	17,3
6 »	5850	45,6	15,0	18,8
9 »	6350	47,1	15,6	19,5
12 »	6750	47,3	15,8	19,8
20 »	7560	47,1	15,6	19,5

Die Lichtemission des negativen Kraters ist bei dieser Berechnung nicht berücksichtigt, da dieser stets eine sehr viel niedrigere
Temperatur als der positive besitzt und darum zur Lichtstrahlung

relativ wenig beiträgt (§ 93). Außerdem ist auch die Größe des negativen Kraters stets kleiner als die des positiven. Die berechnete
Ökonomie der in freier Luft brennenden Bogenlampe (1 Atm.) ist
beträchtlich größer als die der technischen Bogenlampen mit un-
gefärbtem Bogen, welche wohl höchstens 2 HK mittlerer hemisphäri-
scher Lichtstärke pro Watt liefern. Daraus geht hervor, daß, wie
vermutet, bei der gewöhnlichen Bogenlampe die zugeführte Energie
nur zum geringen Teil in Strahlung umgesetzt wird[1]).

Bei vollständiger Umsetzung der zugeführten Energie würde erst
der bei einem Druck von 12 Atm. überhitzte Krater die maximalen
Werte beider Ökonomien erreichen; seine energetische Ökonomie
würde 47% betragen, seine photometrische gleich 15,8 sein und seine
technische 19,8 HK pro Watt erreichen. Eine noch höhere Erhitzung
des Kraters unter Anwendung noch größerer Drucke würde zwar
die sichtbare Strahlung und damit die Flächenhelligkeit noch steigern, die Ökonomie aber erniedrigen (§ 96 u. 97).

B. Maximale Ökonomie einer idealen Lichtquelle.

**§ 106. Bedeutung des Auges bei der Aufstellung weiterer Ziele
der Leuchttechnik.** Die energetische Ökonomie einer jeden Lichtquelle, gleichviel, ob ihre Lichtemission auf reiner Temperaturstrahlung oder auf Lumineszenz beruht, hängt lediglich von der Energieverteilung ab, welche die emittierende Substanz im Normalspektrum
besitzt. Die Temperaturstrahler senden alle ein kontinuierliches
Spektrum aus, so daß mit ihrer sichtbaren Strahlung stets auch unsichtbare Strahlung verbunden ist. Das Verhältnis beider Anteile
regelt sich im wesentlichen nach den Strahlungsgesetzen des schwarzen
Körpers, auf dessen Emissionsvermögen wir keinen Einfluß haben.
Je größer die sichtbare Strahlungsenergie im Vergleich zur unsichtbaren Strahlungsenergie ist, um so größer ist die photometrische
Ökonomie und die mit ihr Hand in Hand gehende technische Öko-
nomie. Bei der gegebenen Empfindlichkeitskurve des Auges (der
Zapfen) hängt die Lichtausbeute bei den Temperaturstrahlern also

---

[1]) Conrad (l. c. S. 217) fand für die photometrische Ökonomie des positiven Kraters der unter 1 Atm. brennenden Bogenlampe mit Homogenkohlen
den Wert 9,0, und zwar unabhängig von der Belastung. Unter gewissen Voraus-
setzungen (Näheres in der demnächst in der Annalen der Physik erscheinenden
Breslauer Dissertation) ergab sich der Umsetzungsfaktor (§ 101) zu 50 bis 60%,
und zwar steigt dieser mit der Belastung.

nur von der Temperatur der in einer Lichtquelle strahlenden Substanz ab. Für diese Strahler beschränkt sich somit das zu erreichende
Ziel lediglich darauf, die strahlende Substanz möglichst hoch zu erhitzen, die schwarz- oder graustrahlende bis 6750⁰ abs., das Metall
bis 5900⁰ abs. (§ 97).

Diesem ersten Ziel der Leuchttechnik gesellt sich ein zweites
und drittes Ziel dazu, wenn wir uns von den bekannten Temperaturstrahlern freimachen und uns ideale Strahler denken, deren Energieverteilung wir nach unserem Belieben beherrschen und herstellen
können. Bei der Aufstellung dieser weiteren Ziele und bei der Berechnung der mit einer idealen Lichtquelle maximal zu erreichenden
Ökonomie spielt die Empfindlichkeitskurve des Auges die maßgebende
Rolle. Denn um zu erfahren, wann eine Lichtquelle das absolute Maximum der photometrischen Ökonomie (100 bzw. 1) und damit die maximal erreichbare technische Ökonomie (64 HK pro Watt; § 101) liefern
würde, müssen wir unbedingt die Empfindlichkeit der Zapfen als
Ausgangspunkt nehmen und nach derjenigen Energieverteilung fragen,
bei welcher das Auge am besten ausgenutzt würde. Ersetzten wir
die Zapfenkurve, wie sie ist (§ 37), durch eine andere, so würden auch
die aufzustellenden Ziele in bezug auf Herstellung der maximalen
Ökonomie andere werden als die, welche wir bei der gegebenen Zapfenkurve erhalten. Bei der Herleitung dieser weiteren Ziele sehen wir
ganz ab von ihrer Verwirklichung und davon, ob es Lichtquellen gibt,
die diesen Zahlen angepaßt sind oder angepaßt werden können.
Erst nach Aufstellung dieser Ziele werde erörtert, ob die Natur solche
ideale Lichtquellen gezeitigt hat bzw. ob vorhandene künstliche
Lichtquellen diesen Zielen angepaßt werden können.

§ 107. Der ideale Strahler. Zweites Ziel der Leuchttechnik. Als
»ideale« Lichtquelle werde diejenige definiert, bei der die gesamte
zugeführte Energie in nur sichtbare Strahlung umgesetzt wird. Je nach der Energieverteilung im sichtbaren Spektrum wird die photometrische und somit auch
die technische Ökonomie dieses idealen Strahlers ganz
verschieden groß sein. Nur seine energetische Ökonomie
muß laut Definition stets Eins sein, da die Gesamtaus-
strahlung nur aus sichtbarer Strahlung bestehen soll. Wir wollen
der Berechnung drei Spezialfälle der Energieverteilung unterwerfen.

I. Der ideale Temperaturstrahler. Aus dem gewöhnlichen
Temperaturstrahler würde der »ideale« entstehen, wenn sein Absorptionsvermögen künstlich für alle unsichtbaren Strahlenarten

gleich Null gemacht werden könnte, während dasjenige für die sichtbaren Strahlen ungeändert bliebe. Für diesen idealen Temperaturstrahler wäre also die Energieverteilung im sichtbaren Spektralgebiet diejenige der gewöhnlichen Temperaturstrahler und damit eine Funktion seiner Temperatur. In den Tabellen 50 und 51 sind die Werte der photometrischen und technischen Ökonomie angegeben

Tabelle 50.

Schwarzer Körper (Kohlefaden).

Absolute Temperatur	Gewöhnlicher Strahler		Idealer Temperaturstrahler	
	Photometrische Ökonomie	Technische Ökonomie HK_0 pro Watt	Photometrische Ökonomie	Technische Ökonomie HK_0 pro Watt
2000°	0,226	0,141	12,2	7,6
2146	0,40	0,250	13,4	8,3
2330	0,80	0,50	15,8	9,8
2500	1,17	0,73	17,3	10,8
4200	9,60	6,0	30,1	18,8
6750	15,80	9,9	33,4	20,9
8000	15,35	9,6	34,3	21,5

Tabelle 51.

Metall (Wolframfaden).

Absolute Temperatur	Gewöhnlicher Strahler		Idealer Temperaturstrahler	
	Photometrische Ökonomie	Technische Ökonomie HK_0 pro Watt	Photometrische Ökonomie	Technische Ökonomie HK_0 pro Watt
2000'	0,41	0,20	13,1	6,4
2230	1,02	0,5	17,4	8,5
2523	2,04	1,0	19,6	10,4
3400	7,15	3,5	27,4	13,4
4200	12,00	5,9	31,3	15,4
5900	16,35	8,0	33,6	16,5
7000	15,20	7,5	33,0	16,2

für den idealen schwarzen und den idealen metallischen Temperaturstrahler. Zum Vergleich sind die Werte beider Ökonomien für die gewöhnlichen analogen Temperaturstrahler Kohle bzw. Wolfram mitgeteilt (§ 103). Aus den Tabellen ersieht man, daß diese idealen Temperaturstrahler, zumal bei relativ niedrigen Temperaturen, eine bedeutend größere Ökonomie aufweisen würden als die analogen gewöhnlichen Temperaturstrahler. Könnte man den Kohlefaden der Glühlampe zwingen, nur sichtbare Strahlung auszusenden, so würde sie also bei ihrer Normaltemperatur (2150° abs.) rund

8,3 HK_0 pro Watt aussenden, also die 30 fache Ökonomie besitzen,
da die Kohle in Wirklichkeit nur 0,25 HK_0 pro Watt liefert.
Auch der Wolframfaden von 2500° abs. würde in seiner Ökonomie
auf etwa das 10 fache gesteigert werden. Ob diese Substanzen je zu
idealen Temperaturstrahlern umgewandelt werden können? Wer
wollte dieser Frage die Antwort im voraus erteilen!

Es ist durch die Gesetze der Temperaturstrahler bedingt, daß
mit steigender Temperatur der ideale dem realen nicht mehr so
weit überlegen ist, da mit ihr das Energiemaximum immer mehr
in das sichtbare Gebiet rückt. Dementsprechend beträgt die maximale technische Ökonomie (21,5 HK_0 pro Watt bzw. 16,5 HK_0 pro
Watt) des idealen etwa nur das Doppelte des realen Temperaturstrahlers.
Die Zahlenwerte für die photometrische Ökonomie des idealen Temperaturstrahlers und die Temperatur, bei welcher der Maximalwert
erreicht wird, hängen ebenso wie die berechneten Werte für die energetische Ökonomie (§ 96) ab von den Grenzwellenlängen, die man für
das sichtbare Spektralgebiet ansetzt. Außerdem geht aber in die
Berechnung der photometrischen Ökonomie sowohl der gewöhnlichen
wie des idealen Strahlers auch noch die Form der Zapfenkurve
ein. Die angegebenen Werte sind unter Benutzung der in Fig. 25
§ 37 abgebildeten Benderschen Zapfenkurve gewonnen worden.
Von dieser weicht die Ivessche Zapfenkurve (§ 100) fast nur im blau-
violetten Spektralgebiet ab. Unter Benutzung dieser Zapfenkurve
an Stelle der Benderschen müssen demnach die berechneten Werte
für die photometrische Ökonomie zumal bei hohen Temperaturen
andere werden. Es ist mit Freuden zu begrüßen, daß A. R. Meyer[1])
die Berechnungen unter Zugrundelegung beider Zapfenkurven durchgeführt hat. Aus diesen geht nämlich hervor, daß die an und für sich
geringfügig erscheinenden Abweichungen zwischen den Zapfenkurven
verschiedener Beobachter einen relativ großen Einfluß zumal auf
die Lage des Maximalwertes der photometrischen Ökonomie ausüben.

2. Die Energieverteilung sei konstant, d. h. der ideale
Strahler soll für alle sichtbaren Wellen das gleich große Emissionsvermögen besitzen. Hier sind wir von der Temperatur ganz
unabhängig und damit von der Art der Erregung, d. h. davon, ob die Emission der Temperaturstrahlung oder der Lumineszenz
angehört. Eine Berechnung lehrt, daß dieser ideale Strahler die photometrische Ökonomie 34,5 besitzt und demgemäß 22 HK_0 pro Watt liefert.

---

[1]) Loc. cit. S. 208.

3. Die Energiekurve sei proportional der Zapfenkurve, d. h. von der gleichen Form wie die Empfindlichkeitskurve der Zapfen. Auch hier sind wir von der Art der Erregung ganz unabhängig. Dieser ideale Strahler hat stets die energetische Ökonomie Eins (100%) und besitzt die hohe photometrische Ökonomie 70, welcher 45 HK_0 pro Watt entsprechen.

Alle diese verschiedenen Typen des idealen Strahlers senden »weißes« Licht aus, da ihre Emission alle Lichtwellen umfaßt. Nur die Qualität dieses »Weiß« ist bei jedem eine andere; beim idealen Temperaturstrahler notwendig dasjenige Weiß, welches der gewöhnliche Temperaturstrahler gleich hoher Temperatur aufweist.

Es ist nicht ausgeschlossen, daß es noch einen Typ des idealen Strahlers gibt, der ökonomischer leuchtet, als selbst der dritte Typ, der eine Energieverteilung von der gleichen Form wie die Zapfenkurve besitzt.

§ 108. Maximal ideale Lichtquelle. Drittes Ziel der Leuchttechnik. Da unsere Zapfen am empfindlichsten für Gelbgrün sind, so würden wir die gegebene Empfindlichkeit unseres Auges am besten ausnutzen, wenn wir eine Lichtquelle konstruieren könnten, welche die ganze zugeführte Energie in nur gelbgrüne Strahlung umwandelte. Einen solchen Strahler wollen wir als »maximal idealen« definieren. Erst mit dieser »farbigen« Lichtquelle sind wir imstande, das absolute Maximum der photometrischen Ökonomie (100) zu erreichen und damit das dritte und letzte Ziel der Leuchttechnik in bezug auf die Leistungsfähigkeit zu verwirklichen. Da der maximal ideale Strahler ,um eine endliche Menge von Lichtenergie zu liefern, notwendig einen endlichen Spektralbezirk emittieren muß, so wird seine Ökonomie notwendig von der Breite des emittierten Bezirks und der Energieverteilung innerhalb desselben abhängen. Wir setzen willkürlich fest, daß er das Spektralgebiet von 0,544 μ bis 0,558 μ emittiere, innerhalb dessen die Empfindlichkeit des Auges vom maximalen Wert bei 0,55 μ nach beiden Seiten um nur 1% abnimmt. Hier genüge es, die beiden Fälle zu erörtern, erstens daß die Energieverteilung gleich derjenigen des schwarzen Körpers innerhalb 0,544 μ bis 0,558 μ ist und zweitens, daß die Emission für alle diese Wellen den gleichen Wert besitzt.

1. Der maximal ideale Temperaturstrahler. Dieser würde aus dem gewöhnlichen Temperaturstrahler hervorgehen, wenn sein Absorptionsvermögen für alle Wellen größer als 0,558 μ und kleiner

als 0,544 μ gleich Null wäre, dasjenige für den Spektralbezirk 0,544 μ bis 0,558 μ aber ungeändert bliebe. Die Berechnung seiner photometrischen Ökonomie führt zu den in Tabelle 52 angegebenen Werten. Zum Vergleich sind wieder die Ökonomiewerte des gewöhnlichen Temperaturstrahlers (Schwarzer Körper) angegeben. Wie man sieht, würde der maximal ideale Temperaturstrahler das absolute Maximum der photometrischen Ökonomie (100) schon bei 2000° abs. erreichen. Die kleinen Schwankungen um den Wert 100 herum bei höheren Temperaturen liegen innerhalb der Fehlergrenze der Berechnung (infolge der graphischen Integration).

Tabelle 52.

Absolute Temperatur	Photometrische Ökonomie		Steigerung
	Maximal Idealer Strahler	Gewöhnlicher Strahler	
1000°	75,5	$1,92 \times 10^{-5}$	$39,4 \times 10^5$
1500	97,8	0,0116	84×10^2
2000	101,0	0,225	450
3000	100,2	3,11	32,0
4000	100,0	8,44	11,8
5000	101,8	13,20	7,6
6000	100,0	15,20	6,6
7000	100,0	15,80	6,3
8000	102,5	15,37	6,5

2. Der maximal ideale Strahler mit konstantem Emissionsvermögen für alle Wellen innerhalb 0,544 μ bis 0,558 μ. Dieser maximal ideale Strahler ist ganz unabhängig von der Art der Erregung, durch welche man die vorgeschriebene Emission bewirkt, also auch unabhängig von der Temperatur. Bei welcher Temperatur seine Leuchtsubstanz auch glüht, stets würde er das absolute Maximum der photometrischen Ökonomie 100 besitzen.

Es entsteht die interessante und abschließende Frage: Welcher Wert der technischen Ökonomie (HK$_0$ pro Watt) entspricht dem Wert 100 des absoluten Maximums der photometrischen Ökonomie, der beim maximal idealen Strahler wirklich erreichbar ist. Dieser Frage ist schon einmal die Antwort erteilt worden (§ 101) und zwar gelangte man zu ihr auf folgende Weise: Man ermittelte für den schwarzen

Körper bei der Temperatur 1735⁰ abs. das Verhältnis seiner gesamten Leuchtkraft zur gesamten ausgestrahlten Energie, welches identisch sein muß mit der technischen Ökonomie eines schwarzen oder grauen Strahlers mit dem Umsetzungsfaktor Eins (§ 101). Außerdem wurde bei gleicher Temperatur (1735⁰ abs.) die photometrische Ökonomie des schwarzen Körpers durch Rechnung ermittelt und auf Grund der Proportionalität zwischen der photometrischen und technischen Ökonomie derjenige Wert der letztern gefunden, welcher dem absoluten Maximum 100 der photometrischen Energie entspricht. Es ergab sich für die äquivalente technische Ökonomie der maximale, überhaupt erreichbare Wert 63,8 HK mittlerer räumlicher Lichtstärke pro Watt. In anderen Worten: Das absolute Minimum an Energie, welches eine Lichtquelle erheischt, um 1 HK mittlerer räumlicher Lichtstärke zu liefern, beträgt noch immer 0,0156 Watt.

Man kommt zum Wert dieses Zahlenverhältnisses auch unter Zugrundelegung einer beliebigen Lichtquelle anstatt des schwarzen Körpers, gleichviel, ob diese auf Temperaturstrahlung oder Lumineszenz beruht, wenn man für sie die Größe des Umsetzungsfaktors kennt. Man ermittelt für die Lichtquelle auf experimentellem Wege die Werte der technischen und photometrischen Ökonomie, wobei man auch bei Temperaturstrahlern der Bestimmung ihrer Glühtemperatur überhoben ist. Mit Hilfe des auf irgendeine Weise festgestellten Umsetzungsfaktors berechnet man die technische Ökonomie, welche der vollkommenen Umsetzung der zugeführten in ausgestrahlte Energie entsprechen würde und schließt hieraus, wie wir es beim schwarzen Körper auch tun mußten, auf diejenige beim absoluten Maximum 100 der photometrischen Ökonomie. Dies wurde für die Kohlefadenglühlampen durchgeführt unter der Annahme, daß bei beiden Kohlesorten der Umsetzungsfaktor tatsächlich genau gleich Eins sei (§ 101). Der sich ergebende Wert 62,8 HK_0 pro Watt für das Zahlenverhältnis spricht für die Richtigkeit dieser Annahme.

Dieses Zahlenverhältnis hat insofern eine mechanische Bedeutung, als es die Beziehung zwischen verbrauchter Energie und gelieferter Leuchtkraft in mechanischem Maße angibt. Als »mechanisches Lichtäquivalent« bezeichnete man früher das Verhältnis der Leuchtkraft zur gesamten sichtbaren Energie, ermittelt für die Hefnerlampe[1]). Indem man diesen für die Hefnerlampe eindeutigen Be-

---

[1]) Tumlirz. Wied. Ann. **38**, 640 bis 662, 1899. — K. Angström. Phys. Zeitschr. **5**, 456, 1904.

griff auf andere Lichtquellen übertrug, z. B. auf die Glühfäden der Glühlampe, bei welcher die Belastung variierbar ist, verlor er an Eindeutigkeit. Denn nach dem Vorangegangenen ist ersichtlich, daß der Zahlenwert dieses mechanischen Lichtäquivalents sich mit dem Glühzustande des Leuchtfadens der Glühlampe ändert. Nur dem auf obige Weise erhaltenen Zahlenwert kommt Eindeutigkeit, und zwar laut Definition zu. In neuerer Zeit ist seine Größe mehrfach von anderer Seite bestimmt worden. Es erhielten Ives und Kingsbury[1]) den Wert 55,5; A. R. Meyer[2]) den Wert 72,5 und Langmuir[3]) den Wert 73 $\frac{HK_0}{Watt}$. Diese Unterschiede erklären sich zum größten Teil durch die benutzten Werte für die Strahlungskonstanten, bei deren Auswahl man leider noch ziemlichen Spielraum hat.

Diese maximale Leistungsfähigkeit von rund 64 HK pro Watt läßt sich tatsächlich verwirklichen, wenn es gelingt, die unter 1. und 2. dieses Paragraphen definierten maximal idealen Strahler in die Praxis umzusetzen. Beim Typus Nr. 1 hat die Temperatur noch einen Einfluß, der beim Typus Nr. 2 ganz wegfällt. Für ersteren folgt aus der Tabelle 52, welche gewaltige Steigerung der Leistungsfähigkeit erzielt werden könnte, wenn es gelänge, z. B. den Faden der gebräuchlichen Glühlampen zum maximal idealen Strahler umzuwandeln. Dieser freilich nur gelbgrünes Licht aussendende Glühfaden würde schon bei der niedrigen Temperatur von 2000° das überhaupt erreichbare Maximum von 64 HK_0 pro Watt liefern.

Diese maximale Leistungsfähigkeit kann mit keiner Lichtquelle überschritten werden, solange unser Auge seine Empfindlichkeit beibehält, wie sie durch die Zapfenkurve festgelegt ist. Damit sind wir an der Grenze der Leistungsfähigkeit angelangt, welche der Leuchttechnik gesetzt ist: Mehr als 64 HK_0 pro Watt kann niemals eine Lichtquelle liefern.

§ 109. Leistungsfähigkeit der Feuerfliege. Die Natur hat Lichtquellen erzeugt, deren Emission unserem Auge bedeutend besser angepaßt ist als die der sämtlichen zur Temperaturausstrahlung gehörigen Lichtquellen. In Fig. 86 ist die Energieverteilung der von einigen Feuerfliegen emittierten Strahlung reproduziert, wie sie

---

[1]) Ives und Kingsbury. Electrical World 66, 1101, 1915.
[2]) A. R. Meyer, l. c. S. 208.
[3]) Langmuir. Electrical World 66, 1016, 1915.

von Coblentz[1]) experimentell ermittelt worden ist, zugleich mit der
Energieverteilung des Kohlefadens einer normal beanspruchten Glühlampe. Die Wellenlängen sind als Abszissen in μ aufgetragen. Aus
der Figur erkennt man, daß die Emission dieser Feuerfliegen ihr
Maximum innerhalb des Wellenlängegebiets von 0,52 μ bis 0,62 μ
besitzt, also mehr oder weniger da, wo unsere Zapfen am empfindlichsten
sind. Man kann also ohne weiteres schließen, daß hier das zweite
Ziel der Leuchttechnik fast in seinem vollen Umfange erreicht ist,

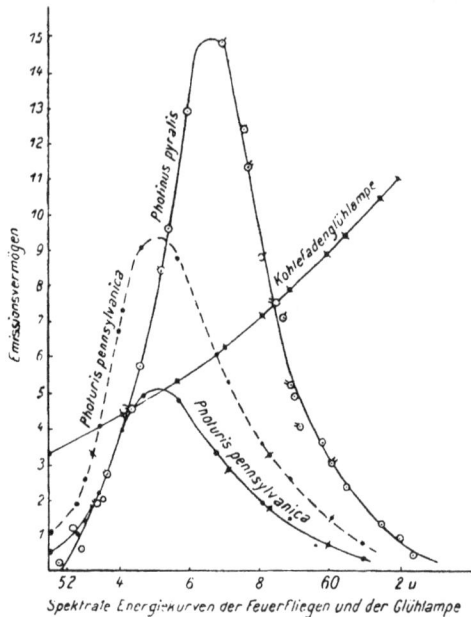

Spektrale Energiekurven der Feuerfliegen und der Glühlampe

Fig. 86.

da auch die Energieverteilung im großen ganzen der Form der Zapfenkurve angepaßt ist.

　　In Fig. 87 bedeutet die durch die Kreuze gezogene Kurve die
beobachtete Energieverteilung der Feuerfliege »Photuris pennsyl-
vanica«. Die durch die Kreise gezogene Kurve ist gewonnen worden,
indem man die beobachtete Energie jedes Wellenlängenbezirks
E_λ mit der Zapfenempfindlichkeit ε_λ für diesen Bezirk multipli-
zierte (§ 37). Das Verhältnis der Inhalte der durch beide Kurven und
die Abszissenachse eingeschlossenen Flächen gibt somit den Wert
der photometrischen Ökonomie dieser Feuerfliege. Er beträgt rund 90:

---

[1]) W. W. Coblentz. Phys. Zeitschr. **12**, 917 bis 920, 1911.

Hier hat die Natur also fast das absolute Maximum
der Ökonomie erreicht, welches ein idealer Strahler
überhaupt annehmen kann.

Sicher haben wir es bei den Feuerfliegen mit sog. »kalten« Lichtquellen zu tun, wo die Erregung jedenfalls nicht die Folge hoher Er-

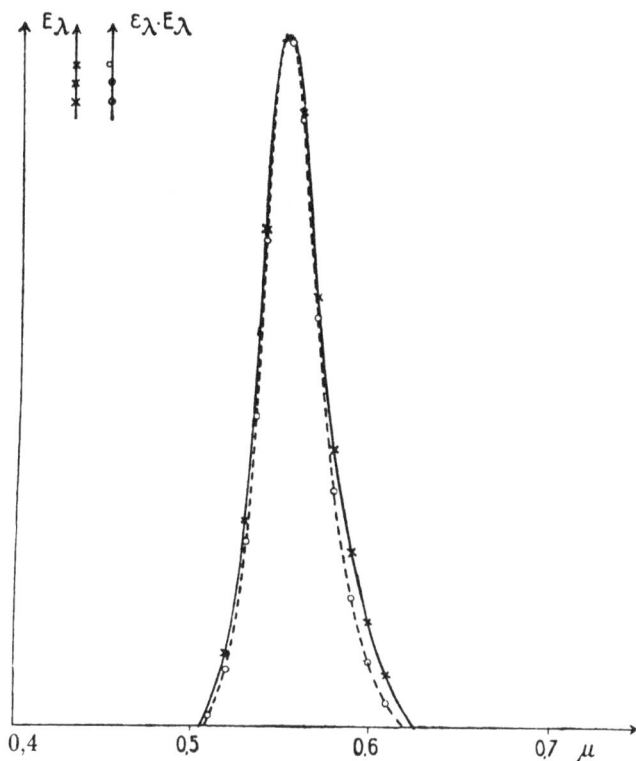

Fig. 87.

hitzung ist. Auf welche Weise hier die Emission zustande kommt,
ist uns noch unbekannt. Jedenfalls aber dürfte sie der Lumineszenzstrahlung zuzuschreiben sein. Wie weit wir bei der Glühlampe von
diesem hohen Ziel, Licht ohne Wärme zu erzeugen, noch entfernt
sind, zeigt die in Fig. 86 gleichzeitig reproduzierte Energieverteilung
des Kohlefadens, dessen maximale Strahlung im Unsichtbaren
(bei etwa 1,3 μ) gelegen, so daß seine sichtbare Strahlung im Vergleich
zur Gesamtstrahlung energetisch kaum in Betracht kommt.

**§ 110. Methoden zur Untersuchung der Erregungsart einer Licht-
quelle (Temperaturstrahlung oder Lumineszenz?).** a) Temperatur-

16*

strahlung. Die Entscheidung, ob die Strahlung einer Lichtquelle
zur reinen Temperaturstrahlung gehört, kann nur durch Beantwortung der Frage erbracht werden, ob ihre Strahlung dem Kirchhoffschen Gesetze von der Emission und Absorption des Lichtes (§ 47)
auch quantitativ gehorcht. Denn faßt man den Vorgang der Emission und Absorption als Resonanzphänomen auf, so wird auch bei
der Lumineszenzstrahlung das Emissionsvermögen dem Absorptionsvermögen proportional sein, wenigstens bezogen auf die gleiche Wellenlänge, während bei der Temperaturstrahlung das Verhältnis beider
Vermögen notwendig gleich dem Strahlungsvermögen
des absolut schwarzen Körpers sein muß, bezogen auf die
gleiche Wellenlänge und Temperatur. Diese quantitative Prüfung
des Kirchhoffschen Gesetzes ist neuerdings an der ungefärbten
und gefärbten Bunsenflamme gelungen. Darum werde die ihr zugrunde liegende Methode und ihre Durchführung auch an der Strahlung einer Flamme erläutert.

Man mißt für die emittierte Strahlung von der Wellenlänge λ
das Emissionsvermögen E_λ und das zugehörige Absorptionsvermögen
A_λ und berechnet unter Benutzung der Planckschen Spektralgleichung für den schwarzen Körper die »spezifische« Temperatur
T_1 der Lichtquelle. Das ist die Temperatur, bei welcher das Emissionsvermögen $(S_\lambda)_{T_1}$ des schwarzen Körpers gleich dem beobachteten
Verhältnis (E_λ/A_λ) ist. Außerdem mißt man die thermische Temperatur T der Lichtquelle. Ist $T = T_1$, so gehorcht diese quantitativ dem Kirchhoffschen Gesetze:

$$(S_\lambda = E_\lambda/A_\lambda)\, T,$$

wo alle Größen sich auf die gleiche Wellenlänge λ und die gleiche
Temperatur T beziehen (§ 47).

Die spezifische Temperatur T_1 z. B. einer farbig leuchtenden
Flamme findet man nach Féry wie folgt: Man betrachtet im Spek-
trometer das kontinuierliche Spektrum des schwarzen Körpers,
dessen Strahlen die gefärbte Flamme durchsetzt haben und ändert
die Temperatur des schwarzen Körpers, bis die farbige Spektrallinie der Flamme sich weder hell noch dunkel vom kontinuierlichen
Spektrum abhebt (»Umkehrungsmethode«). Beim »Verschwinden«
der Linie im Spektrum emittiert die Flamme ebensoviel Energie
wie sie absorbiert. Die gemessene Temperatur T_1 des »umkehrenden«
schwarzen Körpers ist demnach gleich der spezifischen Temperatur
der Flamme für die untersuchte Farbe (λ).

Die Bestimmung der wahren thermischen Flammentemperatur T geschieht auf folgende Weise[1]). Man führt in die gefärbte Flamme einen festen Körper (z. B. einen Platindraht) ein und schließt aus dessen Strahlung oder aus seiner Flächenhelligkeit auf seine Temperatur, indem man durch künstliches Nachheizen (Joulesche Wärme) dafür sorgt, daß der eingeführte Draht sich im Temperaturgleichgewicht mit der Flamme befindet. Nur wenn diese thermische Temperatur gleichzeitig und zwar an der gleichen Stelle der Flamme mit der spezifischen Umkehrtemperatur T_1 gemessen worden ist, kann aus den Messungen ein eindeutiger Schluß auf die quantitative Gültigkeit des Kirchhoffschen Gesetzes gezogen werden[2]).

Der erste, welcher die Bestimmung beider Temperaturen gleichzeitig und zwar für die unsichtbare Strahlung der Bunsenflamme (Kohlensäurebande usw.) ausführte, war H. Schmidt. Da beide Temperaturen miteinander innerhalb der Beobachtungsfehler übereinstimmen, so folgt, daß die unsichtbare Strahlung der Bunsenflamme tatsächlich dem Kirchhoffschen Gesetze quantitativ gehorcht, d. h. daß ihre Strahlung wenigstens im Ultrarot zur reinen Temperaturstrahlung gehört.

Es kam aber ferner darauf an, zu untersuchen, ob auch die gefärbte Bunsenflamme, welche Linienspektra im Sichtbaren aussendet, dem Kirchhoffschen Gesetze quantitativ gehorcht. Diese Untersuchungen sind neuerdings mit der größten erreichbaren Genauigkeit von H. Kohn[3]) durchgeführt worden. Die spezifische Temperatur wurde mittels der Umkehrmethode, die thermische Temperatur an der Umkehrungsstelle des Dampfes aus der Helligkeit eines eingeführten und elektrisch nachgeheizten Platinrhodiumdrahtes ermittelt. Es wurde einwandfrei festgestellt, daß in einem Temperaturintervall von 900^0 bis 1800^0 C (Flammen verschieden hoher Temperatur wurden künstlich hergestellt) die spezifische und

[1]) F. Berkenbusch. Wied. Ann. **67**, 649, 1899. — Hans Schmidt. »Prüfung d. Strahlungsgesetze der Bunsenflamme.« Inaug.-Diss. Berlin 1909, s. a. Ann. d. Phys. **29**, 1027, 1909.

[2]) Ch. Féry. Compt. rend. **137**, 909, 1903. — F. Kurlbaum und G. Schulze. »Temperatur nichtleuchtender mit Metallsalzen gefärbter Flammen.« Verh. d. Deutsch. Phys. Gesellsch. S. 239, 1906. — E. Bauer, Recherches sur le rayonnement, Thèses, Paris, Gauthier-Villars, p. 129, 1912, auch Sur le rayonnement et la température des flammes, Le Radium, t. VI, p. 2, 1909.

[3]) H. Kohn. »Über das Wesen der Emission der in Flammen leuchtenden Metalldämpfe.« Inaug.-Diss. Breslau 1913; s. a. Ann. d. Phys. (4) **44**, 749 bis 782, 1914.

die thermische wahre Flammentemperatur miteinander bis auf etwa 10° genau übereinstimmen. Diese Versuche zeitigten also die beiden wichtigen Resultate: Erstens, daß auch das farbige Leuchten der mit verschiedenen Salzen (Alkalisalzen) gefärbten Bunsenflamme auf reiner Temperaturstrahlung beruht und zweitens, daß die Umkehrmethode die wahre thermische Temperatur dieser Flamme liefert. Die wahre Temperatur der nichtleuchtenden Bunsenflamme, wie sie durch den Meker-Brenner (»Bec-Méker«) erzeugt wird, beträgt ca. 2100° abs.

Die quantitative Prüfung des Kirchhoffschen Gesetzes läßt sich also überall da durchführen, wo man die spezifische und wahre (thermische) Temperatur der in der Lichtquelle strahlenden Substanz messen kann. Da die ihr zugrundeliegende Methode die Verwirklichung der schwarzen Strahlung und die Kenntnis ihrer Gesetze voraussetzt, so konnte sie erst relativ spät in Benutzung genommen werden, so daß man lange im Dunklen tappte und die Frage, ob die Emission von Spektrallinien auf reiner Temperaturstrahlung oder auf Lumineszenz beruht, nicht an den interessierenden Strahlungsquellen selbst untersuchte, sondern dadurch entscheiden wollte, daß man untersuchte, ob Gase und Dämpfe durch bloße Temperaturerhöhung z. B. durch Erhitzung in einem Ofen zur Emission eines Linienspektrums gebracht werden konnten[1]). Pringsheim kam zu dem Resultate, daß, soweit es sich um emittierte Linienspektra handelt, diese ihre Entstehung der Lumineszenz (Chemilumineszenz) verdanken. Die wirkliche Entscheidung konnte auch hier nur dadurch herbeigeführt werden, daß man prüfte, ob auch die im Ofen zum Leuchten gebrachten Dämpfe dem Kirchhoffschen Gesetze quantitativ gehorchen. Dies ist Gibson[2]) auf folgendem Wege gelungen. Er brachte ein Quarzgefäß, welches mehrmals destillierten Thalliumdampf enthielt, in den schwarzen Hohlraum und beobachtete das Verschwinden der grünen Thalliumlinie auf dem kontinuierlichen Spektrum der schwarzen Strahlung. Er konnte so die thermische und die spezifische Temperatur des Thalliumdampfes feststellen und quantitativ prüfen, ob das Kirchhoffsche Gesetz erfüllt ist. Die thermische Temperatur des Dampfes ist stets gleich derjenigen des Hohlraums; das Verschwinden der Thalliumlinie ist ein Zeichen

---

[1]) E. Pringsheim. Ann. d. Phys. **145**, 428, 1892 und **51**, 1894.

[2]) G. E. Gibson. »Über eine monochromatische Temperaturstrahlung des Thalliumdampfes.« Inaug.-Dissert. Breslau 1911. Phys. Zeitschr. **12**, II, S. 145 bis 148, 1911.

dafür, daß die spezifische Temperatur des Dampfes gleich der thermischen ist. Durch diese eleganten Versuche Gibsons ist also einwandfrei festgestellt, daß das farbige Leuchten auch der
im Ofen erhitzten Gase auf reiner Temperaturstrahlung
beruht.

b) Lumineszenzstrahlung. Der folgenden Betrachtung
wollen wir das Leuchten der Gase im Geißlerschen Rohre zugrunde
legen. Hier dürfte die Erregung auf Elektrolumineszenz beruhen
(§ 20). Bei der Anwendung der unter a) beschriebenen Methode
zur quantitativen Prüfung des Kirchhoffschen Gesetzes auf diese
infolge von Lumineszenz strahlenden Gase oder Dämpfe stößt man
auf die Schwierigkeit, die thermische Temperatur exakt zu messen,
insoweit wir sie mit der kinetischen Energie der ungeordneten
Molekularbewegung identifizieren. Wo diese aber nicht zugleich
mit der nach der Umkehrungsmethode zu messenden spezifischen
Temperatur bestimmt werden kann, versagt die unter a) dargelegte
Methode.

Bei der Geißlerschen Röhre erhält man aus der Messung der
Energiemenge der emittierten Spektrallinien eine hohe spezifische
Temperatur. Aus der niedrigen Temperatur des Rohres kann man
wohl mit Recht schließen, daß auch die »thermische« Temperatur
des leuchtenden Gases gering ist, und daß somit dieses Leuchten zur
Lumineszenzstrahlung gehört. Übrigens liegt auch eine Messung
der Temperatur der im Geißlerrohre leuchtenden Gase (Helium,
Krypton usw.) vor. Diese beruht auf der Beobachtung der »Breite«
der emittierten Spektrallinien mit Hilfe eines Interferometers. Die
von Fabry und Buisson[1]) gemessene Linienbreite stimmt mit der
nach dem Dopplerschen Prinzip berechneten Breite überein, wenn
man die thermische Temperatur des leuchtenden Gases gleich 500° C
setzt. Da die spezifische Temperatur aber sehr viel höher ist, so gehorchen also die in Geißlerschen Röhren leuchtenden Gase und
Dämpfe dem Kirchhoffschen Gesetze nicht, d. h. ihre Emission gehört der Lumineszenz an.

Dieser Schluß dürfte überall da richtig sein, wo die Leuchtsubstanz intensives Licht liefert, ohne auf die Temperatur der Rotglut
(500° C etwa) erhitzt zu sein oder wo sie sogar im »kalten« Zustand
zum Leuchten kommt. Dies ist auch der Fall, wenn feste Körper oder
Dämpfe bei sehr niedrigen Temperaturen durch Resonanz infolge

---

[1]) Fabry und Buisson. Journ. de Phys. **5**, 2, 442 bis 464, 1912.

auffallender Lichtwellen zur Emission sichtbarer Spektrallinien erregt werden. In allen diesen Fällen ist die spezifische Temperatur größer als die thermische, die Strahlung also eine Folge von Lumineszenz. Dieser Schluß gilt auch für alle »Lumineszenzlampen«, bei denen die Substanz durch den Aufprall von Kathodenstrahlen im Kathodenstrahlrohr zum Leuchten kommt, ohne eine hohe Temperatur anzunehmen (§ 29). Zu ihnen gehört auch das Fluoreszenzleuchten der Glaswand im Röntgenrohr. Während man früher allgemein glaubte, daß die Strahlung einer solchen Lumineszenzlampe unter besonders günstigen Umständen eine außerordentlich hohe Ökonomie erreichen kann (nach Ebert sollen 25000 HK pro Watt erreichbar sein), wissen wir jetzt, daß diese Vermutung sicher falsch ist, da keine Lichtquelle über 64 HK pro Watt liefern kann (§ 101).

Bei den im Bogen der Bogenlampen (Kohlebogen und Quecksilberbogen) zum hellen Leuchten erregten Dämpfen ist die spezifische Temperatur sicher sehr hoch. Es ist aber meines Wissens bis heute noch keine einwandfreie Methode gefunden worden, um die wahre thermische Temperatur in diesen elektrischen Lichtbögen zu ermitteln (§ 112). Also kann man bei diesen und bei allen Lichtquellen, deren thermische Temperatur nicht zu bestimmen ist, auch nicht entscheiden, ob die in ihnen leuchtenden Substanzen durch bloße Temperatur oder durch Lumineszenz zum Leuchten erregt werden.

§ 111. **Strahlungseigenschaften und Leistungsfähigkeit der Quecksilberbogenlampe.** Man unterscheidet Niederdruck- und Hochdruckquecksilberdampflampen. Es mögen zunächst einige Messungsresultate angegeben werden über die Abhängigkeit der technischen Ökonomie (HK pro Watt) von der Stromstärke, der Spannung und dem Druck, bei welchem der Quecksilberdampf leuchtet. Diese Daten sind aus Tabelle 53 zu ersehen[1]). Die unter dem Horizontalstrich angegebenen Resultate entsprechen einer zweiten Beobachtungsreihe.

Sie zeigen, daß die Spannung anfangs mit der Stromstärke nur langsam ansteigt, um dann sehr schnell anzuwachsen. Die technische Ökonomie weist ein Minimum bei etwa 50 Volt Spannung und einigen Zentimetern Hg-Druck auf, welches den Übergang von der Niederdruck- zur Hochdruckdampflampe markiert, insofern von da ab sowohl die Spannung als auch die technische Ökonomie sehr schnell mit dem Druck und der Belastung (Volt × Ampere)

---

[1]) Küch und Retschinsky. Ann. d. Phys. **20**, 563 bis 583, 1906.

anwächst. Die Drucke werden mittels eines Manometers gemessen, die Temperaturen mittels eines in den leuchtenden Dampf eingeführten Thermoelements. Inwieweit das Manometer die wahren Drucke

Tabelle 53.

Volt	Ampere	Druck in cmHg	Technische Ökonomie in $\frac{HK}{Watt}$
27	1,90	—	1,30
36	2,78	0,2	1,15
40	3,15	0,6	1,08
60	4,1	3,8	1,65
96	4,5	19,1	3,35
114	4,5	29,5	3,98
132	4,5	42,6	4,55
154	4,8	58,7	5,20
188	4,8	89,0	5,60
202	4,8	100,5	5,75
150	5,0	60,8	5,22
201	4,6	104,0	5,67
249	4,4	150,0	5,85

und das Thermoelement die wahren Temperaturen des Dampfes anzeigt, entzieht sich meiner Beurteilung. Die so gemessenen Temperaturen sind aus Tabelle 54 ersichtlich.

Tabelle 54.

Volt	Ampere	Temperatur
30	4,00	635° C
43	4,03	1075 C
51	4,00	1475 C
62	4,00	1710 C

Bei rund 60 Volt, entsprechend einem Druck von rund 4 cm Hg, beträgt hiernach die Temperatur rd. 1700° C. Extrapolierte man diese Beziehung zwischen Spannung und Temperatur, so würde bei 175 Volt, entsprechend einem Druck von rd. 1 Atm., die thermische Temperatur rd. 5000° C betragen.

Faßt man die Strahlung der Hg-Lampe als reine Temperaturstrahlung auf, so kann man anderseits diese Temperatur berechnen und zwar aus der gemessenen Energie (in Erg) einer Hg-Linie unter

Zugrundelegung der Planckschen Spektralgleichung. R. Ladenburg erhielt nach persönlicher Mitteilung auf diese Weise als Temperatur für die Hg-Linie einen Wert von der Größenordnung 18000° abs.

So ungenau diese Temperaturbestimmungen auch sein mögen,
so übertrifft doch die energetisch erschlossene Temperatur die durch
das Thermoelement gemessene thermische Temperatur so bedeutend,
daß daraus allein auf Lumineszenzstrahlung geschlossen werden muß.
Gestützt wird dieser Schluß durch mancherlei andere Tatsachen.
Denn auch abgekühlt bis auf die Temperatur der flüssigen Luft
(—191° C) leuchtet der Hg-Dampf mit beträchtlicher Lichtstärke.
Außerdem liefert die Niederdruckdampflampe mit Wasserkühlung
(§ 20) so feine Spektrallinien, wie man sie bei der gefärbten, auf
Temperaturstrahlung beruhenden Bunsenflamme niemals erhält.
Daß die emittierten Linien bei der Hochdruckdampflampe verbreitert
sind und diese sogar ein schwachleuchtendes kontinuierliches Spektrum aussendet, steht in Übereinstimmung mit den im § 29 dargelegten Erläuterungen über den Einfluß der Dichte eines Dampfes
auf die Emission. Ob die Verbreiterung der Linien auch auf die
bei höherem Druck durch Messung gefundene höhere Temperatur
zurückzuführen ist, entzieht sich meiner Beurteilung. Daß die Temperatur jedenfalls einen gewissen, wenn auch geringen Einfluß auf die
Emission ausübt, scheint daraus hervorzugehen, daß mit wachsender
Belastung die Energie des schwachen kontinuierlichen Spektrums
und auch einiger Spektrallinien im Violett stärker ansteigt als im Rot.

Auf Grund dieser Messungen kann also die Frage nicht entschieden werden, ob das Dampfleuchten der Quecksilberlampe
zur Temperaturstrahlung oder zur Lumineszenz gehört. Jedenfalls kann die Quecksilberdampflampe in bezug auf Ökonomie
zu der Klasse der idealen Lichtquellen gerechnet werden, wie aus
den Karrerschen Messungen der photometrischen Ökonomie hervorgeht. Diese mit Hilfe des »photometrischen« Filters (§ 100) gemessene
photometrische Ökonomie erreicht den Wert 30. Ein so hoher Wert
der photometrischen Ökonomie wird vom gewöhnlichen Temperaturstrahler überhaupt nicht erreicht[1].

---

[1] Conrad l. c. S. 217 findet bei einer Hg-Hochdrucklampe für die
photometrische Ökonomie des Bogens als solchen den Wert von 17 bis 19, der
ebenfalls nur von einem idealen Strahler erreichbar ist. Nach ihm ist diese photometrische Ökonomie unabhängig von der Belastung. Auch schließt er aus seinen
Meßresultaten, daß die Strahlung der Hg-Dampflampe im wesentlichen auf
Lumineszenz beruht.

**§ 112. Strahlungseigenschaften und Leistungsfähigkeit der Bogen-
lampe mit gefärbtem Lichtbogen (Effektbogenlampen).** In bezug
auf diesen gefärbten Lichtbogen liegen noch weniger Messungen vor
als in bezug auf den Lichtbogen der Quecksilberlampe. Nach den
wenigen Vorversuchen, die ich mit Frl. Dr. Kohn ausgeführt habe,
scheint die spezifische Temperatur des Lichtbogens im großen
ganzen nahezu gleich der Temperatur des positiven Kraters (4200⁰
abs.) zu sein. In der Nähe des negativen Kraters ist die spezifische
Temperatur dagegen bedeutend größer. Über die thermische Temperatur des Bogens liegen noch keine Messungen vor. Darf man aus
der Tatsache, daß im elektrischen Lichtbogen, den Kohlenstoff
ausgenommen, alle anderen schwerstschmelzbaren Substanzen zum
Schmelzen kommen, auf seine thermische Temperatur schließen, so
liegt diese sicher unterhalb 4200⁰ abs. (Schmelztemperatur des Kohlenstoffs) und oberhalb der Schmelztemperatur der übrigen Substanzen,
z. B. von Wolfram (3500⁰ abs.). Es ist wahrscheinlich, daß die Temperatur des positiven Kraters die Temperatur des Bogens im großen
und ganzen bedingt, und es dürfte kein Zufall sein, daß die spezifische
Temperatur des Bogens an seinen meisten Stellen nahe die Kratertemperatur erreicht.

Auf Grund dieser Ergebnisse wollen wir die Annahme machen,
daß das farbige Bogenleuchten auf reiner Temperaturstrahlung be-
ruhe und im Bogen überall die Kratertemperatur von 4200⁰ abs.
herrsche. Bei dieser Annahme läßt sich mit der Effektbogenlampe
bei gewünschter »weißer« Farbe des Lichtes bestenfalls der ideale Temperaturstrahler herstellen, dagegen keiner der anderen idealen Strahler
mit anderer beliebiger Energieverteilung, z. B. mit gleich großer
Energie für alle sichtbaren Wellen oder mit einer der Zapfenkurve
proportionalen Verteilung (§ 37). Als idealer Temperaturstrahler
von 4200⁰ abs. würde der gefärbte Lichtbogen die hohe photometrische
Ökonomie 30 erreichen[1].

Brennt man die Bogenlampe unter höherem als Atmospären-
druck, so nimmt der positive Krater eine höhere Temperatur als
4200⁰ abs. an. Bisher konnte die Kratertemperatur bis 7700⁰ abs.

---

[1] In merkwürdig guter Übereinstimmung damit stehen die neuerdings
von Conrad l. c. S. 217 an einem ausgeblendeten Flammenbogen einer
Effektbogenlampe mit Elektroden von 45% Salzgehalt (Planiawerke A.-G.)
angestellten Messungen: Diese ergaben eine photometrische Ökonomie von ca. 27,
woraus hervorgeht, daß die oben für die Berechnung gemachten Annahmen der
Wahrheit ziemlich nahekommen dürften.

bei etwa 22 Atm. Druck gesteigert werden. Sollte mit der Kratertemperatur auch die Temperatur des Flammenbogens steigen,
so würde auch die Ökonomie des gefärbten Lichtbogens gesteigert
werden. Könnte man auch bei der Drucklampe die Färbung des
Flammenbogens so bewerkstelligen, daß er als idealer Temperaturstrahler anzusprechen ist, so würde er schon bei einem Überdruck
von nur 12 Atm. das für einen solchen erreichbare Maximum 33,4
der photometrischen Ökonomie erreichen. Eine höhere Temperatur
würde nichts nützen, da dann die Ökonomie wieder abnimmt (§ 97).

=========

Namens-Register.

A.

Abbe E., Beleuchtungsstärke 7.

Abbot C. G. und F. E. Fowle, Energieverteilung im Normalspektrum der Sonne 185, 191. Solarkonstante 181.

Allard M. E., Mittlere räumliche Lichtstärke 18.

Amerio A., Temperaturmessung leuchtender Flammen 140.

Angström K., Konstante der Gesamtstrahlung 101.

— Energetische Ökonomie der Hefnerlampe 229.

Argand A., Hohldocht 3.

Arons L., Quecksilberbogenlampe 31.

Arrhenius Sw., Kometentheorie 102.

Aschkinaß E., Spektralgleichung des blanken Platins (Metalltheorie) 122.

Auer v. Welsbach, Osmiumlampe 4.

— Auerstrumpf 34.

B.

Baisch E., Energieverteilung der schwarzen Strahlung im Sichtbaren und Ultravioletten 112.

Bauer E., Strahlungseigenschaften und Temperatur von Flammen 245.

Bauer E. und M. Moulin, Konstante der Gesamtstrahlung 101, 117.

Becher, Leuchtgas 3.

Becker A., Temperatur leuchtender Flammen 140.

Bender H., Empfindlichkeitskurve der Zapfen und Stäbchen 60, 218.

Benedict E., Temperaturbestimmung mit Hilfe logarithm. Isochrom. 167.

Benedict und O. Lummer, vgl. Lummer und Benedict.

Benedict und H. Senftleben, vgl. Senftleben und Benedict.

Berkenbusch F., Flammentemperatur 245.

Bohr N., Atommodell 41.

— Quantenhypothese 42.

Boll, Sehpurpur 57.

Boltzmann L., Gesamtstrahlungsgesetz des schwarzen Körpers 96 ff.

Bose E. u. W. Nernst, vgl. W. Nernst und E. Bose.

Brace D. B., Photometerwürfel 27.

Bremer H., Effektbogenlampe 5.

Brewster D., Emission und Absorption des Lichtes 78.

Brodhun E., Rotierender Sektor 17.

Brodhun und O. Lummer, vgl. Lummer und Brodhun.

Buisson H. und Ch. Fabry, vgl. Fabry und Buisson.

Bunsen R., Photometer 9.

Burgeß G. R., und C. W. Waidner, Lichtbogentemperatur 193.

C.

Cady W. G., E. B. Hyde und A. G. Worthing, Umsetzungsfaktor 224.

Casselmann P., Farbige Lichtbogen 5.

Coblentz W. W., Energieverteilung im Spektrum der Feuerfliege 242.

Conrad F., Messung der photometrischen Ökonomie mit Absorptionsfilter 217, 229, 234, 250.

— Bestimmung des Umsetzungsfaktors 221.

D.

Davy M., Bogenlampe 4.

Day A. und L. Holborn, vgl. Holborn und Day.

Day A. und R. Soßmann, Temperaturskala 144.

Debye P., Molekülmodell 42.

K.

Kaufmann G., Masse des Elektrons 37.

Karrer E., Absorptionsfilter und photometrische Ökonomie 217, 229, 232, 250.

Kirchhoff G., Grundgleichung der elastischen Theorie 29.

— Emission und Absorption des Lichtes 78ff., 92.

— Konstitution der Sonne 80ff.

Kingsbury E. F. und H. E. Ives, vgl. Ives und Kingsbury.

Koenig A., Sehpurpur 57.

Kohn H., Flächenhelligkeit des schwarzen Körpers in Hefnerkerzen 127.

— Strahlungskonstanten der Glühlampenkohle 158.

— Temperaturstrahlung und Temperatur gefärbter Flammen 245.

Kohn und O. Lummer, vgl. Lummer und Kohn.

Köveslighethy R. v., Verschiebungsgesetz 110.

Kries I. von, Netzhautzapfen und -stäbchen 57.

Krüß H., Elektrotechnische Photometrie 9.

Küch R. und T. Retschinsky, Technische Ökonomie der Quecksilberbogenlampe 248.

Kurlbaum F., Konstante der Gesamtstrahlung im absoluten Maße 101, 117.

— Temperatur leuchtender Flammen 140.

Kurlbaum und L. Holborn, vgl. Holborn und Kurlbaum.

Kurlbaum und O. Lummer, vgl. Lummer und Kurlbaum.

Kurlbaum und G. Schulze, Temperatur gefärbter Flammen 245.

L.

Ladenburg R., Temperatur leuchtender Flammen 140, 229.

Lambert I. H., Grundgesetz der Photometrie 6.

Langley S. P., Energieverteilung im Spektrum 111.

Langmuir I., Mechanisches Lichtäquivalent 241.

Lebedew P., Strahlungsdruck, Kometentheorie 102.

Le Chatelier H., Thermoelement 94, 99.

Leimbach G., Energetische Ökonomie 215.

Leithäuser G., E. Warburg, E. Hupka und C. Müller, Strahlungskonstante c_2 117.

Liebenthal E., Praktische Photometrie 12, 19, 22, 26.

Lummer O., Drapersches Gesetz 107.

— Druckbogenlampe 5, 204.

— Gesamtstrahlungsgesetz der Glühlampenkohle 154.

— Gesamtstrahlungsgesetz des blanken Platins 105, 149.

— Grauglut und Rotglut 62.

— Herstellung hoher Temperaturen, bis 8000° 193.

— Interferenzkurven gleicher Neigung 14, 196.

— Interferenzphotometer und -pyrometer 13.

— Quecksilberbogenlampe 31.

— Sehen im Hellen und Dunkeln 64, 68.

— Temperatur und Flächenhelligkeit des positiven Kraters bei Atmosphärendruck 167, 197.

— Temperaturbestimmung mit Hilfe schwarzer und grauer logarithm. Isochrom. 165.

— Temperatur der Sonne 185.

— Wahre Temperatur eines Glühlampenfadens 148.

— Temperatur und Druck beim positiven Krater 200.

— Verflüssigung von Kohlenstoff 4.

Lummer und E. Benedict, Logarithm. Isochrom. 188.

Lummer und E. Brodhun, Gleichheitsphotometer 10.

— — Kontrastphotometer 11.

— — Rotierender Sektor 16.

— — Spektralphotometer 26.

Lummer und E. Gehrke, Interferenzen zur Analyse feinster Spektrallinien 196.

Lummer und E. Jahnke, Spektralgleichung des blanken Platins 121.

Lummer und H. Kohn, Energetische und photometrische Ökonomie 206, 209.

— — Flächenhelligkeit und Temperatur 128.

Sach-Register.

Vor *A:* Der elektrisch geglühte schwarze Körper nach L u m m e r - K u r l
Hinter *A:* Das Flächenbolometer nach L u m m e r - K u r l b a u m.
Bei *C:* Spektralphotometer und rotierender Sektor nach L u m m e r - B r o
Bei *D:* Spektrobolometer.
Bei *E:* Der schwarze Kohlekörper nach L u m m e r - P r i n g s h e i m.
Bei *B:* Photometerbank mit L u m m e r - B r o d h u n s c h e m Kontras
    meter.
Bei *F:* Fernrohr zur Ablesung des rotierenden Sektors während der Ro
Bei *G:* Galvanometer für das Spektrobolometer mit J u l i u s s c h e r /
    gung mit Schutzgehäuse gegen Luftzug.
Bei *H:* Der Meßtisch dazu.
Unmittelbar rechts von *H* befand sich ein zweites ebensolches G

Druck vo

neter mit einem zweiten Meßtisch für Messung der Gesamtstrahlung
mit Hilfe des Flächenbolometers bei *A*.

Kompensationseinrichtung zum Konstanthalten zweier Glühlampen.

Kompensationseinrichtung zum Messen der elektromotorischen Kraft
des Thermometers.

Regulierwiderstände für Ströme bis 200 Ampere.

Schalttafel mit Volt- und Amperemeter.

Eine Abzugsleitung zur Beseitigung der schädlichen, vom Kohlekörper herrührenden Gase; dieselbe ist wegen Aufnahme des ganzen
Aufbaues abgebrochen. In Wirklichkeit endigte dieses Abzugsrohr
n drei Hauben vor den drei Apparaten *A*, *C* und *D*, wo der Körper
gebraucht wurde.

inchen.

Verlag R. Oldenbourg, München NW 2 und Berlin W 10

Handbuch der Gastechnik

Unter Mitarbeit zahlreicher hervorragender Fachmänner

herausgegeben von

Dr. E. Schilling   Dr. H. Bunte

Neubearbeitung und Erweiterung des zuletzt im Jahre 1879 in 3. Auflage erschienenen Handbuches der Steinkohlengas-Beleuchtung von Dr. N. H. Schilling

---

Ein Bild von dem, was dieses Handbuch anstrebt, geben die folgenden Überschriften der in Aussicht genommenen zehn Bände, die auch einzeln käuflich sind; Band VI, VIII und X sind bereits erschienen.

I. Geschichtlicher Überblick über die Entwicklung der Gastechnik. — Die wissenschaftlichen Grundlagen der Gastechnik.

II. Untersuchungsmethoden der Gastechnik.

III. Die Öfen zur Steinkohlengasbereitung.

IV. Die Nebenprodukte der Gasbereitung, deren Verwertung und Verarbeitung. — Fortbewegung, Aufspeicherung und Druckregelung des Gases.

V. Gaswerksbau.

VI. Verteilung, Messung und Einrichtung des Gases. (Im April 1917 erschienen.) Näheres siehe unten.

VII. Die Steinkohlengasbeleuchtung.

VIII. Das Gas als Wärmequelle und Triebkraft. (Im Januar 1916 erschienen.) Näheres siehe unten.

IX. Die Kokereien als Gasanstalten. — Herstellung und Verwendung sonstiger technischer Gasarten.

X. Die Organisation und Verwaltung von Gaswerken. (Im Juli 1914 erschienen.) Näheres siehe unten.

Die Ausgabe der einzelnen Bände erfolgt nicht in der Reihenfolge I bis X.

Bisher liegen vor:

Band VI:

Verteilung, Messung und Einrichtung des Gases

Bearbeitet von

F. Kuckuk, G. Kern, G. Schneider, W. Eisele

VII und 308 Seiten Lex.-8° mit 233 Textabbildungen. Geh. M. 18.50*, geb. M. 20.—*

Band VIII:

Das Gas als Wärmequelle und Triebkraft

Bearbeitet von

F. Schäfer, P. Spaleck, A. Albrecht, Joh. Körting, A. Sander

VI und 250 Seiten Lex.-8° mit 279 Textabbildungen. Geh. M. 14.—*, geb. M. 15.—*

Band X:

Die Organisation u. Verwaltung von Gaswerken

VIII und 183 Seiten Lex.-8° mit 29 Textabbildungen. Geh. M. 9.—*, geb. M. 10.—*

* Zu den genannten Preisen kommt noch ein Kriegszuschlag von 20%

Band IX:

Die Kokereien als Gasanstalten

wird im Sommer des Jahres 1918 erscheinen.

www.ingramcontent.com/pod-product-compliance
Lightning Source LLC
Chambersburg PA
CBHW030241230326
41458CB00093B/552